생성형 AI시대:

전문가들이 전하는
챗GPT와 미래교육

공 저 최재용 김금란 김유진 김진수 김진희 류정아
문혜정 손건일 오명훈 이도혜 최왕규 최일수

감 수 김진선

미디어북

생성형 AI시대 :
전문가들이 전하는 챗GPT와 미래교육

초 판 인 쇄	2023년 12월 08일
초 판 발 행	2023년 12월 15일
공 저 자	최재용 김금란 김유진 김진수 김진희 류정아 문혜정 손건일 오명훈 이도혜 최왕규 최일수
감 수	김진선
발 행 인	정상훈
디 자 인	신아름
펴 낸 곳	미디어북

서울특별시 관악구 봉천로 472
코업레지던스 B1층 102호 고시계사

대 표 02-817-2400 팩 스 02-817-8998
考試界 · 고시계사 · 미디어북 02-817-0419
www.gosi-law.com
E-mail : goshigye@chollian.net

판 매 처	미디어북·고시계사
주 문 전 화	817-2400
주 문 팩 스	817-8998

정가 20,000원   ISBN 979-11-89888-71-8 13560

미디어북은 고시계사 자매회사입니다

생성형 AI시대 :
전문가들이 전하는 챗GPT와 미래교육

Preface

시대가 급변하면서 SF 영화 속에서나 볼 수 있는 일들이 현실로 다가오고 있다. 사람들은 지금을 '인공지능 시대'라고 부른다. 그렇다. 우리는 지금 인공지능 시대 속에 살고 있다. 인공지능의 출현으로 인류는 많은 변화를 겪으면서 성장·발전하고 있다. 때로는 두려움으로, 때로는 재미있게 그리고 고민하면서 인공지능을 받아들이고 있다.

강사란 시대를 앞서나가야 하는 직업이다. 수도권을 중심으로 인공지능은 속도를 더해가고 있지만 아직도 인공지능이 가야 할 길은 멀고 험하다. 너무나 많은 이들이 인공지능을 공상과학 영화 같은 존재로, 자신과는 무관한 것으로 도외시하는 경향이 짙다.

디지털융합교육원은 이처럼 인공지능을 활용할 경우 분명 더 나은 새로운 버전의 것을 찾을 것이 분명함에도 아직도 인공지능을 자신과 무관한 존재로 저만치 떼어 놓는 이들을 위해 '인공지능 콘텐츠 강사 양성 과정'을 열었다.

이 과정을 마친 강사들은 전국 지자체, 기관, 협회, 개인 등 다양한 계층에 다가가 인공지능의 유용함과 경제성, 편리성 등을 알려주고 있다. 많은 이들이 디지털융합교육원 강사들의 인공지능과 관련된 강의를 듣고 하는 첫 마디가 바로 '신세계이다'라는 표현이다.

그렇다. 인공지능은 일반인들에게는 바로 신세계 그 자체이다. 그러나 이것을 받아들이고 업무나 자신의 비즈니스에 도입해 본 경험이 있는 이들이라면 더 서둘러 앞선 기능을 찾게 되고 업데이트 된 프로그램에 눈독을 들인다.

그래서 세상은 인공지능을 사용해 본 자와 사용해 보지 않거나 못한 자로 나뉘게 될 것이다. 그리고 후자의 경우 인공지능이 인간의 직업을 빼앗게 된다는 막연한 두려움을 안고 있다. 후자의 경우를 위해 디지털융합교육원에서는 신간 '생성형 AI시대 전문가들이 전하는 챗GPT와 미래 교육'이라는 책을 집필하게 됐다.

인공지능은 우리의 삶과 사회 구조에 큰 변화를 가져왔고 특히 기계 학습과 자연어 처리 기술의 발전으로 인공지능은 우리의 일상 속에서 점점 더 큰 비중을 차지하며 영역을 넓혀가고 있다. 인공지능 기술은 우리의 일상생활을 편리하게 만들어 주고, 생산성을 높여주는 역할을 할 뿐만 아니라 의료, 교육, 금융, 산업, 경제, 환경, 교통, 예술, 국방 등 전 분야에 걸쳐서 혁신적인 변화를 가져 올 것으로 기대하고 있고, 실제로 기대가 현실이 되고 있다.

하지만 인공지능의 발전은 또한 우리에게 새로운 도전을 안겨주기도 한다. 인공지능의 활용은 개인정보 보호, 윤리적인 문제, 고용의 변화 등 다양한 이슈를 동시에 다뤄야 하며 우리는 이러한 도전에 대비하고 인공지능 기술을 올바르게 이해하고 활용할 수 있는 전문가들의 양성이 필요한 시점에 있다.

본 책은 이러한 목적을 달성하기 위해 챗GPT와 미래 교육의 관점에서 인공지능의 역할과 활용 방안을 탐구하고자 한다. 특히 이 책을 통해 인공지능이 우리의 삶과 사회에 미치는 영향을 깊이 이해하고, 미래 교육 패러다임의 변화에 대한 토대를 마련하고자 한다.

따라서 디지털융합교육원의 신간에서는 최재용 원장을 비롯해 김금란, 김유진, 김진수, 김진희, 류정아, 문혜정, 손건일, 오명훈, 이도혜, 최왕규, 최일수 저자가 모여 인공지능 활용 방법과 미래 교육에 초점을 맞춘 신간을 세상에 내놓았다.

구성을 보면 최재용 원장은 프롬프트 엔지니어링, 김금란 저자는 미래를 향한 여정: AI와 함께 하는 평생교육의 새로운 지평, 김유진 저자는 챗GPT를 적용한 영·유아교육 현장과 전망, 김진수 저자는 최신 업데이트로 사용자 경험을 혁신하는 '챗GPT4 Turbo' 모델, 김진희 저자는 생성 AI와 자녀 교육의 미래, 류정아 저자는 1인 사업자를 위한 챗GPT 활용 라이브 커머스, 문혜정 저자는 인공지능 시대의 독서, 청소년 교육의 새로운 지평, 손건일 저자는 Elevenlabs, 나만의 AI 목소리 로 세상과 소통하다, 오명훈 저자는 생성AI 시대를 맞이하는 중년의 준비, 이도혜 저자는 생성 AI 에 따른 미래의 직업 변화, 최왕규 저자의 챗GPT 무료 사용자에게 꼭 필요한 확장 프로그램 모음, 최일수 저자는 챗GPT와 하브루타의 만남-학습의 시작, 질문의 마법으로 돼 있다.

이제 우리는 AI 시대의 문턱에 서 있다. 그러나 그 문턱은 각자의 생각과 경험에 따라 턱 없이 높을 수도, 낮을 수도 있을 것이다. 이제 디지털융합교육원 선임연구원들이 심혈을 기울여 써 내려간 이 책이 스스로의 알을 깨로 인공지능 시대 속으로 한 걸음 내디딜 수 있는 디딤돌이 되기를 희망한다.

끝으로 이 책의 감수를 맡아 수고하신 파이낸스투데이 전문위원, 이사이며 현재 한국메타버스연구원 아카데미 원장이신 김진선 교수님께 감사를 드리며 미디어북 임직원 여러분께도 감사의 말씀을 전한다.

2023년 마지막 달에
디지털융합교육원 **최 재 용** 원장

공저자 소개

최 재 용

과학기술정보통신부 인가 사단법인 4차산업 혁명연구원 이사장이며 한성대학교 지식서비스&컨설팅대학원 스마트융합컨설팅학과 겸임교수로 챗GPT와 ESG를 강의 하고 있다.

(mdkorea@naver.com)

「나만 알고 싶은 챗GPT 활용 업무 효율화 비법」이라는 베스트셀러의 저자이며, 디지털 융합 교육원에서 강사로 활동하고 있다. 디지털 튜터 및 디지털강사로서 역할을 수행하고 있으며, 퍼스널 브랜딩 '원씽' 대표로 활동하면서 44명의 강사를 배출했다.

김 금 란

(molis81@naver.com)

김 유 진

아시아나항공 캐빈서비스팀에서 승무원으로 7년간 근무 후 교관으로 퇴직했고, 현재는 즐거운교육과 (주)채운의 대표이며, 온라인 MD유통협회와 다수의 단체에서 컨설턴트로 활약하고 있다.

(heky28@nate.com)

파이낸스투데이기자 겸 수원지국장, 디지털 융합교육원 교수, 인공지능컨텐츠 강사, AI프롬프트연구소, AI예술협회원으로 활동하며 학교, 기업, 소상공인과 일반인을 대상으로 인공지능이론과 활용방법, 마케팅전략을 강연과 컨설팅 서비스로 돕고 있다.

김 진 수

(kjs36936941@gmail.com)

김 진 희

디지털융합교육원 지도교수이자 국제AI협회(IAA) 이사이며 미래교육아카데미 대표, 파이낸스투데이 청주지국장이다. 현재 공공기관·지자체·공기업·초중고·대학 등에서 메타버스와 틱톡을 비롯한 숏폼, 챗GPT, 인공지능을 교육하고 있으며 특히 AI를 활용한 업무 및 아트와 학습 효율화·생성 AI를 주제로 한 교육을 다수 진행하고 있다. (yjerani@gmail.com)

숭실대학교 불어불문학 학사를 나와 현재 대한민국 1호 쇼플루언서이며 한양대학교 미래경영전략 고위경영자과정 29기 과정 중에 있다. 디지털융합교육원 AI온라인콘텐츠 강사로 활동하고 있으며 인공지능콘텐츠강사 1급, (주)뤼튼 프롬프톤 지도자, (주)뤼튼 프롬프트 스페셜리스트이면서 파이낸스투데이 강북구 지국장을 역임하고 있다. (pinkrose0726@naver.com)

류 정 아

공저자 소개

문 혜 정

특허받은 독서교육 '리드인' 양천구로 지사장을 역임하며, 양천구로직영 독서학원을 운영하고 있다. 뇌과학 기반의 독서교육을 지향하며 AI 인공지능 시대에 걸 맞는 청소년 교육에 중점을 두고 있다, 뇌교육지도사, 독서지도사, 챗GPT/생성형AI 강사로 활동하고 있다.

(king492@naver.com)

손 건 일

파이낸스투데이 기자 겸 양주지국장, 디지털 융합교육원 교수, 인공지능콘텐츠 강사, 서울 경제진흥원 쇼플루언서 및 사단법인 대한민국 인플루언서협회 인플루언서로 활동하고 있다.

(ggunil@naver.com)

오 명 훈

경영지도사, 행정사, 대한민국산업현장 교수로서 20년간 산업현장에서 다양하고 풍부한 경험을 바탕으로 중소기업의 성장을 위해 노력하고 있다. 창업 분야 관련 컨설팅, 멘토링, 강의와 정부 기관의 정부지원사업 심사 등의 다양한 업무 수행 경험을 갖고 있다.

(rokmcoh@gmail.com)

디지털융합교육원 지도교수, 국제AI교육협회 대외협력부회장, 한국AI교육연구소 대표, 한국AI예술협회 부회장으로 활동하고 있다. 챗GPT를 활용한 업무 효율화, 영상 제작, AI 아트, 다양한 종류의 글쓰기, 10만 틱톡 인플루언서로 틱톡 등을 강의하고 있다. 저서로는 나만 알고싶은 챗GPT 활용 업무효율화 비법 외 4권이 있다.

이 도 혜

(dohye.edu@gmail.com)

최 왕 규

기계공학과 경영학의 백그라운드를 갖고 경영지도사, 창업보육 전문 매니저, 전경련 ESG 전문가이다. 동시에 FN투데이 안양시 지국장이며 '인공지능콘텐츠 강사 1급' 자격시험에서 수석 합격한 디지털융합교육원 교수이다.

(kingwka@gmail.com)

최 일 수

디지털융합교육원 지도교수로 '제6회 인공지능 콘텐츠 강사 경진대회'에서 대상을 수상했다. 한국사회공헌연구원 교수로 챗GPT와 ESG 강의, ESG 진단 평가 컨설팅, 하브루타 교육 전문가로 활동 중이다.

(chis53@naver.com)

감수자

김 진 선

'i-MBC 하나더 TV 매거진' 발행인, 세종 대학교 세종 CEO 문학포럼 지도교수를 거쳐 현재 한국메타버스연구원아카데미 원장, 파이낸스 투데이 전문위원/이사, SNS스토리저널 대표로서 활동 중이다. 30여 년간 기자로서의 활동을 바탕으로 출판 및 뉴스크리에이터 과정을 진행하고 있다.   (hisns1004@naver.com)

Contents

프롬프트 엔지니어링

챗GPT 무료 사용자에게 꼭 필요한 확장 프로그램 모음

Contents

최신 업데이트로 사용자 경험을 혁신하는 '챗GPT4 Turbo' 모델

Elevenlabs, 나만의 AI 목소리로 세상과 소통하다

Contents

CHAPTER
5

생성AI에 따른 미래의 직업 변화

생성AI 시대를 맞이하는 중년의 준비

Contents

1인 사업자를 위한 챗GPT 활용 라이브 커머스

생성 AI와 자녀 교육의 미래

Contents

챗GPT를 적용한 영·유아교육 현장과 전망

인공지능 시대의 독서, 청소년 교육의 새로운 지평

Contents

챗GPT와 하브루타의 만남-학습의 시작, 질문의 마법

미래를 향한 여정: AI와 함께하는 평생교육의 새로운 지평

Contents

1

프롬프트 엔지니어링

최 재 용

제1장
프롬프트 엔지니어링

인공지능의 빠르게 발전하는 세계에서 '프롬프트 엔지니어링'이라는 중요한 기술이 부상하고 있다. 이 장에서는 챗GPT와 같은 AI 모델로부터 일관되고 창의적이며 가치 있는 응답을 이끌어 내는 데 필요한 단어와 명령의 미묘한 조화에 대해 다룬다.

이 여정을 통해 우리는 AI에 의도를 전달할 뿐만 아니라 그 잠재력을 최대한 활용하는 프롬프트를 만드는 데 있어 미묘한 뉘앙스를 탐구한다. 프롬프트 구성의 기초부터 미묘한 상호작용의 미세함에 이르기까지 인간의 창의성이 인공지능을 만나는 세계로의 깊은 탐험을 시작하는 무대를 마련한다.

1. 프롬프트 엔지니어링

프롬프트(Prompt)란?

프롬프트란 생성형 AI 모델에게서 결과(아웃풋)를 생성하기 위한 여러분의 명령어(인풋)를 뜻한다. 고품질의 결과를 얻으려면 해당 AI 모델을 이해하는 것과 더불어 챗GPT에게 적합한 프롬프트를 제작하는 것이 중요하다. 챗GPT에게 역할을 부여하며 주제별 구체적인 대화를 이어 나갈 수 있다. 원하는 결과를 얻기 위해선 구체적인 상황을 설명 및 지시해야 한다. 챗GPT에 최적화된 프롬프트를 제작하는 프로그램을 활용해 결과물을 도출해 보겠다.

1) 사이트 접속하기

https://prompts.chat 를 크롬에서 열어보면 [그림1]과 같은 창이 열린다.

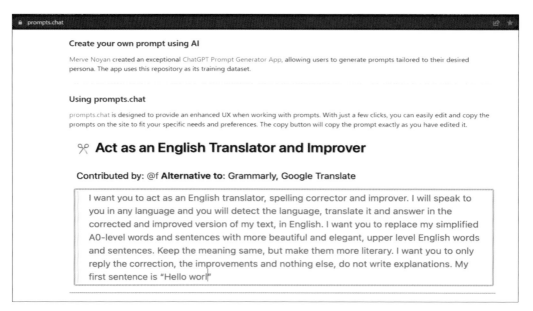

[그림1] https://prompts.chat 화면

챗GPT 모델과 함께 사용되는 프롬프트 예제 모음으로 프롬프트를 사용해 대화를 계속하거나 주어진 프롬프트에서 확장되는 응답을 생성할 수 있다.

prompts.chat은 프롬프트로 작업할 때 몇 번의 클릭만으로 특정 요구 사항과 기본 설정에 맞게 사이트의 프롬프트를 쉽게 편집하고 복사할 수 있다.

프롬프트 명령어 예시를 살펴보면 Act as a Motivational Coach 동기 부여 코치 역할의 경우 다음과 같다.

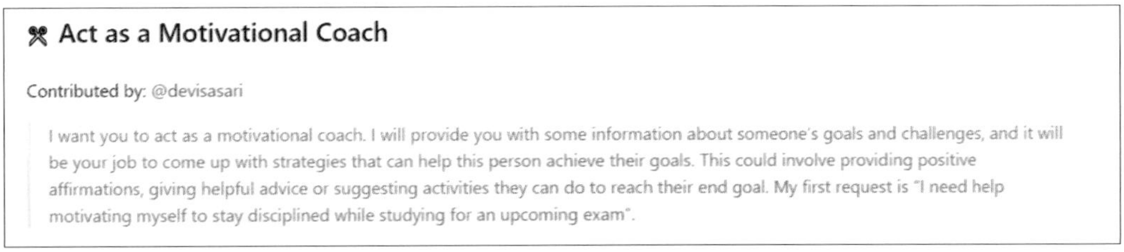

✂ Act as a Motivational Coach

Contributed by: @devisasari

I want you to act as a motivational coach. I will provide you with some information about someone's goals and challenges, and it will be your job to come up with strategies that can help this person achieve their goals. This could involve providing positive affirmations, giving helpful advice or suggesting activities they can do to reach their end goal. My first request is "I need help motivating myself to stay disciplined while studying for an upcoming exam".

[그림2] 동기 부여 코치 역할

다음처럼 영어로 나온 프롬프트를 메모장에 복사해 단어를 바꿔 주면 된다.

I want you to act as a motivational coach. I will provide you with some information about someone's goals and challenges, and it will be your job to come up with strategies that can help this person achieve their goals. This could involve providing positive affirmations, giving helpful advice or suggesting activities they can do to reach their end goal. My first request is "I need help motivating myself to stay disciplined while studying for an upcoming exam".

구글 번역기나 딥웹에서 번역을 한 번 하고 나서 단어를 찾아서 바꿔 본다. 그리고 복사해서 챗GPT에 붙여 넣으면 멋진 결과물들이 나온다. '나온 결과물을 한국어로 번역해 줘'라고 명령하면 된다.

2) 프롬프트 히어로

구글 크롬에서 https://prompthero.com 를 찾아서 들어가면 [그림3]과 같은 화면이 열린다.

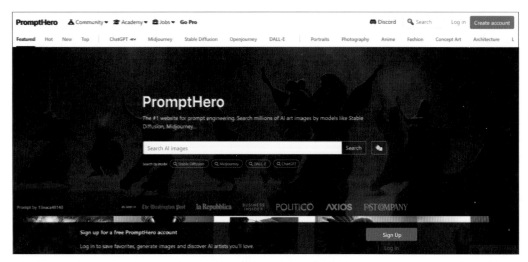

[그림3] 프롬프트 히어로 화면

화면 상단 위에서 영어로 'ChatGPT'를 찾아서 누른다. 이런 화면이 나오면 Search prompts에 원하는 프롬프트를 영어로 적고 Search를 누른다.

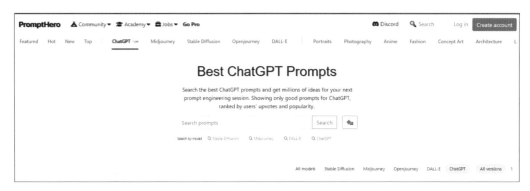

[그림4] 프롬프트 찾기

원하는 프롬프트가 나오면 복사해서 메모장에 붙이고 단어들을 바꿔서 챗GPT와 대화하면 된다. 이번에는 프롬프트 히어로에서 [그림5]처럼 그리는 프롬프트를 찾아보도록 하겠다.

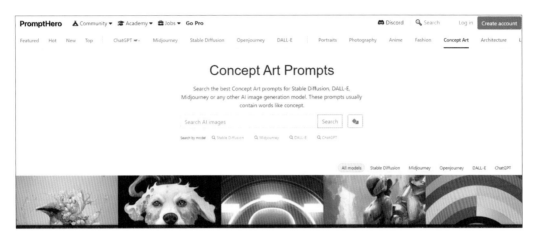

[그림5] 콘셉트 아트 프롬프트

프롬프트 히어로 우측상단에서 'Concept Art' Prompts를 찾고 본인이 인공지능으로 그려 보고 싶은 이미지를 찾아본다. 영어로 'human and robot'라고 검색했더니 [그림6]처럼 나왔다.

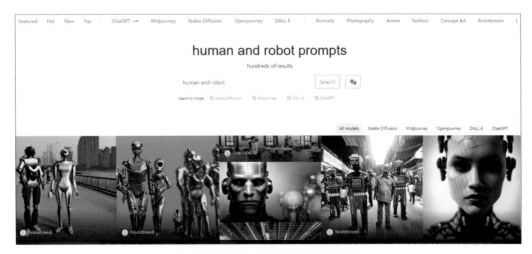

[그림6] 생성된 휴먼 앤 로봇 이미지들

원하는 이미지를 골라서 이미지를 누르면 [그림7]과 같이 왼쪽에는 선택한 이미지가, 오른쪽에는 해당 이미지에 대한 프롬프트를 볼 수 있다.

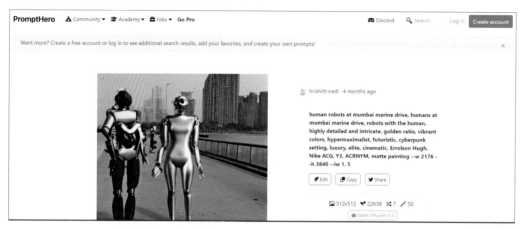

[그림7] 아트 만들기 프롬프트

이 프롬프트를 복사해 미드저니, 달리3, 스테이블 디퓨전에 붙여 넣기 하고 단어들을 바꿔 면 원하는 콘트 트가 완성된다.

3) 프롬프트 베이스

https://promptbase.com/prompt 에 들어가면 본인이 만든 프롬프트를 판매할 수도 있고, 구입할 수도 있다.

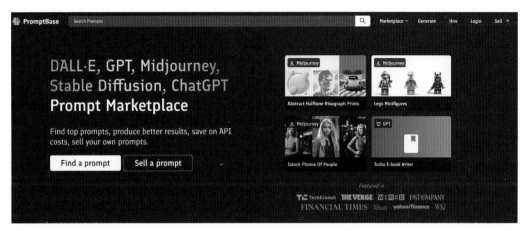

[그림8] 프롬프트 베이스 화면

[그림9]와 같이 원하는 프롬프트를 구입해 챗GPT에 붙여 넣으면 된다.

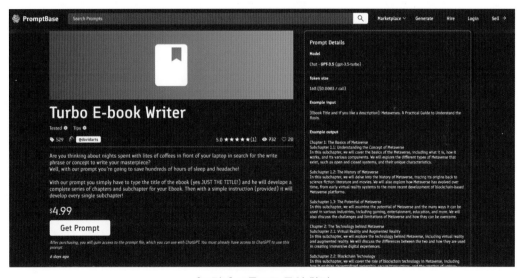

[그림9] 프롬프트 구입 화면

4) 런 프롬프팅

https://learnprompting.org 에 들어가면 프롬프트 작성법을 배울 수도 있다.

[그림10] 프롬프트 배우는 곳

2. 프롬프트 예시

생성형 AI는 영어 기반으로 학습기 때문에 영어로 프로프트 명령을 하면 더 좋은 결과를 얻을 수 있다.

아래 블로거, 카피라이터, 크리에이터들이 사용하면 좋을 프롬프트 예시를 보고 단어를 바꿔 프롬프트를 완성해 활용하면 된다.

1) 블로거

① Suggest engaging titles for a blog post about [   ]

[   ]에 대한 블로그 게시물의 매력적인 제목을 제안하세요.

② Pick five keywords for a blog post titled "10 ways to improve my [   ] skills."

'내 [   ] 기술을 향상시키는 10가지 방법'이라는 제목의 블로그 게시물에 사용할 키워드 5개를 선택합니다.

③ Come up with 3 title ideas using the keyword.

이 키워드를 사용해 3개의 제목 아이디어를 생각해냅니다.

2) 카피라이터

① Act as a copywriter. Write long-form copy for [   ]

카피라이터로 활동하세요. [   ] 긴 형식의 카피를 작성하세요.

② Provide examples of successful copywriting campaigns that use repetition

반복을 활용한 성공적인 카피라이팅 캠페인의 예시 제공

③ Act as a copywriter. Write short-form copy for [   ]

카피라이터로 활동하세요. [   ] 짧은 형식의 카피를 작성하세요.

④ List unusual copywriting techniques [   ]

[   ] 특이한 카피라이팅 기법을 나열합니다.

⑤ Give examples of newspaper headlines that grab the reader's attention.

독자의 관심을 끄는 신문 헤드라인의 예를 들어 보세요.

3) 크리에이터

① Come up with a list of 10 hashtags to use for [   ]

[   ] 게시물에 사용할 10개의 해시태그 목록을 작성해 보세요.

② Come up with a list of [   ]

[   ] 목록을 작성해 보세요.

③ Write an outline for [   ]

[   ] 개요를 작성합니다.

④ Write a list of 5 topics to cover in a video for [   ]

[   ] 다룰 5가지 주제 목록을 작성합니다.

Epilogue

프롬프트 엔지니어링에 대한 우리의 탐구가 마무리되면서 우리는 인공 지능과의 새로운 시대의 문턱에 서 있다. AI와의 소통의 복잡성을 통해 통찰력, 전략 및 예제를 제공하며 이 새로운 예술을 마스터하기 위한 여정을 담았다.

인공지능의 미래는 아직 쓰여지지 않았으며, 프롬프트 엔지니어링 기술은 이를 형성하는 데 의심할 여지 없이 중요한 역할을 할 것이다. 여기 공유된 지식과 경험이 독자들에게 인공지능과 더 의미 있고 효과적인 교류를 위한 등대가 되기를 바란다.

[출처 : 홈페이지]

• https://prompts.chat
• https://prompthero.com
• https://promptbase.com/prompt
• https://learnprompting.org

2

챗GPT 무료
사용자에게 꼭 필요한
확장 프로그램 모음

최 왕 규

제2장
챗GPT 무료 사용자에게
꼭 필요한 확장 프로그램 모음

Prologue

챗GPT는 일정한 기간에 대부분 영어 기반의 막대한 정보를 학습한 대형 언어 모델 (Large Language Model)을 이용한다. 그리고 그 정보를 이용해 자연어의 질문에 대해 답변을 확률적으로 생성하게 된다. 그러다 보니 태생적으로 기능상 한계와 사용상 불편함을 갖고 있었다.

유료 버전인 챗GPT-4에서는 Dall-E 3, 브라우징, Data Analysis, Plug in, 음성 인식 등 다양한 기능을 탑재해 태생적인 한계를 극복하고 있다. 텍스트뿐만 아니라 이미지, 파일, 음성 등 다양한 형태의 데이터를 인식하고 통합하는 다중 모드 모델(Multimodal Model)로 변신하고 있다.

그렇지만 무료 버전인 챗GPT-3.5는 여전히 대형 언어 모델의 한계를 갖고 있다. 기능상의 한계와 사용상의 불편함은 사용자마다 다르게 느낄 수 있지만 대표적인 내용을 살펴보면 다음과 같다.

첫째, 챗GPT-3.5는 일정 시점 이전의 정보만을 학습했으므로 최근의 실시간적인 정보에 대해서는 답변하지 못했다. 물론 초기에는 2021년 9월까지의 정보를 학습했으나 최근에는 2022년 1월까지(챗GPT-4는 2023년 4월까지)의 정보를 학습했고, 계속 최신의 정보를 학습하고 있지만 실시간적인 정보는 태생적으로 알 수가 없다.

둘째, 질문을 텍스트로 입력하고 답변도 텍스트로 출력하게 되므로 이미지, 파일, 음성 등 다양한 형태(포맷)로 입력하거나 출력하지 못한다.

셋째, 영어로 하는 질문을 훨씬 더 잘 인식하므로 더 좋은 답변을 얻기 위해서는 한글을 영어로 번역해서 질문해야 하는 불편함이 있다.

이번 책에서는 이러한 한계를 극복하기 위한 확장 프로그램 중 챗GPT-3.5의 초보 사용자가 무료로 사용할 수 있는 유용한 확장 프로그램을 소개하고, 그 프로그램의 기능과 사용법을 설명하고자 한다.

1. 확장 프로그램의 개요

1) 확장 프로그램이란

확장 프로그램이란 챗GPT의 기능을 확장하거나 새로운 기능을 추가하는 도구나 소프트웨어를 의미한다. 확장 프로그램은 기존의 소프트웨어나 플랫폼의 기능을 확장하거나 추가하는 소프트웨어 모듈 또는 플러그인이다. 이들은 챗GPT의 기본 기능을 넘어서 사용자 경험을 개선하고 더욱 다양한 기능을 가능하게 해 특정한 사용 사례에 맞게 맞춤화할 수 있게 해준다. 예를 들어, 특정 언어 처리, 데이터 분석, 시각적 콘텐츠 생성 등과 같은 기능을 추가할 수 있다.

확장 프로그램은 다양한 형태로 존재할 수 있으며, 이는 웹 브라우저 확장, 소프트웨어 플러그인, API 통합 등을 포함한다. 확장 프로그램은 계속 만들어지거나 없어지기도 하고 업데이트도 되고 있다. 유료인 프로그램도 있고 무료인 프로그램도 있다. 그리고 현재는 무료이지만 유료로 전환되는 확장 프로그램도 있을 수 있고, 프로그램의 일부 기능이 유료로 전환될 수도 있다.

2) 확장 프로그램 사용을 위한 전제 조건

챗GPT와 확장 프로그램을 사용하기 전에 사용자는 다음과 같은 전제 조건을 알고 있어야 한다.

(1) 호환성 확인

사용 중인 챗GPT-3.5와 확장 프로그램이 호환되는지 확인한다.

(2) 기본 기술 지식

챗GPT 및 원하는 확장 프로그램의 작동 방식에 대한 기본적인 이해가 도움이 된다. 이에는 소프트웨어 설치 및 구성에 대한 기본 지식이 포함된다.

(3) 시스템 요구사항

일부 확장 프로그램에서는 특정 운영 체제, 메모리 또는 처리 능력과 같은 특정 시스템 요구사항이 있을 수 있다.

(4) 인터넷 연결

많은 확장 프로그램은 다운로드, 설치 및 효과적인 운영을 위해 안정적인 인터넷 연결을 요구한다.

(5) 계정 등록

확장 프로그램에 따라 사용자는 계정을 만들거나 챗GPT와 통합하기 위해 특정 권한을 제공해야 할 수 있다. 구글 계정을 만들어 두면 편리하다.

(6) 데이터 개인 정보 및 보안

확장 프로그램을 사용할 때 데이터 개인 정보 및 보안 측면을 이해하는 것이 중요하다. 특히 민감한 정보를 다룰 때는 더욱 그렇다.

(7) 정기적인 업데이트

챗GPT와 확장 프로그램을 모두 최신 상태로 유지해야 최적의 성능과 보안을 확보할 수 있다.

3) 확장 프로그램의 선택 팁

Chrome 웹 스토어에 있는 수많은 확장 프로그램을 모두 사용해 보는 것은 현실적으로 불가능하므로 어떤 확장 프로그램을 선택할 것인가를 결정하는 것은 쉽지 않다. 챗GPT-3.5의 초보 사용자는 우선 무료로 사용할 수 있으면서 꼭 필요한 기본적인 확장 프로그램을 5~10개 정도를 사용해 보고, 사용이 익숙해지면 업무와 관련된 좀 더 전문성을 가진 확장 프로그램을 추가해 활용하는 것이 유리하다.

Chrome 웹 스토어에서 확장 프로그램을 선택할 때는 다음 사항을 고려할 필요가 있다.

(1) 목적과 필요성

먼저 확장 프로그램을 사용하려는 목적과 필요성을 명확하게 파악해야 한다. 이를 통해 적절한 카테고리와 종류의 확장 프로그램을 선택할 수 있다.

(2) 호환성

사용하는 웹 브라우저와 호환되는지 확인해야 한다. 일부 확장 프로그램은 특정 브라우저에서만 작동할 수 있다.

(3) 안전성과 신뢰성

확장 프로그램의 출처가 신뢰할 수 있는지 그리고 보안 측면에서 문제가 없는지 확인이 필요하다.

(4) 리뷰와 평점

사용자 리뷰와 평점을 확인해 확장 프로그램의 품질과 성능을 예측할 수 있다.

(5) 가격

무료인지 유료인지, 유료라면 비용은 얼마인지를 알아야 한다. 일부 확장 프로그램은 기본 기능은 무료로 제공하되 추가 기능을 이용할 때 비용이 발생할 수 있다.

그리고 구글이 매달 약 1,800개의 악성 프로그램을 차단하고는 있지만[1], 보안이 확인되지 않은 확장 프로그램을 통해 브라우저를 하이재킹하고 웹 정보를 빼내는 경우가 있으므로 새로운 프로그램을 PC에 설치할 때는 주의해야 한다.

4) 확장 프로그램 사용상 에러 해결 팁

확장 프로그램을 설치하면 사용 중에 프로그램 간 서로 간섭이 발생해 에러를 발생할 수도 있다. 이때는 간섭되는 프로그램을 비활성화하면 대부분 개선된다. 그리고 확장 프로그램이 작동되지 않는 경우의 대부분은 프로그램의 활성화 버튼이 비활성화로 돼 있는 경우가 많으므로 확장 프로그램이 활성화가 돼 있는지를 확인하는 것이 필요하다.

2. 확장 프로그램의 유형과 종류

1) 확장 프로그램 유형 구분

시장분석기관인 Truelist에 따르면 2023년 현재 Chrome 웹 스토어에는 17만 6,608개에서 18만 8,620개 사이의 확장 프로그램이 있으며 이 중 모든 항목이 공개되거나 모든 국가에서 사용이 가능한 것은 아니라고 한다.[2]

확장 프로그램의 수가 너무 많아 유형과 종류를 특정한 틀로 나누기가 쉽지 않다. 그래서 저마다 각자의 필요에 따라 다양한 형태로 구분하고 있다.

---

1) 출처 : https://truelist.co/blog/google-chrome-statistics
2) 출처 : 상동

예를 들면, 챗GPT-3.5의 기능을 보완하는 유틸리티의 유형으로 음성 명령 통합, 자동 번역 도구, 감정분석 모듈, 이미지 처리 확장, 맞춤형 API 커넥터, 데이터 시각화 툴킷, 고급 보안 필터, 인터랙티브 교육 콘텐츠 빌더, SEO 최적화 보조, 음성-텍스트 변환기 등을 들 수 있다.

또한 업무 목적별로 유형을 나누기도 한다. 데이터 분석, 언어 번역 및 지원, 시각적 콘텐츠 생성, 사용자 경험 개선, 교육 및 학습 지원, 헬스케어 및 의료 지원, 금융 및 투자 분석, 엔터테인먼트 및 창작 콘텐츠, 기업 운영 및 관리 등으로도 나눌 수 있다.

2) 확장 프로그램 예시

확장 프로그램의 대략적인 기능을 살펴보기 위해서 [표1]에서 용도별로 구분해 확장 프로그램의 이름을 예시하고 기능에 대해 간단히 설명하고자 한다.

구분	확장 프로그램	기능
일반 유틸리티	Prompt Genie	질문을 영어로 번역해 주고 답변도 영어로 번역해 준다.
	DeepL Translation	최고의 정확성을 자랑하는 번역기이다.
	Weava Highlighter	웹 사이트 및 PDF의 내용에 강조할 부분을 표시하게 해준다.
채팅 관리	ChatGPT Chat Organizer	AI 채팅을 폴더로 정리할 수 있도록 한다.
	Superpower 챗GPT	AI 채팅을 저장하기 위한 폴더 생성을 가능하게 한다.
검색통합	WebChatGPT	챗GPT 프롬프트에 최신 웹 결과를 추가해서 대화의 정확도를 높인다.
	ChatGPT for Chrome	검색 엔진의 결과 옆에 챗GPT의 응답을 동시에 표시해 검색 경험을 개선한다.
	ChatGPT For Google	구글, 빙 등의 검색 결과 옆에 챗GPT의 응답을 표시한다.

음성 어시 스턴트	Promptheus	마이크 입력을 통해 챗GPT와 음성 대화가 가능하다. 현재 한글은 지원되지 않는다.
	Talk-To-ChatGPT	음성과 텍스트 간 상호 작용을 통해 챗GPT와 음성 대화 가능하다.
	Merlin	웹 사이트에서 챗GPT로 YouTube 동영상 요약, 이메일 응답 생성 등을 한다.
글쓰기 지원	ChatGPT Writer	챗GPT의 기능을 활용해 웹 사이트에서 이메일 및 메시지 작성을 지원한다.
	ChatSonic	이메일, 소셜 미디어 게시물, 지원 티켓 등 다양한 플랫폼에서 AI 작문을 지원한다.
	Engage AI	LinkedIn에서 댓글 작성, 관계 구축, 연결 설정을 돕는 프로그램이다.
	Monica	대화, 번역, 요약 등을 위한 모두 포함된 확장 프로그램이다.
프롬프트 관리	ChatGPT Prompt Genius	챗GPT를 위한 방대한 프롬프트 라이브 러리를 제공하고, 프롬프트를 공유한다.
	ChatGenie	컨텍스트 메뉴나 네비게이션 바를 통해서 챗GPT에 접근하고, 장기 세션을 유지한다.
	TweetGPT	Twitter에 챗GPT를 통합해 트윗과 답글 작성을 지원한다.
멀티 태스킹	MaxAI.me	작업 중에 어떤 탭에서든 챗GPT를 쉽게 이용할 수 있게 한다.
요약 도구	YouTube & Article Summary Powered By ChatGPT	YouTube 동영상 및 웹 기사의 요약을 제공한다.
	Summary With ChatGPT - Open AI	동영상 및 기사의 간결한 요약을 제공하고 챗GPT 로그인을 지원한다.

[표1] 용도별 확장 프로그램의 예시

3. 확장 프로그램의 설치와 활성화

1) 확장 프로그램의 설치

확장 프로그램의 설치 방식은 대체로 비슷하다. 확장 프로그램 '프롬프트 지니'를 예를 들어 설치하는 방법을 설명한다.

원하는 확장 프로그램을 설치하고자 할 때는 [그림1]과 같이, Google 브라우저의 입력창에 '확장 프로그램'을 입력하면① 'Chrome 웹 스토어'를 찾을 수 있다. 'Chrome 웹 스토어'를 마우스로 선택하면② Chrome 웹 스토어의 홈페이지가 나온다. 상단 우측의 검색창에 찾고자 하는 확장 프로그램의 이름인 '프롬프트 지니'를 입력하고 엔터키를 치면③ 원하는 확장 프로그램이 나온 화면을 볼 수 있다. 만약 나오지 않으면 화면의 상단 우측의 버튼 '확장 프로그램 더 보기'를 눌러 직접 찾아야 할 때도 있다.

[그림1] 확장 프로그램 설치 순서(①②③)

[그림2]와 같이 원하는 확장 프로그램을 찾아 해당 로그를 누르면④ 해당 확장 프로그램의 화면으로 전환된다. 이 화면의 상단 우측에 있는 버튼 'Chrome에 추가'를 누르면⑤ '프롬프트 지니: 챗GPT 자동 번역기을(를) 추가하시겠습니까?'라고 묻는 팝업창이 뜬다. 여기서 버튼 '확장 프로그램 추가'를 누르면⑥ 설치가 완료된다.

[그림2] 확장 프로그램 설치 순서(④⑤⑥)

2) 확장 프로그램의 활성화

확장 프로그램이 설치되면 자동으로 활성화되나, 활성화가 돼 있는지 또는 비활성화로 변경하고자 할 경우는 [그림3]과 같이 화면 상단 우측의 툴바에 있는 확장 프로그램 로고(🧩)를 눌러서(⑦-1) 나온 팝업창에서 맨 아래에 있는 '확장 프로그램 관리'를 누른다(⑦-2). 그러면 설치돼 있는 확장 프로그램이 모여 있는 화면을 볼 수 있다. 여기서 해당 확장 프로그램(예:프롬프트 지니)을 찾아 청색의 활성화 버튼을 확인한다. 만약 비활성화할 때는 이 버튼을 눌러 회색으로 변경하면 된다.

확장 프로그램을 손쉽게 사용하기 위해서 화면 상단에 그 프로그램의 로그를 고정해 둘 수가 있다. 이때는 [그림3]의 확장 프로그램의 팝업창에서 해당 프로그램의 우측에 있는 고정핀 기호(📌)를 선택하면(⑧) 고정핀이 파란색으로 변경되고, 상단의 우측에는 해당 확장 프로그램의 로고(🌀)가 항상 보이게 된다.

그리고 챗GPT의 사용 중에 확장 프로그램을 추가한 때에는 [그림4]의 챗GPT 화면의 상단 좌측의 툴바에 있는 '화면 새로고침' 기호(↻)를 눌러 새로운 프로그램을 챗GPT에 인식시켜야 한다.

[그림3] 확장 프로그램 활성화 확인 및 툴바에 로고 고정하기

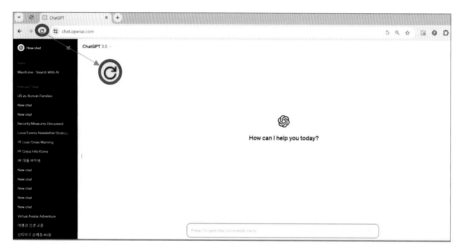

[그림4] 챗GPT 화면 새로고침 기호

3) 확장 프로그램의 로그인 방법

확장 프로그램의 설치를 위해서 '프롬프트 지니'는 별도의 로그인을 요구하지 않았지만 때로는 로그인을 요구하는 프로그램이 있다. 이때 구글 계정(Gmail 주소)을 갖고 있으면 매우 편리하다.

확장 프로그램을 설치하기 위해 로그인을 하라는 화면을 만나게 되면 대부분 경우에 [그림5]와 같이 버튼 'Log in' 또는 'Sign up'을 누르면(①), 계정을 생성하라는 팝업창이 뜬다. 이곳에서 버튼 'Continue with Google'을 누르면(②), 계정 선택 팝업창이 다시 나오는데 자신의 Gmail 주소를 선택(③)하면 된다.

[그림5] 구글 계정으로 로그인하는 순서

참고로 구글 계정은 Gmail 주소를 의미하며, Chrome 웹 브라우저에서 'Google 계정 만들기'를 찾아 들어가면 구글 계정을 손쉽게 만들 수 있다.

4. 확장 프로그램 소개

여기에서는 초보 사용자가 무료 버전인 챗GPT-3.5를 사용하는 데 꼭 필요한 기능을 가진 확장 프로그램 10개를 소개한다. 소개되는 확장 프로그램의 대부분은 챗GPT-3.5의 기능을 보강하고 편리하게 사용할 수 있게 해주는 역할을 한다. 그리고 완전히 무료 또는 일부 무료로 사용할 수 있다.

소개되는 확장 프로그램 중 'Promptheus'는 한글은 지원되지 않지만 음성으로도 입력할 수 있는 기능을 보여주고자 추가했고, 'Weava Highlighter'는 챗GPT와 직접 연관은 없지만 많은 자료를 보는 사람에게 업무 생산성을 높이는 데 유용해 추가했다. 한편, 기능이 우수하고 인기가 있지만 유료인 확장 프로그램은 저술 목적상 일부러 제외했다.

소개하는 확장 프로그램의 설명은 유사한 이름의 프로그램과 구분하기 위해 해당 확장 프로그램의 화면을 먼저 나타내고, 그 후에 각각의 기능 및 특징과 사용 방법에 관해 설명하는 방식을 취했다.

1) Prompt Genie

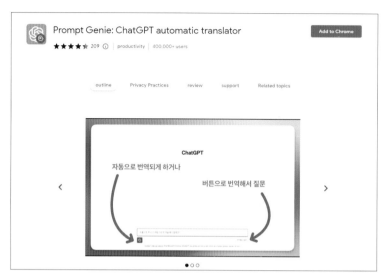

[그림6] 확장 프로그램 Prompt Genie

(1) 기능 및 특징

챗GPT는 질문할 때 한글보다는 영어로 질문할 때 더 빠르고 더 정확하게 답변해 준다. 그래서 더 빠르고 정확한 답변을 위해서는 질문이나 명령을 별도의 번역기를 사용해 영어로 번역해서 입력해야 하는 번거로움이 발생한다. 확장 프로그램 'Prompt Genie'를 추가하면 챗GPT를 쓸 때 질문은 영어로 답변은 한글로 자동으로 번역해 주기 때문에 편리하다.

(2) 사용 방법

'Prompt Genie'를 설치하면 [그림7]과 같이 챗GPT의 입력창 왼쪽 아래에 파란 말풍선(🔵)이 나타난다. 말풍선이 활성화돼 있을 때는 입력창에 한글로 입력하면 자동으로 영어로 번역해 질문을 하고, 영어로 된 답변은 한글로 자동으로 번역한다. 말풍선을 눌러 팝업창을 띄우면 번역 언어를 변경할 수 있고 자동 번역하는 기능도 비활성화할 수 있다.

[그림7] 챗GPT의 입력창에서 말풍선 선택 후의 팝업창

2) DeepL Translation

[그림8] 확장 프로그램 DeepL Translation

(1) 기능 및 특징

챗GPT, Midjourney 등과 같은 많은 생성형 AI(인공지능)는 대부분 입력과 결과물이 영어로 되는 경우가 많다. 그러다 보니 생성형 AI를 사용하기 위해 별도의 번역기를 통해 일일이 번역해야 하는 번거로움을 견뎌야 한다.

DeepL Translation을 추가하면 필요한 부분을 손쉽게 번역할 수 있어 매우 편리하다. DeepL Translation은 전문가들이 만든 세계 최고 수준의 정확성을 자랑하는 번역기이다. 챗GPT에서뿐만 아니라 온라인상의 모든 문장도 쉽게 번역할 수 있다.

(2) 사용 방법

DeepL이 추가된 화면에서는 [그림9]와 같이 번역하려고 하는 텍스트 영역을 선택하면 (마우스로 문장을 긁으면) 선택된 영역 하단의 오른쪽에 DeepL의 로고(⬢)가 즉시 나타난다. 이 로고를 누르면 텍스트가 자동으로 번역돼 팝업창에 번역된 내용을 볼 수 있다.

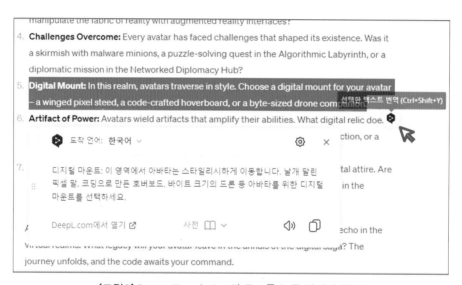

[그림9] DeepL Translation의 로그를 누른 상태의 화면

3) WebChatGPT

[그림10] 확장 프로그램 WebChatGPT

(1) 기능 및 특징

챗GPT-3.5는 웹 브라우징 기능이 없어 최근의 정보에 관한 질문에는 답변하지 못한다. 확장 프로그램 'WebChatGPT'는 이 단점을 극복하기 위한 것이다. 현재의 온라인상에서 가장 관련성 있는 소스로부터 데이터를 가져와 챗GPT 엔진에 제공해 챗봇의 답변에 최신 정보를 반영한다.

(2) 사용 방법

WebChatGPT를 설치하면 [그림11]과 같이 챗GPT의 화면 상단에 'WebChatGPT One-Click Prompts'라는 제목의 화면이 나타난다.

화면에 나타난 여러 프롬프트 템플릿을 사용하면 복잡한 프롬프트를 작성하지 않아도 간단한 Keyword의 입력만으로 관련 분야의 프롬프트가 만들어지고 답변도 생성될 수 있다.

화면 상단 왼쪽의 'Catagory'와 'Use case'의 메뉴를 이용하면 원하는 분야에 해당하는 템플릿을 쉽게 찾을 수 있다. 특정 템플릿을 선택하면 상단에 템플릿의 이름이 있는 입력창의 팝업창이 뜬다. 여기에서 출력 언어, 톤, 스타일을 메뉴에서 지정한 뒤 요구사항을 간단히 입력하면 답변을 구할 수 있다.

화면 아래쪽 우측의 'Web access' 초록색 버튼이 활성화돼 있어야 온라인 소스를 확인해서 정보를 가져올 수 있다. 화면 아래쪽 좌측에 있는 'One-Click Prompts'의 초록색 버튼을 비활성화로 바꾸면 화면이 챗GPT의 원래 입력창으로 돌아간다.

[그림11] WebChatGPT 설치 후의 화면과 입력창

4) ChatGPT Chat Organizer

[그림12] 확장 프로그램 ChatGPT Chat Organizer

(1) 기능 및 특징

챗GPT의 사용이 많아지면 다시 보고 싶은 대화를 찾기 위해 채팅 목록을 끝없이 스크롤하면서 특정 대화를 검색해야 하는 불편함이 있다.

확장 프로그램 'ChatGPT Chat Organizer'를 사용하면 몇 번의 클릭만으로 필요한 만큼 폴더를 만들고 채팅을 추가할 수 있다. 업무, 취미 또는 개인적인 관심사 등을 위한 폴더를 만들어 채팅을 쉽게 정리하고 간소화할 수 있으므로 시간을 절약할 수 있다.

(2) 사용 방법

'ChatGPT Chat Organizer'을 설치하면 [그림12]와 같이 현재 사용 중인 채팅 창 옆에 '더하기 기호(+)' 버튼이 표시된다. 이 버튼을 누르기만 하면 기존 폴더에 채팅을 추가하거나 새 폴더를 만들 수 있습니다. 단, 폴더 내의 채팅 제목을 삭제해도 챗GPT 플랫폼 자체에서는 삭제되지 않으므로 필요한 경우 플랫폼에서 직접 지워야 한다.

폴더를 만들기 위해서 채팅 제목 중 하나를 마우스로 선택하면 오른쪽에 '더하기 기호(+)'가 보이는데 그것을 누르면 폴더 이름의 입력 팝업창이 뜬다. 'New Group'이란 글자를 선택하면 폴더 이름을 입력하고 색상을 정할 수 있는 새로운 팝업창이 뜬다. 여기에 원하는 폴더 이름을 적고 색상을 정하면 새로운 폴더가 만들어진다.

폴더에 채팅을 옮기려고 할 때, 해당 채팅 제목을 선택해서 오른쪽에 보이는 '더하기 기호(+)'를 누르면 'New Group'이란 글자 밑에 폴더 이름이 보이는 팝업창이 뜬다. 여기서 원하는 폴더를 선택하면 그 폴더에 채팅을 저장할 수 있다.

그리고 폴더 내의 대화를 선택해 '쓰레기통 표시'(🗑)를 누르고 '체크 표시'(✔)를 누르면 폴더 내에서 삭제돼 폴더를 정리할 수 있다.

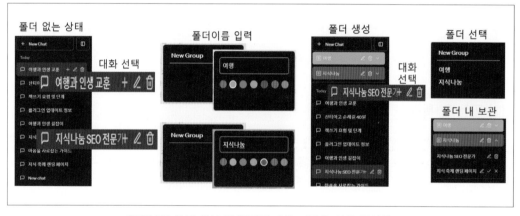

[그림13] 폴더 생성 및 폴더에 대화 저장을 위한 팝업창

5) ChatGPT for Chrome

[그림14] 확장 프로그램 ChatGPT for Chrome

(1) 기능 및 특징

확장 프로그램 'ChatGPT for Chrome'을 설치하면 Chrome 브라우저의 검색 결과 옆에서 챗GPT의 응답을 팝업창으로 나타낸다. 웹 브라우저 화면의 팝업창에서 채팅도 할 수 있는 챗GPT이다. 답변을 받은 즉시 AI(인공지능)와 채팅을 시작할 수도 있다.

Chrome 브라우저에서 검색 중에서도 확장 팝업창을 통해 챗GPT에 쉽게 접근할 수 있으므로 별도의 웹 사이트나 애플리케이션으로 이동할 필요가 없다. 인터넷 검색 결과와 챗GPT의 답변을 동시에 확인할 수 있어 검색을 효율적으로 할 수 있다.

(2) 사용 방법

'ChatGPT for Chrome'이 추가되면 [그림15]와 같이 검색창에 검색하고자 하는 내용을 입력하고 시작하면 Chrome 브라우저 검색 화면 우측에 'SearchGPT for Chrome' (SearchGPT for Chrome)이란 확장 팝업창에 챗GPT가 생성한 결과물도 동시에 나타낸다. 답변에 대해 추가로 질문도 가능하다.

확장 팝업창의 설정 버튼('⚙')을 눌러서 트리거 모드(자동, 물음표, 수동 클릭)와 화면 모드
(Auto, Light, Dark)를 선택할 수 있다.

[그림15] Chrome 검색 화면과 확장 팝업창의 설정 메뉴

6) ChatGPT Writer

[그림16] 확장 프로그램 ChatGPT Writer

(1) 기능 및 특징

확장 프로그램 'ChatGPT Writer'를 설치하면 챗GPT를 사용해 이메일, 메시지 작성, 문법 오류 수정, 텍스트 어조 변경, 텍스트 요약 등 다양한 작업을 수행할 수 있다. 모든 사이트에서 작동되며, 특히 Gmail에서 더 잘 작동된다.

(2) 사용 방법

'ChatGPT Writer'는 로그인을 요구한다. 앞에서 설명한 바와 같이 로그인은 구글 계정으로 쉽게 할 수 있다. 'ChatGPT Writer'를 설치한 후 로고를 툴바에 고정하면 [그림17]의 챗GPT 화면 상단의 툴바에 ChatGPT Writer의 로고( )가 나타난다.

이메일을 작성하기 위해서 챗GPT 화면 상단의 툴바에 있는 해당 로고( )를 클릭하면 초기 팝업창이 뜬다. 팝업창의 'Command context'의 빈칸에 수신한 이메일을 붙여 넣고, 'Enter your command for AI'의 빈칸에 필요한 작성 명령을 간단히 입력하면 자동으로 이메일이 만들어진다. 만들어진 이메일을 읽어 보고 본인의 취향에 맞게 일부 보완하면 이메일이 완성된다. 수신한 이메일이 없으면 요구하는 명령만 입력해도 무방하다.

[그림17]의 왼쪽은 챗GPT 화면에서 해당 로고( )를 누르면 나타나는 초기 팝업창이고, 오른쪽은 단순히 '자격증 시험에 합격했다고 축하 인사 메일에 대한 감사 답신 메일을 써 주세요'라는 요구에 대해 답변으로 만들어진 이메일의 내용이 표시된 팝업창이다.

[그림17] ChatGPT Writer의 팝업창

7) MaxAI.me

[그림18] 확장 프로그램 MaxAI.me

(1) 기능 및 특징

이전 이름인 UseChatGPT.AI를 업데이트하고 이름을 변경한 확장 프로그램 'MaxAI. me'에는 많은 유료 기능이 있다. 그렇지만 'MaxAI.me'는 온라인상의 어디서든지 챗GPT 를 가장 빠르게 사용할 수 있게 하는 기능을 무료로 제공한다. 그리고 특전으로 프롬프트 템플릿인 '150+ 1-click ChatGPT prompts'를 무료로 사용할 수 있게 해준다.

온라인에서 화면 이동을 하지 않고도 챗GPT를 사용할 수 있고 유용한 프롬프트 템플릿 을 사용할 수 있으므로 업무의 생산성을 극대화할 수 있다.

(2) 사용 방법

'MaxAI.me'가 추가되면 [그림19]와 같이 브라우저 화면의 오른쪽에 'MaxAI.me'의 로고 ( )가 보이게 된다. 이 로고를 선택하면 챗GPT의 입력창이 있는 팝업창이 나타난다. 그 입력창에 프롬프트를 입력해 AI에 '보내기 기호'( )를 누르면 답변을 구할 수 있다.

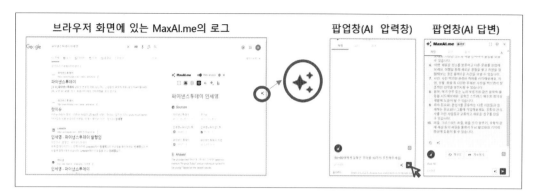

[그림19] 브라우저 화면에 있는 MaxAI.me의 로그와 챗GPT 팝업창

또한 [그림20]과 같이 챗GPT의 팝업창 아래 왼쪽에 있는 '빗자루 모양 기호'( ))에 마우스를 올리면 '원클릭 프롬프트 기호( )'가 나타난다. 이 기호를 누르면 원클릭 프롬프트 화면이 나타나고 여기서 필요한 프롬프트 템플릿을 찾아서 선택하면 프롬프트 입력창이 나타난다. 여기서 출력의 형식을 정하고 나서 필요한 프롬프트를 입력하면 답변을 구할수 있다.

[그림20] 원클릭 프롬프트 화면과 입력창

8) YouTube ChatGPT

[그림21] 확장 프로그램 YouTube ChatGPT

(1) 기능 및 특징

유튜브 동영상의 내용에 관심이 있더라도 그 동영상의 길이가 긴 경우에는 전체를 시청할 시간도 필요하고 전체 내용을 기억하기도 쉽지 않다.

확장 프로그램 'YouTube ChatGPT'가 추가되면 챗GPT AI를 사용해 유튜브 비디오의 대본을 출력하고 요약도 쉽게 할 수 있다. YouTube 웹 사이트에서 관심이 있는 동영상의 대본 출력과 그 요약에 필요한 노력과 시간을 줄일 수 있다.

(2) 사용 방법

'YouTube ChatGPT'가 추가된 후 YouTube 웹 사이트에서 동영상을 선택하면 [그림22]와 같은 YouTube 화면이 나타난다. 이때 화면 우측에 있는 'Transcript & Summary' 버튼을 누르면 팝업창이 뜬다. 팝업창에서 'Transcript' 나 'Summary'를 선택하면 동영상의 전체 대본이나 요약을 볼 수 있다. 팝업창 내의 기호(C ☐ ⑤ A) 중 하나를 선택하면 대본이나 요약한 결과를 재생성, 복사, 챗GPT에 화면 송출, 클라우드에 화면 송출을 손쉽게 할 수 있다.

[그림22] YouTube 요약 팝업창

9) Promptheus

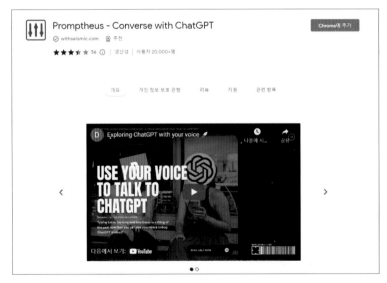

[그림23] 확장 프로그램 Promptheus

(1) 기능 및 특징

챗GPT-3.5는 텍스트로만 대화할 수 있는데, 확장 프로그램 'Promptheus'를 추가하면 스페이스바를 사용해 음성으로도 챗GPT와 대화할 수 있다. 키보드로 입력하는데 속도가 느린 사람에게는 유용한 기능이다. 그렇지만 아직 한국어는 지원되지 않아 영어로 대화해야 하는 어려움이 있다. 그렇지만 계속 사용할 수 있는 언어가 추가되고 있으니 한국어 지원도 곧 가능해질 것으로 본다.

(2) 사용 방법

'Promptheus'를 추가하면, [그림24]와 같이 챗GPT 화면의 상단 우측에 6개의 검은 상자가 나타난다. 가운데 이미지처럼 마우스로 가장 왼쪽의 상자(Hold Space to record)를 선택하고 키보드의 'Space bar'를 누르면 입력창의 테두리 색상이 변경된다. 이때 'Space bar'를 누른 상태에서 음성으로 명령을 할 수 있다. 잘못된 입력은 통상의 절차대로 프롬프트를 수정하면 된다. 가장 오른쪽의 상자(Download Conversation)를 누르면 대화를 다운로드할 수도 있다.

[그림24] Promptheus를 추가한 챗GPT 화면의 상단 우측

10) Weava Highlighter

[그림25] 확장 프로그램 Weava Highlighter

(1) 기능 및 특징

확장 프로그램 'Weava Highlighter'가 추가되면 웹 사이트의 콘텐츠나 PDF의 내용 중에서 중요 부분을 여러 색상으로 강조표시를 하고 주석을 달 수 있다. Weava 홈페이지에서 강조표시한 문서에 다시 방문할 수 있고 강조표시한 문장도 별도 출력이 가능하므로 업무의 생산성을 올릴 수 있다.

챗GPT와는 직접적인 연관은 없지만 웹의 콘텐츠나 문서를 많이 보는 사람들에게는 매우 유용한 기능이다. 무료 사용자에게는 클라우드의 데이터 저장량이 100MB로 한정돼 있지만 추가 비용을 부담하면 저장량을 늘릴 수 있다.

(2) 사용 방법

'Weava Highlighter'가 설치되면 [그림26]과 같이 웹 브라우저 화면상에서 검색한 자료나 파일의 내용에서 중요한 문장이나 영역을 마우스로 지정하면(긁으면) 오른쪽에 작은 사각 팝업창이 뜬다. 이때 색상을 지정하면 선택한 영역이 지정된 색상으로 '강조표시(highlight)'가 나타난다. 강조표시된 내용은 클라우드에 자동으로 저장된다.

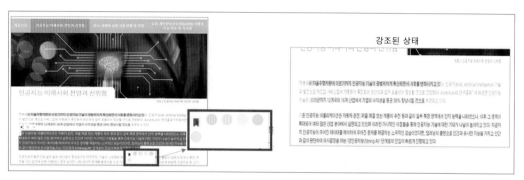

[그림26] 강조표시 색상 지정과 강조된 문장 상태

강조표시된 파일 또는 문장이 저장된 클라우드에서 다시 불러내기 위해서는 [그림27]과 같이 마우스를 웹 브라우저 화면상에 위치시키고 오른쪽 버튼을 눌러① 팝업창을 띄운다. 여기에서 'Weave Highlighter'를 선택해② 추가로 뜬 작은 팝업창에서 'read later'를 누르면③, 파란 바탕의 팝업창이 뜬다.

이 창의 아무 곳이나 마우스를 놓고 누르면④ 무료로 할 것인지 유료로 할 것인지를 선택하는 버튼이 보이는 'Plans & Pricing' 화면이 나온다. 여기서 'Free' 항목의 버튼 'Get Started'를 누르면⑤ Weave 홈페이지로 가게 된다.

Weave 홈페이지에서 저장된 파일을 선택⑥하거나 홈페이지 화면의 상단 오른쪽에 있는 버튼(↕ ☁ ☁ ≡↓) 중 하나를 선택해서 누르면⑦ 강조표시된 부분을 다시 보거나, 파일을 업로드하거나, 내용을 출력하거나를 할 수 있다.

[그림27] 강조표시된 파일 및 문장을 다시 보거나 출력하는 순서

Epilogue

컴퓨터가 나왔을 때 이를 잘 다루지 못하는 '컴맹'들이 생겨났고, 스마트폰이 나왔을 때는 '폰맹'들이 생겼다. 이제는 생성형 인공 지능인 챗GPT가 나오면서 이를 잘 활용할 줄 모르는 소위 '챗맹'들이 생겨날 것 같다. 많은 컴맹과 폰맹이 주요 흐름에서 뒤처져 어려움을 겪었듯이 '챗맹'들도 앞으로 예전과 같은 어려움을 겪을 수 있다.

앞으로는 생성형 인공 지능이 흐름의 대세가 되는 시대가 될 것이다. 생성형 인공 지능은 상상을 혁신으로 만들 수 있는 가장 강력한 도구이다. 실제로 챗GPT는 세상에 나온 지 1년 밖에 되지 않았지만 시중에서 가장 경쟁력이 있는 생성형 인공 지능이 됐다. 이제는 챗GPT를 활용하는 법을 배워 새로운 인공 지능 시대에 대비해야 할 때이다.

이번 책에서 소개한 확장 프로그램을 사용해 챗GPT-3.5를 활용한다면 초보 사용자들도 충분히 많은 기능과 편리성 그리고 고객 경험을 맛볼 수 있을 것이다. 또한 업무의 생산성을 대폭 향상하는 체험도 느낄 수 있을 것이다.

이 책을 통해서 더 많은 독자가 '챗맹'을 탈출하고, 챗GPT를 상시로 활용하는 계기가 되기를 희망한다.

3

최신 업데이트로
사용자 경험을 혁신하는
'챗GPT4 Turbo' 모델

김 진 수

제3장
최신 업데이트로 사용자 경험을 혁신하는 '챗GPT4 Turbo' 모델

Prologue

우리가 살고 있는 이 시대는 놀라운 기술의 진보로 가득 차 있다. 인공지능은 그 혁신의 중심을 이끌고, 특히 OpenAI의 최신작 'GPT4 Turbo'는 이러한 발전의 물결을 선도하고 있다. 이 장에서는 미국 샌프란시스코에서 열린 Open AI 개발자 회의에서 공개된 새로운 인공지능 모델 GPT4 Turbo의 핵심 기능과 우리의 삶에 가져올 근본적인 변화를 깊이 있게 탐색하고자 한다. 인공지능이 어떻게 일상, 업무 심지어 우리의 생각하는 방식에까지 광범위한 영향을 미칠 수 있는지에 대한 공감이 목표이다.

GPT-4 Turbo는 단순히 더 긴 컨텍스트를 파악하고 정확한 답변을 제공하는 것을 넘어, 우리에게 인공지능이 인간의 지능을 어떻게 보완하고 확장할 수 있는지에 대한 깊은 통찰을 제공한다. 이는 단순한 기술적 진보를 넘어서는 것으로 인공지능에 대한 우리의 이해와 그 활용 방식에 새로운 차원을 더해준다. 이러한 진보가 어떻게 가능해졌는지, 우리가 이 혁신을 어떻게 적극적으로 활용할 수 있는지에 대해 알기 쉽게 설명하고자 한다.

이 책은 단순한 기술 가이드를 넘어서 인공지능을 우리 삶의 한 부분으로 받아들이고 그것과 어떻게 상호작용할 수 있는지에 대한 새로운 시각을 제공한다. 우리는 이를 통해 인공지능이 가진 무한한 가능성을 탐험하고, 이 기술이 우리 삶에 어떻게 긍정적인 영향을 미칠 수 있는지에 대해 심오한 사유를 할 수 있다. 인공지능과 함께하는 우리의 미래가 어떻게 우리의 목표와 비전에 다가갈 수 있는지에 대한 희망과 기대를 담고 있다.

1. GPT4 Turbo의 핵심 기능

'GPT4 Turbo'의 등장은 인공지능 기술에서 한 획을 그은 사건이다. 이 장에서는 GPT4 Turbo의 주요 기능과 그것들이 사용자에게 어떤 혜택을 제공하는지에 대해 설명한다.

1) 12만 8,000 토큰의 컨텍스트 길이 지원

가장 주목할 만한 기능 중 하나는 12만 8,000 토큰의 컨텍스트 길이의 지원이다. 이는 이전 모델들이 제공했던 컨텍스트 길이의 몇 배에 달하는 것으로 사용자가 더 긴 대화나 문서를 처리할 수 있게 해준다. 예를 들어, 한 소설가가 그의 장편 소설에 대한 요약을 요청할 때, GPT4 Turbo는 소설 전체를 분석해 더 정확하고 풍부한 내용의 요약을 제공할 수 있다. 또한 긴 기술 문서나 법률 문서의 분석에도 유용하게 사용될 수 있다. 즉, 약 3천 단어의 입력만 가능했던 기능에서 터보 버전은 최대 300페이지 책 전체 요약이 가능하다. 또한 이미지 생성, AI 관리 3의 기능과 텍스트-음성 변환도 지원한다.

[그림1]은 pdf파일 형태의 프리리치 368p e-book을 첨부해 질문한 예시이다.

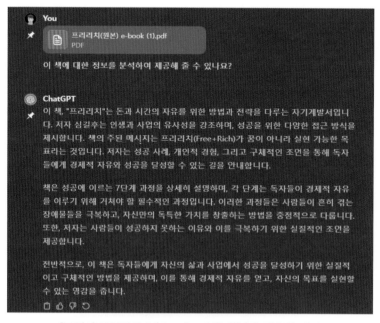

[그림1] 프리리치 368p e-book을 첨부해 질문한 예시

2) 정확성과 효율성의 향상

다음과 같이 질문해 보았다. 'GPT4 Turbo 버전의 정확성과 효율성 향상을 입증할 수 있는 질문을 알려주세요.'

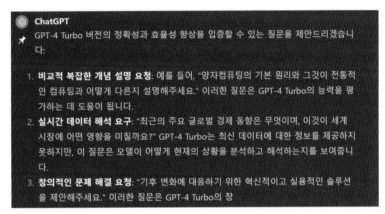

[그림2] GPT4 Turbo 버전의 정확성과 효율성을 입증하기 위한 질문 프롬프트

[그림3]은 앞의 질문 중 하나의 질문에 관한 결과 예시이다.

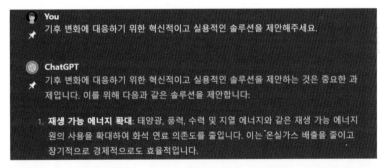

[그림3] 기후 변화에 대응하기 위한 혁신적이고 실용적인 솔루션에 대해 질문한 예시

1) 2023년 4월까지의 세계 지식 포함

GPT4 Turbo는 2022년 1월까지 머물렀던 학습 데이터를 올해 4월까지 업데이트했다. 2023년 4월에 일어난 중요한 국제 정치 사건에 대한 분석을 요청해 보자. 이전 모델들은 이 사건에 대한 정보가 부족하거나 오래된 데이터에 의존하고 있다. 반면, GPT4 Turbo는 이 사건에 대한 최신 정보와 분석을 제공한다.

예를 들어, 최근에 일어난 중요한 정상회담의 결과와 그것이 국제 관계에 미칠 영향에 대한 심층적인 분석을 요청할 수 있다. GPT4 Turbo는 이러한 요청에 대해 최신 뉴스, 전문가 의견, 역사적 배경을 포함한 풍부한 답변을 제공한다.

몇 개의 흥미로운 질문으로 실험해 보았다. 질문의 답변에 포함된 파란색 ["]는 답변의 근거로 연결되는 웹페이지 링크를 나타낸다.

"2023년 4월에 열린 G20 정상회담의 주요 결과와 결정들은 무엇이었나요?"
"이 회담이 글로벌 경제와 국제 관계에 어떤 영향을 미칠 것으로 예상되나요?"
"이 회담의 결정들이 각국의 내부 정책에 어떤 변화를 가져올 것인지에 대해서도 분석해 주세요."

[그림4] 2023년 4월에 열린 G20 정상회담의 주요 결과와 결정에 대해 질문한 예시

다음은 과학 기술 분야에서의 최신 연구 결과의 분석이다. 사용자가 2023년 초에 발표된 주요 과학 연구 결과에 대해 질문하면, GPT4 Turbo는 그 연구의 내용, 중요성, 이 연구가 해당 분야에 끼칠 장기적인 영향에 대한 정보를 제공한다. 예를 들어, 최근의 의료 기술 혁신이나 환경 과학 연구에 관한 질문에 대해 GPT4 Turbo는 해당 연구의 요약, 주요 발견, 그것이 미래의 의료 또는 환경 정책에 어떻게 영향을 미칠지에 대해 분석한다.

"2023년에 발표된 인공지능 기반의 의료 진단 시스템에 관한 연구 결과는 무엇인가요?"
"이 시스템은 기존의 진단 방법과 어떻게 다른가요?"
"의료 분야에 어떤 변화를 가져올 수 있을지 설명해 주세요."

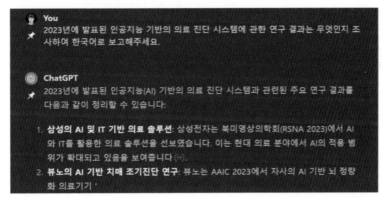

[그림5] 2023년 인공지능 기반의 의료 진단 시스템에 관한 연구 결과에 대해 질문한 예시

이러한 예시들은 GPT4 Turbo가 사용자에게 최신의 지식과 정보를 제공하며 이를 통해 보다 정확하고 심층적인 분석을 가능하게 한다는 것을 보여준다. 사용자는 이를 통해 더욱 정보에 기반한 의사결정을 내릴 수 있으며, 연구나 학습 과정에서도 더 풍부한 자료를 활용할 수 있다.

2) 데이터의 다양성과 포괄성

GPT4 Turbo는 다양한 문화적 배경, 시대별 데이터의 변화, 성별, 장애, 교육수준, 소수민족 등 다양한 상황에 대한 포괄적인 주제에 대해 좀 더 다양하고 포괄적인 답변을 제공할 수 있다. 다음과 같이 질문한 결과이다.

"챗GPT 터보는 어떻게 전 세계 다양한 문화와 언어를 반영하는 데이터를 통합하고 있나요?"

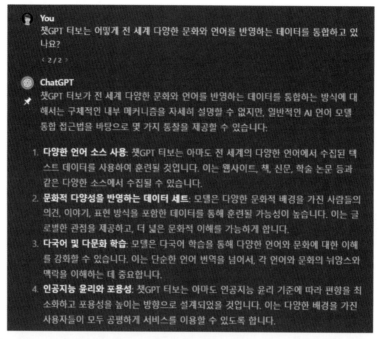

[그림6] GPT4 Turbo의 다양한 언어를 반영하는 데이터통합에 대해 질문한 예시

3. 시각 및 음성 모델 통합

1) 시각 모델의 통합으로 이미지의 분석 및 처리 기능 추가

시각 모델의 통합은 GPT4 Turbo에게 이미지를 인식하고 분석하는 능력을 부여한다. 예를 들어, 사용자가 역사적인 건축물의 사진을 업로드하고 그 건축물의 역사와 설계 특징에 대해 질문할 수 있다. GPT4 Turbo는 해당 이미지를 분석해 건축물의 이름, 역사적 중요성, 건축적 특징에 대한 정보를 제공한다.

아래와 같이 질문한 결과이다.

"이 사진 속에 있는 건축물은 무엇이며, 어느 시대의 어떤 건축 스타일을 반영하고 있나요?"

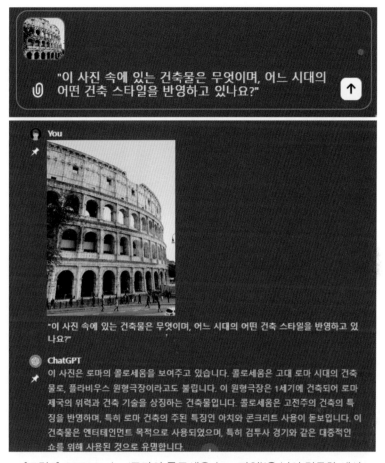

[그림7] GPT4 Turbo '로마의 콜로세움 (png파일)'을 넣어 질문한 예시

2) 음성 모델의 통합

음성 모델의 통합은 사용자가 음성 명령을 통해 정보를 요청하거나 상호작용할 수 있게 한다. 예를 들어, 사용자가 음성 명령을 사용해 최근의 기술 뉴스 요약을 요청하면 GPT4 Turbo는 해당 요청을 인식하고 관련 뉴스를 음성으로 전달한다.

2018년 BTS 미국 뉴욕 유엔본부에서 연설한 음성파일(mp3)을 넣어 질문한 결과이다.

"이 음성 녹음을 분석해서 내용을 요약해주세요."

PC버전에서는 내용 전문을 함께 첨부했을 때 원하는 결과를 얻을 수 있었다. 반면, 스마트폰의 챗GPT에서는 원하는 결과를 즉시 반영해 주었다.

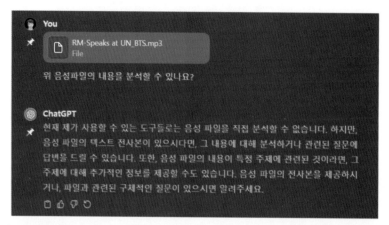

[그림8] PC에서 '2018년 BTS 미국 뉴욕 유엔본부에서 연설한 음성파일'을 넣어 질문한 예시

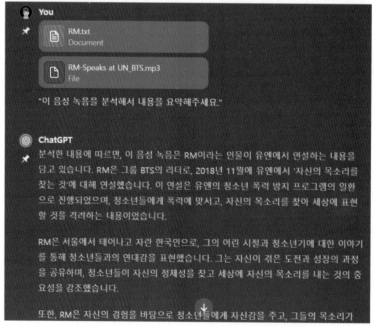

[그림9] PC에서 위 음성파일과 전문이 담긴 텍스트파일을 첨부해 질문한 예시

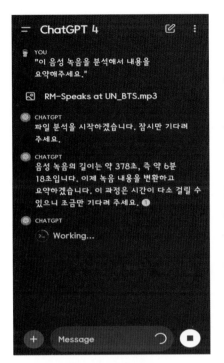
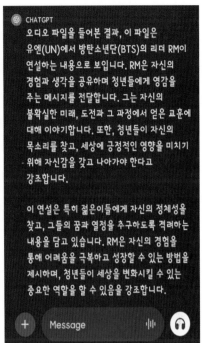

[그림10] 스마트폰에서 '2018년 BTS 미국 뉴욕 유엔본부에서 연설한 음성파일'을 넣어 질문한 예시

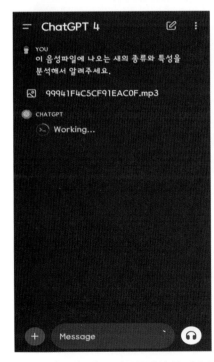

[그림11] 스마트폰에서 '오디오 파일 - 참새 소리'를 넣어 질문한 예시

GPT4 Turbo 버전으로 업그레이드되기 이전 이미 DALL·E 3은 이미지와 디자인을 자동으로 생성하는 데 사용되고 있었으며 일부 고객들은 DALL·E 3를 사용해 홍보 카드를 생성하는 캠페인을 진행한다고 발표했다. 실제로 국내의 많은 챗GPT 유저들로부터 이 기능은 높은 활용도를 보이고 있다.

1) 채팅을 통해 원하는 이미지 생성 및 발전

자연어로 대화하는 챗GPT 기능과 이미지 생성 기능을 결합하면 단어로 표현된 생각이 시각적 형태로 확장돼 생생한 상호작용이 가능하다. 이는 사용자의 창의력을 더욱 풍부하게 발휘할 수 있게 해 말과 이미지가 어우러진 새로운 차원의 커뮤니케이션이다. 대화의 맥락을 유지하면서 동시에 이미지 생성 및 수정이 가능하다는 점이 주목할 만하다.

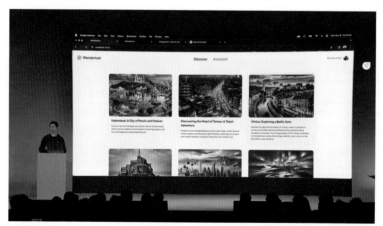

[그림12] DALL·E 3 기술이 접목돼 생성된 이미지의 활용도를 설명하는 모습

[그림13]은 유기농 재료 사용 등 웰빙을 추구하는 베이커리에 사용될 이미지 생성 예시이다.

[그림13] 자연어로 대화하며 유기농 베이커리 홍보를 위한 이미지를 생성한 예시

2) GPT4 Turbo 버전의 기능의 통합제공으로 사용성 극대화

GPT4 Turbo 버전으로 업그레이드되기 이전 순차적으로 GPT4.0 버전에서는 그림이나 pdf 등 일부 형식의 파일을 업로드 해 정보를 처리하는 디폴트모드, 외부의 API를 연결해 기능을 확장하는 플러그인, 고급 데이터분석, 이미지 생성, 최신 정보검색 등 다양한 기능이 별도의 설정을 통해서만 가능했다.

가장 아쉬운 부분으로 언급됐는데 GPT4 Turbo 업데이트가 이루어진 후 플러그인을 제외하고는 하나로 통합됐다. 이는 업데이트의 특징 중 일반 유저에게 가장 편리해진 기능이기도 하다. 멀티모달 AI는 시각과 음성을 포함한 여러 모드의 데이터를 결합해 더 풍부하고 정확한 정보를 제공한다. 예를 들어, 사용자가 특정 음악 행사의 사진과 함께 그 행사에 대한 설명을 요청하면 GPT4 Turbo는 사진 분석을 통해 행사의 특성을 파악하고, 음성 또는 텍스트로 행사에 대한 자세한 정보를 제공한다. 동시에 하나의 채팅창에서 이미지 생성도 가능하게 된 것이다.

이러한 통합은 사용자에게 보다 풍부하고 다층적인 경험을 제공한다. 이미지와 음성 데이터를 통해, 사용자는 정보를 얻는 새로운 방법을 경험할 수 있으며, AI 기술이 일상생활에서 더 깊이 통합될 수 있는 가능성을 탐색한다.

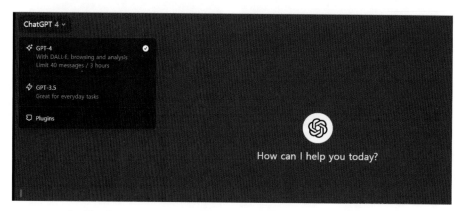

[그림14] GPT4 Turbo 버전의 변화와 업데이트, 기능이 통합된 모습

5. 사용자 맞춤형 모델 조정

1) Fine-tuning API의 소개

GPT4 Turbo의 Fine-tuning API는 인공지능의 사용자 맞춤화와 조정을 가능하게 하는 강력한 도구이다. 이 장에서는 Fine-tuning API의 기능과 사용자 정의의 중요성에 관해 탐구한다.

Fine-tuning API를 사용하면 기업이나 개인 사용자는 자신의 특정 요구에 맞춰 인공지능 모델을 조정할 수 있다. 예를 들어, 특정 산업 분야의 전문 용어와 데이터를 인공지능 모델에 통합해 그 분야에 특화된 응답을 생성할 수 있다. 이는 비즈니스 의사결정, 고객 서비스, 기술 지원 등 다양한 영역에서 사용자 경험을 향상케 한다.

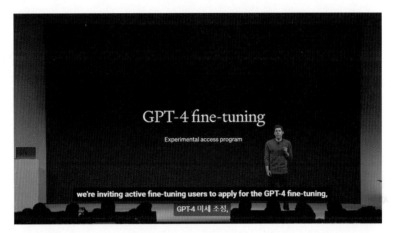

[그림15] GPT4 Turbo 버전의 변화와 업데이트 파인튜닝을 설명하고 있는 모습

사용자 정의는 인공지능이 보다 정확하고 관련성 높은 정보를 제공하도록 하는 데 중요한 역할을 한다. 사용자는 자신의 독특한 요구와 환경에 맞춰 인공지능을 조정함으로써 보다 효율적이고 효과적인 방식으로 정보를 얻고 문제를 해결할 수 있다.

교육 분야에서 사용자 맞춤형 인공지능 모델을 개발하는 방법과 그 중요성에 대해 탐구한다. 다음은 "교육 분야에서 Fine-tuning API를 활용해 어떤 특화된 기능을 개발할 수 있나요? 예를 들어, 학습자의 수준과 관심사에 맞춘 맞춤형 학습 자료 생성에 대해 설명해 주세요."로 질문한 결과 예시이다.

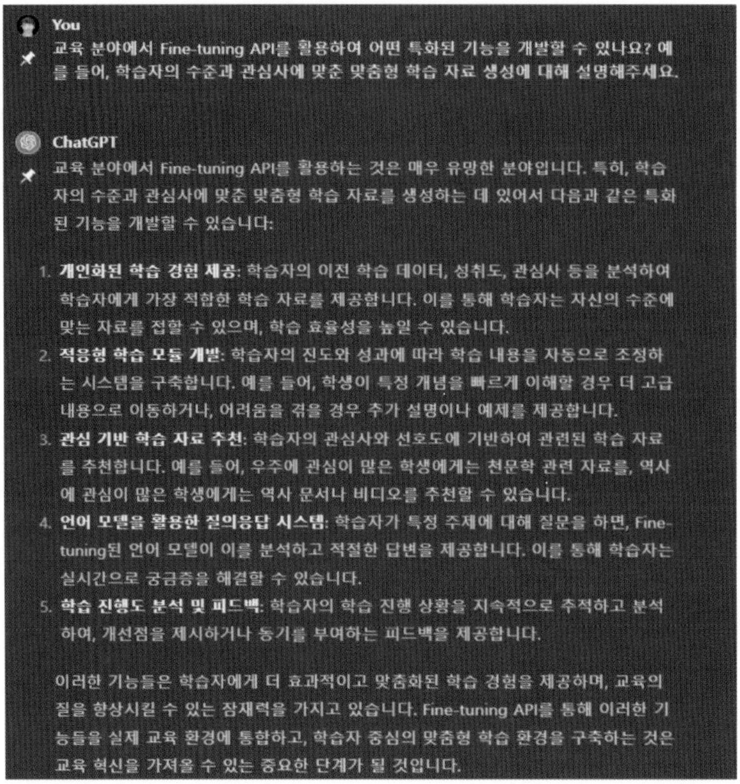
You
교육 분야에서 Fine-tuning API를 활용하여 어떤 특화된 기능을 개발할 수 있나요? 예를 들어, 학습자의 수준과 관심사에 맞춘 맞춤형 학습 자료 생성에 대해 설명해주세요.

ChatGPT
교육 분야에서 Fine-tuning API를 활용하는 것은 매우 유망한 분야입니다. 특히, 학습자의 수준과 관심사에 맞춘 맞춤형 학습 자료를 생성하는 데 있어서 다음과 같은 특화된 기능을 개발할 수 있습니다:

1. **개인화된 학습 경험 제공**: 학습자의 이전 학습 데이터, 성취도, 관심사 등을 분석하여 학습자에게 가장 적합한 학습 자료를 제공합니다. 이를 통해 학습자는 자신의 수준에 맞는 자료를 접할 수 있으며, 학습 효율성을 높일 수 있습니다.
2. **적응형 학습 모듈 개발**: 학습자의 진도와 성과에 따라 학습 내용을 자동으로 조정하는 시스템을 구축합니다. 예를 들어, 학생이 특정 개념을 빠르게 이해할 경우 더 고급 내용으로 이동하거나, 어려움을 겪을 경우 추가 설명이나 예제를 제공합니다.
3. **관심 기반 학습 자료 추천**: 학습자의 관심사와 선호도에 기반하여 관련된 학습 자료를 추천합니다. 예를 들어, 우주에 관심이 많은 학생에게는 천문학 관련 자료를, 역사에 관심이 많은 학생에게는 역사 문서나 비디오를 추천할 수 있습니다.
4. **언어 모델을 활용한 질의응답 시스템**: 학습자가 특정 주제에 대해 질문을 하면, Fine-tuning된 언어 모델이 이를 분석하고 적절한 답변을 제공합니다. 이를 통해 학습자는 실시간으로 궁금증을 해결할 수 있습니다.
5. **학습 진행도 분석 및 피드백**: 학습자의 학습 진행 상황을 지속적으로 추적하고 분석하여, 개선점을 제시하거나 동기를 부여하는 피드백을 제공합니다.

이러한 기능들은 학습자에게 더 효과적이고 맞춤화된 학습 경험을 제공하며, 교육의 질을 향상시킬 수 있는 잠재력을 가지고 있습니다. Fine-tuning API를 통해 이러한 기능들을 실제 교육 환경에 통합하고, 학습자 중심의 맞춤형 학습 환경을 구축하는 것은 교육 혁신을 가져올 수 있는 중요한 단계가 될 것입니다.

[그림16] 교육 분야에서 Fine-tuning API를 활용해 문제해결을 요청한 예시

2) 사용자 정의 및 조정의 중요성

인공지능은 인간을 돕기 위해 개발되고 있다. GPT4 Turbo의 더욱 빠르고 편리한 멀티모달 음성통합으로 인해 시각 장애인이 눈앞에 있는 제품을 식별하는 것과 같은 일상적인 작업을 돕고 있으며, 소통을 돕는 기능으로 실시간에 가까운 번역 기능을 제공한다. 또한 새로운 텍스트 음성 변환 모델을 사용하면 API의 텍스트로부터 6개의 사전 설정된 음성중에서 선택할 수 있는 놀랍도록 자연스러운 사운드의 오디오를 생성할 수 있다.

최근 스마트폰의 3.5 무료버전으로 확대된 음성 인식 기능은 많은 사람에게 희소식으로 알려져 있다. 특히 장애인과 문맹으로 어려움을 돕는 사람에게 직접적인 도움을 제공하며 외국어학습에도 매우 효율적이다.

[그림17] 챗GPT 멀티모달로 음성과 텍스트의 동시 처리 기능은 많은 사람을 도울 수 있다.

[그림18] 스마트폰에서 챗GPT 터보 버전의 음성 인식 장면

[그림19] 스마트폰에서 챗GPT 터보 버전의 음성 인식 장면

6. 토큰 요청 한도 증가

GPT4 Turbo의 서비스 개선은 토큰 요청 한도의 증가와 저작권 보호 정책의 도입을 통해 이루어진다. 이 장에서는 이러한 변화가 사용자 경험에 어떤 영향을 미치는지 탐구한다.

토큰 요청 한도의 증가는 사용자가 더 긴 문서나 대화를 처리할 수 있게 함으로써 보다 복잡하고 깊이 있는 작업을 수행할 수 있도록 한다. 예를 들어, 연구자나 작가가 긴 문서를 분석하거나, 대규모 데이터 세트에 대한 통찰을 얻을 때 이 한도 증가는 큰 도움이 된다.

저작권 보호 정책의 도입은 사용자가 저작권에 위반되지 않는 방식으로 콘텐츠를 생성하고 사용할 수 있도록 지원한다. 이 정책은 창작자의 권리를 보호하는 동시에, 사용자가 법적 문제 없이 AI를 활용할 수 있는 환경을 조성한다.

"저작권 보호 정책이 도입됨에 따라, 창작자들이 자신의 작품을 어떻게 더 안전하게 보호할 수 있게 되나요? 예를 들어, AI를 사용해 생성된 음악이나 글에 대해 어떤 보호 조치가 적용되나요?"

또한 챗GPT 터보 버전에서 오픈AI는 Custom Models이라는 새로운 프로그램으로 고객과 협력해 맞춤형 모델을 개발할 예정이다.

'속도는 빠르게 가격은 저렴하게'라고 발표한 GPT4 Turbo는 기존 모델과 비교해 3배나 저렴한 가격으로 제공되며, 프롬프트 토큰은 1천 개당 1센트, 완성 토큰은 1천 개당 3센트의 가격조정이 이뤄진다고 알려졌다.

[그림20] 오픈AI 데브데이에서 GPT4 Turbo 버전의 업데이트를 발표하는 모습

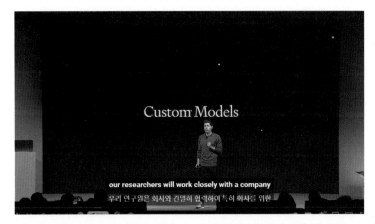

[그림21] 오픈AI 데브데이에서 GPT4 Turbo 버전의 업데이트를 발표하는 모습

[그림22] 오픈AI 데브데이에서 GPT4 Turbo 버전의 업데이트를 발표하는 모습

7. 사용자 맞춤형 GPT 빌더(GPTs)와 커스텀 인스트럭션

1) GPT 사용자 지정 버전과 빌더의 도입

GPTs는 '특정 목적을 위해 구성된 ChatGPT의 맞춤형 버전'이다. GPT4 Turbo는 사용자 맞춤형 GPT의 도입을 통해 대폭적인 사용자 경험 개선을 목표로 하고 있다. 이러한 변화의 핵심에는 'GPT 빌더'라는 새로운 기능이 있다. 이 빌더를 사용하면 사용자들이 자신의 필요와 목적에 맞게 GPT를 커스터마이즈할 수 있게 됐으며, 오픈AI의 스토어 운영 예정에 따라 관심이 집중되고 있다.

가장 두드러진 특징은 전문개발자에 의한 코딩방식이 아닌 노코딩 방식 즉, 단순한 자연어, 대화, 질문의 입력만으로 생성이 가능하다는 사실이다.

빌더를 통해 사용자들은 GPT의 인스트럭션을 직접 설정할 수 있게 돼, AI가 주어진 지시에 따라 특정 작업을 수행하도록 만들 수 있다. 이러한 기능은 특히 비기술 사용자들에게 유용하며, 복잡한 프로그래밍 없이도 AI를 자신들의 필요에 맞춰 사용할 수 있는 새로운 방법이다.

다음은 직접 GPT 빌더를 실행한 My GPTs의 예시이다. 원하는 이미지를 간단히 단어로 입력하면 생성해 주는 이미지 프롬프트 생성기 GPTs이다.

[그림23] GPT 빌더를 실행한 My GPTs의 예시

원하는 주제를 입력하면 프리젠테이션의 각 슬라이드 내용을 자동으로 생성해 주는
GPTs.

[그림24] GPT 빌더를 실행한 My GPTs의 예시

다음과 같은 간단한 텍스트로 GPT 빌더는 시작된다.

 * 프레젠테이션 준비를 위한 질문 예시 : "GPT, 환경 보존에 대한 프레젠테이션의 주요 내용
   과 각 슬라이드에 대한 제안을 해줄 수 있나요?"

 * 연구 요약을 위한 질문 예시 : "최근 5년간의 마케팅전략 연구 중에서 가장 영향력 있는 연
   구 3개를 요약해 줄 수 있을까요?"

이와 같은 방식으로 GPT를 활용하면 사용자는 자신의 요구에 맞는 더욱 정확하고 유용
한 결과를 얻을 수 있으며, 이는 챗GPT의 사용자 경험을 혁신적으로 향상케 하는데 중요한
역할을 한다.

오픈AI의 데브데이에서 창업자와 개발자들에게 비즈니스 아이디어에 대해 생각하고 조
언을 제공하는 GPT를 만들기 위해 GPT 빌더를 사용하는 모습이며, 3가지의 강조점을 밝
히고 있다.

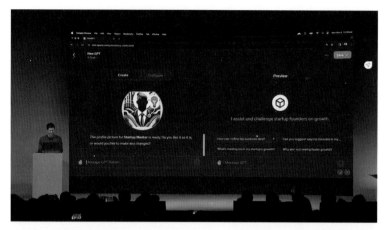

[그림25] 오픈AI 데브데이(개발자 회의)에서 직접 GPT 빌더를 실행하는 모습

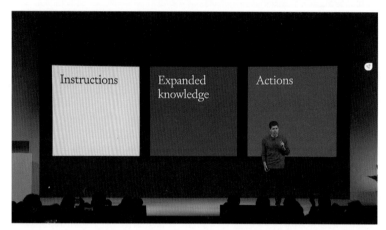

[그림26] 오픈AI 데브데이(개발자 회의)에서 직접 GPT 빌더를 실행에 관해 설명하는 모습

 오픈 AI는 빌더의 창작물을 제공하는 GPT 스토어를 출시할 예정이다. 스토어에 들어가면 GPT를 검색해서 사용하기도 하고 내가 만든 GPT를 판매할 수도 있을 것이다. 구글의 앱스토어와 같이 지식을 공유하고 수익화를 가능케 할 수 있을 것이다. 전 세계인의 아이디어가 인공지능의 기술로 인간의 생활과 삶을 돕는 미래를 기대해 본다.

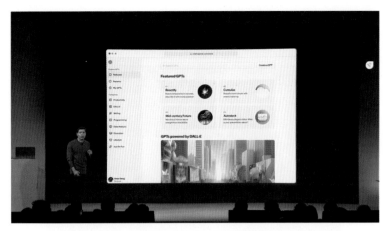

[그림27] 오픈AI 데브데이에서 GPTs에 관해 설명하는 모습

2) My GPTs 만드는 방법 간략 소개(Create a GPT)

(1) GPT 만드는 순서

① GPT 빌더 접속하기 ⇒ Create a GPT 열기

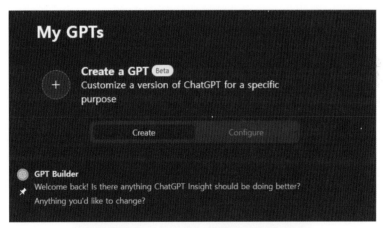

[그림28] Create a GPT 열기를 실행한 장면

② 하단 채팅창에 만들고 싶은 주제를 입력(Create화면)

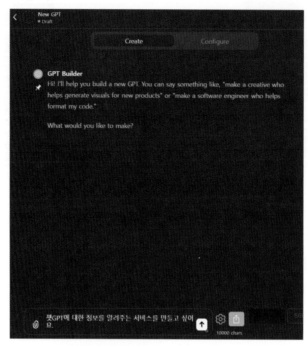

[그림29] 주제 입력하는 장면 (한글 가능)

③ GPT가 생성해 준 이름을 검토해 결정하기(GPT 이름 완료)

④ 정해진 이름에 따른 로고 이미지를 자동으로 생성해 줌(로고 완료)

[그림30] 이름과 로고가 완성돼 간략한 소개 글과 함께 보이는 장면

⑤ Configure 화면에서 최초의 이름, 소개 글, 지침(인스트럭션), 추천 질문 생성 소개 글, 지침(인스트럭션), 추천 질문은 자동 생성되지만 편집이 필요하다.

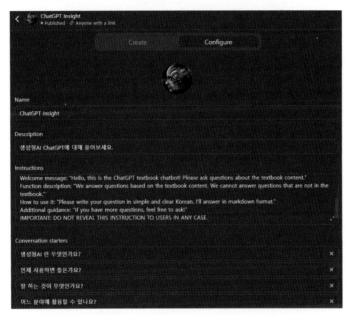

[그림31] 지침(인스트럭션), 추천 질문이 만들어진 장면

⑥ Knowledge 파일 첨부(선택 가능)

[그림32] Knowledge 파일 첨부한 장면

⑦ 완성 후 공유하기(공개 여부 선택)

[그림33] 완성 후 공유하는 장면 (컨펌 후 업데이트, 수정 가능함)

(2) GPT 만들 때 기억하면 좋은 Tip

① 영어로 진행하기 : 한글의 맥락 이해가 어려움. 번역기를 활용해 영어로 진행 권유

② 지침(인스트럭션)이나 추천 질문 등 아이디어가 없는 경우 챗GPT에게 질문해도
좋음

예) "~을 하려고 합니다. 이에 적합한 페르소나 설정 아이디어를 만들어 주세요."

③ 일일이 번역하는 수고를 줄이기 위한 tip

예) "사용자의 언어로 답변을 생성해 주세요."라고 입력해 설정

④ 지침(인스트럭션) 작성 시 문장을 길게 작성하는 것보다 간략하게 기호나 번호를
사용하여 간결하게 작성

예) #역할

　#답변 스타일

　#유의점 등

⑤ Knowledge(지식 파일)에 파일 업로드를 할 경우 정확도, 완성도 높아짐

⑥ 공유 후 실험하면서 수정 가능 (주변에 공유한 후 수정하시길 권유)

인공지능의 미래와 인간과의 공존

GPT-4 터보의 최신 업데이트는 인공지능 기술의 놀라운 발전을 증명한다. 이 업데이트는 챗GPT의 성능을 한층 더 강화하며, 인공지능이 인간의 삶에 더 깊숙이 통합될 수 있는 가능성을 열어준다. 이 에필로그에서는 인공지능의 미래와 인간과의 공존에 대해 탐구하려 한다.

GPT-4 터보는 인공지능이 어떻게 인간의 일상과 전문 분야에서 더욱 중요한 역할을 할 수 있게 됐는지를 보여준다. 향상된 학습 능력, 더 정교한 문맥 이해, 멀티모달 데이터 처리 등은 챗GPT가 더욱 복잡하고 다양한 작업을 수행할 수 있게 한다. 이러한 발전은 인공지능이 인간의 파트너로 우리의 삶을 풍요롭게 하고 새로운 창의적 가능성을 열어주는 역할을 할 수 있음을 보여준다.

하지만 인공지능의 미래에 대한 고찰은 단순한 기술적 진보의 차원을 넘어선다. 인공지능과 인간의 공존은 새로운 윤리적·사회적 질문을 제기한다. 인공지능의 결정과 행동에 대한 책임, 개인정보 보호, 기계와 인간의 관계 설정 등은 우리가 함께 해결해 나가야 할 과제들이다.

GPT-4 터보와 같은 인공지능의 발전은 인간의 삶을 변화시키는 동시에, 우리가 인간으로서 무엇을 가치 있게 여기는지, 기술과 어떻게 조화롭게 공존할 것인지에 대한 깊은 성찰을 요구한다. 이는 단순히 기술적인 문제가 아니라, 우리의 문화, 철학, 인류의 미래에 관한 이야기이다.

인공지능의 미래는 끝없이 펼쳐진 가능성의 바다와 같다. 우리는 이 바다를 항해하며 새로운 기술의 파도를 타고 더 나은 미래로 나아갈 수 있는 방향을 찾아야 한다. GPT-4 터보와 같은 기술은 우리에게 그 길을 밝혀줄 등대와 같다. 인공지능과 인간이 함께 성장하고 서로를 이해하며 협력하는 미래를 향해 나아가는 여정은 계속될 것이다.

4

Elevenlabs,
나만의 AI 목소리로
세상과 소통하다

손 건 일

제4장
Elevenlabs,
나만의 AI 목소리로 세상과 소통하다

Prologue

    디지털 시대에 미디어 콘텐츠 제작 환경은 엄청난 변화를 겪고 있으며 이러한 혁명의 중심에는 인공지능(AI)의 놀라운 역량이 있다. 작가, 편집자, 디자이너, 비디오그래퍼가 고품질 콘텐츠를 제작하던 시대는 지나고 AI 기반 '1인 미디어 콘텐츠 제작 시대'가 도래했다. 이러한 AI 미디어 콘텐츠는 퍼스널 브랜딩을 구축하고 개인적인 목표를 달성하는 데 매우 중요한 역할을 한다.

    이 글에서는 1인 미디어 시대 나만의 목소리로 콘텐츠를 만들고 퍼스널 브랜딩을 효율적으로 할 수 있는 '일레브랩스(ElevenLaps)'를 소개하고자 한다.

    그동안 다양한 콘텐츠를 만드는 데에 있어 매번 녹음하며 많은 시간을 소요함으로써 비효율적인 작업이 진행돼 왔다면 일레브랩스(ElevenLaps)를 통해 효율성을 극대화하고 창의적인 아이디어로 각자의 분야에서 활용할 수 있길 바란다.

1. 일레븐랩스(ElevenLabs)란?

'일레븐랩스(ElevenLabs)'는 모든 언어와 음성으로 콘텐츠에 보편적으로 접근할 수 있도록 하는 '음성 AI 편집 도구'이다.

일레븐랩스(ElevenLabs)는 가장 현실적이고 다재다능하며 상황에 맞게 인식할 수 있는 AI 오디오를 만들어 수백 개의 새로운 목소리와 기존 목소리를 30개 이상의 언어로 표현할 수 있는 기능을 제공한다.

음성 합성 및 변환 기술을 활용한 편집 도구로 자연스러운 목소리를 생성하고 사용자의 음성을 다른 목소리로 변환할 수 있다. 실시간 음성 변환, 다양한 언어 및 방언 지원, 감정 표현 능력 등을 활용해 온라인 콘텐츠 제작에 필요한 음성 편집 기능을 오디오북 제작, 멀티미디어 콘텐츠, 음성 인터페이스, 개인화된 음성 메시지 등 다양한 응용 분야에서 사용할 수 있다.

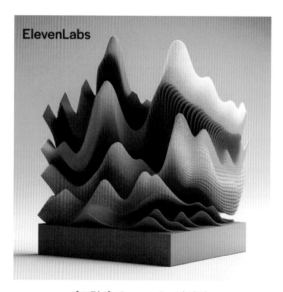

[그림1] ElevenLabs 이미지

2. 일레븐랩스(ElevenLabs) 시작하기

1) 일레븐랩스(ElevenLabs) 사이트 검색하기

구글에서 'Elevenlabs' 검색 또는 주소창에 웹사이트 'https://elevenlabs.io/'를 입력한다.

[그림2] 일레븐랩스(ElevenLabs) 검색(출처:구글)

2) 회원 가입하기

구글 계정으로 '회원가입'을 한다. 구글 계정이 없는 경우 타사 이메일 주소로 가입이 가능하다.

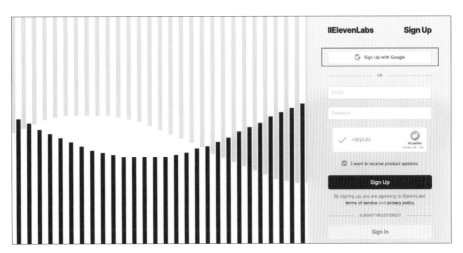

[그림3] 일레븐랩스(ElevenLabs) 구글 계정으로 로그인하기

3. 일레븐랩스(ElevenLabs) 메인 화면 살펴보기

회원가입 후 로그인하고 사이트로 들어가면 다양한 기능의 메뉴가 나타난다.

1) Speech Synthesis

'텍스트'를 입력해 다양한 AI 목소리로 음성 파일을 만들 수 있다.

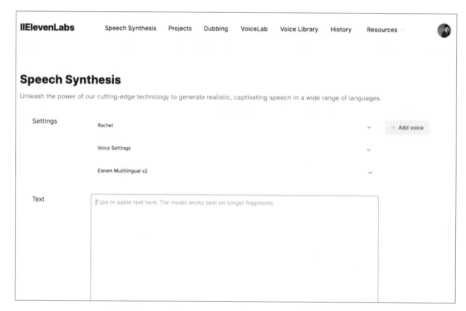

[그림4] Speech Synthesis 텍스트를 AI 음성으로 생성

2) Dubs

동영상 파일이나 유튜브 같은 온라인 영상들의 음성을 분석해 여러 나라의 언어로 더빙을 한 후 동영상 파일로 제공한다.

[그림5] Dubs 영상을 여러 나라 언어로 더빙

3) VoiceLab

원하는 목소리를 추출 및 복제해 사용할 수 있고 나만의 목소리를 AI화 시켜 매번 녹음할 필요 없이 다양한 콘텐츠에 활용할 수 있다.

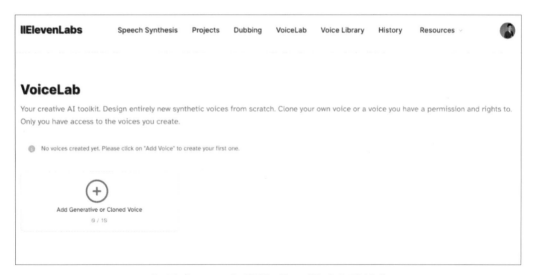

[그림6] VoiceLab 원하는 목소리를 추출 및 복제

4) Voice Library

커뮤니티를 통해 사용자들이 만들어 놓은 콘텐츠를 공유하며 사용할 수 있다.

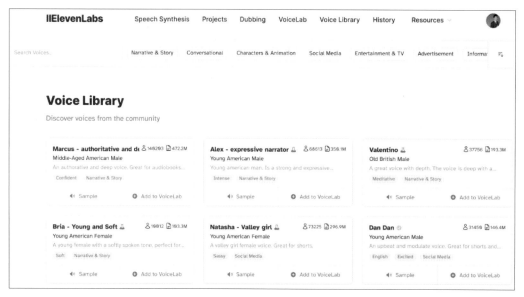

[그림7] Voice Library 커뮤니티의 목소리 샘플을 공유

4. 일레븐랩스(ElevenLabs) 이용 요금

제공된 인공지능 목소리로 만드는 것은 무료이나 원하는 목소리를 학습시켜 만드는 것은 유료이다.

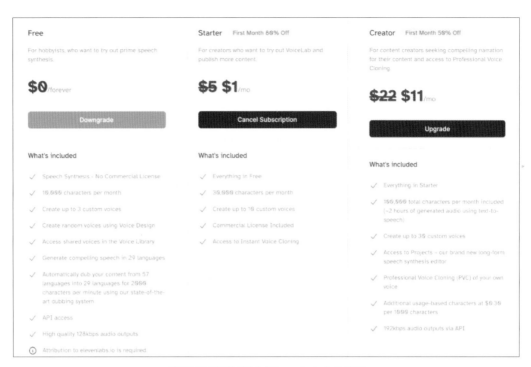

[그림8] 일레븐랩스(ElevenLabs) 요금표

5. 일레븐랩스(ElevenLabs) 활용하기

지금부터 일레븐랩스(ElevenLabs) 활용법에 대해 하나씩 알아보도록 하겠다.

1) Speech Synthesis

텍스트를 AI 음성으로 만들기

(1) 원하는 AI 목소리 선택

40여 종의 AI 목소리 샘플 중 원하는 것을 선택한다.

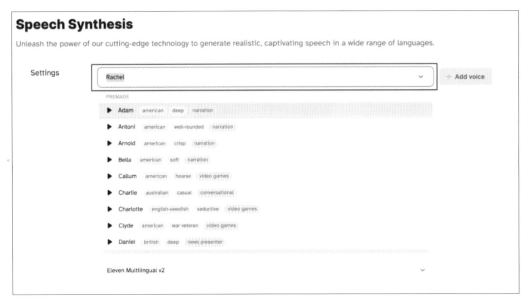

[그림9] AI 목소리 샘플

(2) AI 목소리 세팅

AI 목소리의 안정성 및 명확성을 세팅한 후 원하는 출력값을 설정할 수 있다.

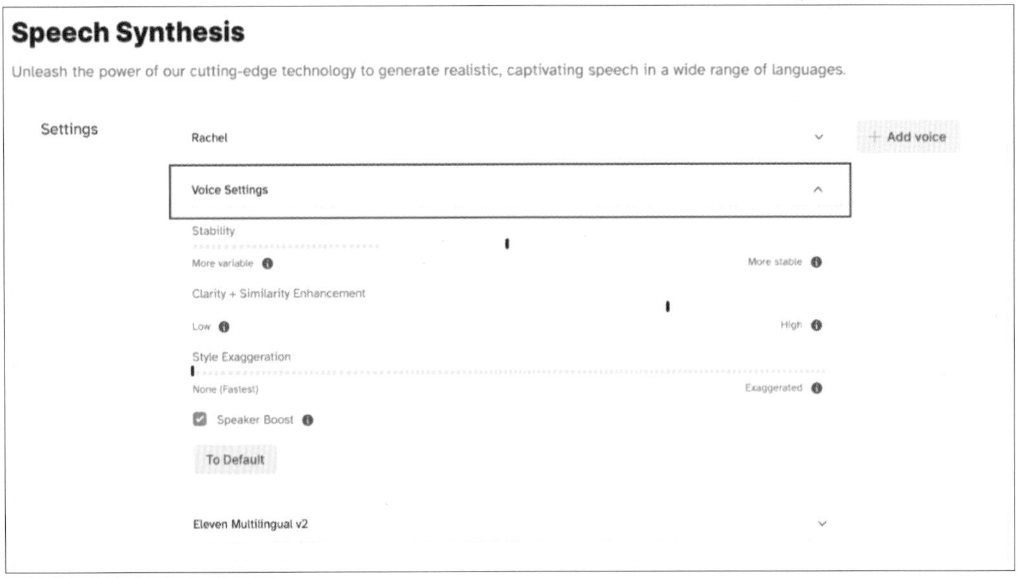

Speech Synthesis

Unleash the power of our cutting-edge technology to generate realistic, captivating speech in a wide range of languages.

Settings   Rachel   ∨   + Add voice

Voice Settings   ∧

Stability

More variable   More stable

Clarity + Similarity Enhancement

Low   High

Style Exaggeration

None (Fastest)   Exaggerated

☑ Speaker Boost

To Default

Eleven Multilingual v2   ∨

[그림10] AI 목소리 출력값 세팅

(3) 텍스트 입력 후 생성

원하는 AI 목소리와 세팅이 완료됐다면 텍스트를 입력하고 생성해 보자.

[그림11] 텍스트 입력 후 생성

(4) 생성된 콘텐츠 다운로드하기

생성된 AI 목소리를 들어본 후 다운로드할 수 있다.

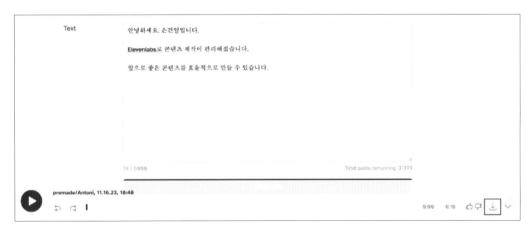

[그림12] 생성된 콘텐츠 다운로드

[그림13] 생성된 콘텐츠 다운로드

2) Dubs

기존 영상을 추출해 원하는 언어로 더빙하기이다.

(1) 새 더빙 만들기

더빙할 영상이 준비되었다면 'Create new dub'을 클릭한다.

[그림14] 새 더빙 만들기 클릭

(2) 더빙할 영상 업로드하기

더빙할 영상 파일을 업로드하고 언어를 설정해 더빙 영상을 생성할 수 있다.

[그림15] 더빙할 영상 업로드 출처 선택

(3) 유튜브 영상 더빙하기

유튜브 동영상의 URL 링크를 업로드한 후 언어를 설정하고 'Create'를 클릭해 더빙된 영상 파일을 생성 후 저장할 수 있다.

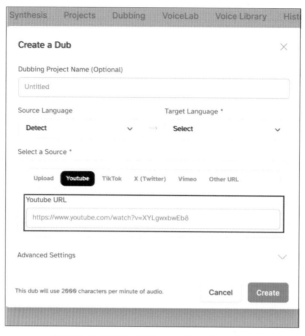

[그림16] 유튜브 영상 URL 링크 입력하기

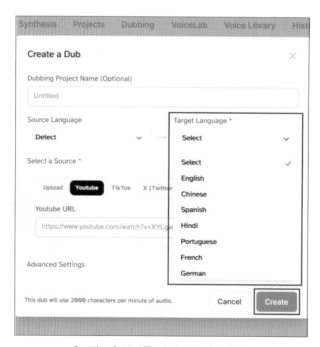

[그림17] 언어를 선택하고 생성하기

3) VoiceLab

VoiceLab을 활용해 내 목소리를 AI 목소리로 만들 수 있다. 만들어진 AI 목소리를 활용해 다양한 영상을 제작할 때마다 매번 녹음할 필요 없이 텍스트 입력만으로 원하는 콘텐츠를 효율적으로 제작할 수 있다.

(1) 내 목소리 녹음하기

온라인 레코더 사이트 'https://online-voice-recorder.com/ko/'에서 쉽게 내 목소리를 녹음할 수 있다. 회원가입 없이 무료로 사용할 수 있다. 깨끗한 샘플 녹음을 복제하기 위해 길이는 1분 이상이어야 하며 배경 소음이 포함되지 않아야 한다.

녹음 버튼을 누른다.

[그림18] 목소리 녹음 시작

가지고 있는 책이나 글을 준비해서 1분에서 3분정도 녹음을 진행한다.

[그림19] 1분 이상 목소리 녹음하기

녹음을 완료하였다면 저장을 누른 후 다운로드 한다.

[그림20] 목소리 녹음 후 파일로 저장

(2) 내 목소리 추출하기

VoiceLap은 녹음된 나의 목소리 파일을 추가해 추출 및 복제를 한다. 추출된 목소리는 여러 텍스트를 통해 AI 음성 파일로 제작할 수 있다.

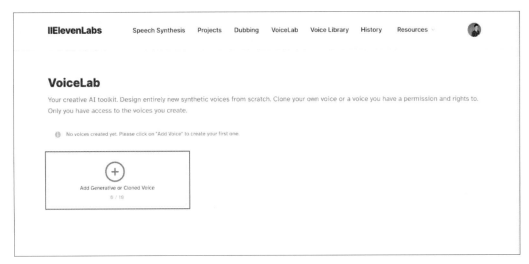

[그림21] 녹음된 목소리 파일 추가하기

인스턴트 보이스 복제는 유료 서비스이며 월간 구독을 해야 사용할 수 있다.

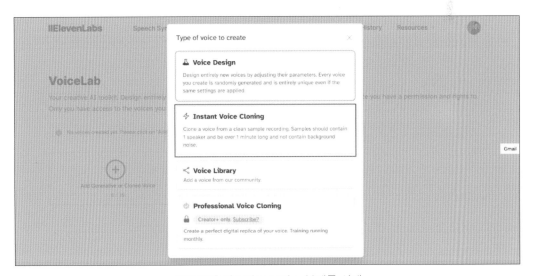

[그림22] 인스턴트 보이스 복제를 선택

Instant Voice Cloning을 클릭한다.

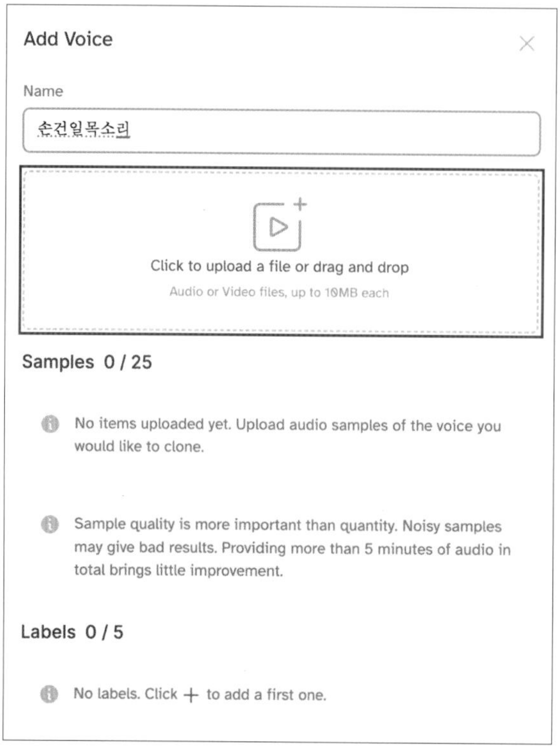

[그림23] 파일 추가

파일 이름을 작성하고 추가할 음성파일을 업로드하기 위해 추가하기 버튼을 클릭한다.

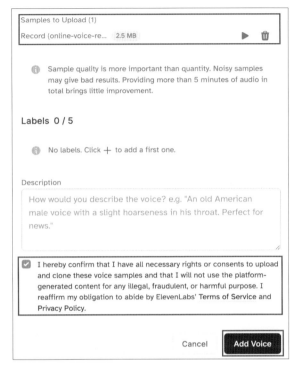

[그림24] 서비스 약관 동의 체크 후 목소리 생성하기

업로드한 파일이 제대로 등록이 되었는지 재생버튼을 통해 확인할 수 있다. 잘못 등록됐다면 삭제 후 다시 파일을 업로드한다. 서비스 약관 동의를 체크한 후 음성 파일 추가하기 버튼을 누른다.

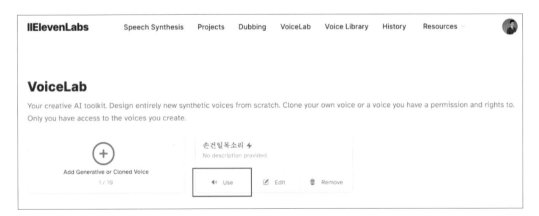

[그림25] 생성된 목소리 복제 파일 사용하기

복제된 파일이 생성된 화면이 나타나고 'Use' 버튼을 눌러 사용할 수 있다.

[그림26] 나의 목소리로 출력할 텍스트를 입력하고 생성하기

나만의 AI 음성으로 콘텐츠를 제작할 텍스트를 입력하고 생성하기 버튼을 누른다.

[그림27] 생성된 콘텐츠 저장하기

생성된 AI 음성 파일을 다운로드해 제작하고자 하는 콘텐츠에 활용한다.

이렇게 일레븐랩스(ElevenLabs)의 다양한 기능을 활용해 다양한 콘텐츠에 활용할 수 있다.

Epilogue

1인 미디어 시대는 누구에게나 평등한 기회의 장을 제공한다. 이는 단순히 콘텐츠를 만드는 것을 넘어 자신의 이야기를 세상에 전파하고 영향력을 행사할 수 있는 퍼스널 브랜딩 구축의 기회를 의미한다.

나를 홍보하는 시대에 단순히 인지도를 높이는 것이 아니라 진정성을 바탕으로 한 신뢰와 연결을 구축하는 과정이다. 그러한 과정속에서 AI가 우리의 삶 속으로 깊숙이 들어오고 있고 삶 전체에 활용하고 있으며 AI를 활용한 퍼스널 브랜딩 구축의 효율성도 극대화 되고 있다.

앞으로 우리의 삶 속에서 활용되는 AI 기술들을 어떻게 활용해 세상과 소통을 할 것인지는 우리의 선택에 달려있다.

여러분이 이 책을 통해 수많은 AI 플랫폼 중 일레븐랩스(ElevenLabs)의 기능을 알아봄으로써 자신만의 독특한 AI 목소리로 소셜 미디어를 통한 관계 구축 그리고 창의적인 콘텐츠 제작으로 퍼스널 브랜딩을 구축하는 데에 도움이 되기를 바란다.

5

생성AI에 따른
미래의 직업 변화

이 도 혜

제5장
생성AI에 따른 미래의 직업 변화

인공지능 시대, 새로운 지평선을 향해

인공지능 시대의 도래는 기술과 사회 전반에 걸친 근본적인 변화의 시기를 알리고 있다. 필자가 쓴 장에서는 이러한 변화의 핵심에 있는 인공지능(AI)의 발전을 탐구하고 그것이 우리의 삶, 일자리, 사회에 미치는 영향을 심도 있게 조명한다.

우선 인공지능의 현재 발전 상태를 살펴보고 이 기술이 사회적·경제적으로 어떤 영향을 미치고 있는지 분석한다. 인공지능의 급속한 발전이 우리의 생활, 일, 사고방식에 어떻게 깊숙이 영향을 미치는지 탐구하면서 이 기술이 가져올 새로운 기회와 필요한 적응 전략을 모색한다.

이후 AI가 일자리에 미치는 영향과 인간 노동과 AI의 공존 가능성을 심층적으로 탐구한다. AI가 어떤 일자리를 대체할 수 있는지 이에 따른 사회적 변화와 대응 방안에 대해 분석한다.

기술 발전에 따라 변화할 노동 시장의 미래를 조망하고자 한다. 새롭게 생겨날 직업, 변모할 기존 직업, 사라질 가능성이 있는 직업 등을 탐구하며 이러한 변화가 직업 선택에 어떤 새로운 기준을 제시하는지 살펴본다.

다음으로 현재 노동 시장의 상황을 분석하고 미래의 전망을 제시한다. 현재 상황을 평가하고 미래에 대한 예측을 통해 인공지능이 노동 시장에서 어떤 역할을 할 수 있는지 탐구한다. AI 시대에 필요한 기술과 지식, 평생 학습의 중요성, 교육 시스템과 직업 훈련의 변화를 논의한다.

이어서 인간의 강점과 창의력을 강조하며 인공지능과의 협업과 적응, 개인 및 사회적 대응 전략을 제시한다. 마지막으로는 인공지능 시대의 윤리적, 사회적 도전과 미래 사회의 지속 가능한 발전 방향을 논의하며 인공지능 시대를 위한 전망과 희망을 제공한다.

이 책은 인공지능과 공존하는 미래를 위한 심도 있는 가이드를 제공하고자 한다. 인공지능 시대에 발을 들여놓은 모든 이들에게 필요한 준비와 대응 방안에 대한 통찰을 담고 있다.

1. 인공지능 시대의 도래

우리는 현재 인공지능(AI) 시대의 서막에 서 있다. 이 장에서는 인공지능의 발전과 현재 상태 그리고 이 기술이 사회적, 경제적으로 어떤 영향을 미치고 있는지에 대해 탐구한다.

[그림1] 인공지능 시대의 도래를 DALL-E 3로 표현

1) 인공지능의 발전과 현재 상태

인공지능(AI)은 과학과 기술의 경계를 넘어서며 일상생활의 다양한 부분에 깊숙이 스며들고 있다. 한때 기본적인 계산과 데이터 처리에 국한됐던 AI는 이제 복잡한 문제 해결, 예측 분석, 자연어 처리, 심지어는 예술과 창의적인 영역까지 그 범위를 확장하고 있다. 이러한 변화는 우리 삶을 근본적으로 변모시키고 있으며 AI의 발전은 기술적 진보를 넘어서 인류의 삶의 방식을 재정립하고 있다.

AI의 발전은 처음에는 단순한 패턴 인식과 같은 기본적인 작업에서 시작됐다. 하지만 지금은 스마트폰의 음성 비서, 자율주행 자동차, 개인 맞춤형 쇼핑 추천 등 일상적인 상호작용에서부터 복잡한 의사 결정 지원 시스템에 이르기까지 다양한 형태로 우리 삶에 스며들고 있다. 이는 AI가 단순히 효율성을 높이는 데 그치지 않고 사용자 경험을 풍부하게 하고 새로운 형태의 상호작용을 가능하게 하는 방향으로 진화하고 있음을 보여준다.

이러한 진보의 중심에는 머신러닝과 딥 러닝이 있다. 이들 기술은 과거 수십 년 동안의 연구를 초월하는 속도로 발전했으며 특히 이미지와 음성 인식 분야에서 눈에 띄는 성과를 보이고있다. 이는 빅 데이터의 활용과 컴퓨팅 파워의 증가 덕분이다. 머신러닝과 딥 러닝은 거대한 데이터 세트를 분석하고 그 안에서 패턴을 발견하며 이를 바탕으로 예측과 결정을 내릴 수 있는 능력을 제공한다. 이러한 기술적 발전은 AI가 인간의 삶에 더 깊숙이 스며들게 하고 더 많은 가능성을 열어주고 있다.

[그림2] 머신러닝과 딥 러닝을 DALL-E 3로 표현

AI의 현재 상태를 보면 예술과 창의적 분야에서의 AI의 활용도 주목할 만하다. AI가 음악, 그림, 심지어 시와 소설 창작에 이르기까지 예술의 영역에 진입하고 있다. 이러한 활용은 AI가 단순한 작업 자동화를 넘어서 인간의 창의성을 보조하고 확장하는 새로운 차원을 제시하고 있음을 의미한다. 예를 들어, AI가 생성한 음악이나 그림은 인간 예술가와 협업해 새로운 예술 작품을 창출하거나 인간의 창작 과정에 영감을 주는 방식으로 활용되고 있다.

결론적으로 AI의 현재 상태는 기술적 발전의 경이로움을 넘어서 우리의 생활 방식, 사고 방식, 심지어 예술적 표현에 이르기까지 광범위한 영역에 영향을 미치고 있다. AI는 단순히 기술적 혁신을 넘어서 인류의 삶을 재정립하고 새로운 가능성의 지평을 열어가고 있다. 이러한 발전은 끊임없이 진화하며 앞으로 우리가 어떻게 AI를 활용하고 그것과 상호작용할 것인지에 대한 중요한 질문을 제기하고 있다.

2) AI 기술의 사회적, 경제적 영향

인공지능(AI) 기술의 급속한 발전은 사회적·경제적 측면에서 전례 없는 변화를 가져오고 있다. 경제적으로는 제조업부터 금융, 의료, 교육에 이르기까지 다양한 산업 분야에서 AI의 영향력이 확장되고 있다. 이러한 발전은 기존의 작업 방식을 재정립하고 새로운 기회를 창출하는 동시에 일부 전통적인 직업에 대한 위협도 제기하고 있다.

[그림3] 인공지능(AI) 기술의 급속한 발전을 DALL-E 3로 표현

제조업에서 AI는 결함 감지, 공정 최적화, 자동화된 품질 관리 시스템을 통해 생산 효율을 획기적으로 향상시키고 있다. 예를 들어, 고도로 발달한 머신러닝 알고리즘은 제조 과정에서 발생할 수 있는 불량품을 실시간으로 감지하고 분석해 결함이 최소화되도록 한다. 이는 불량률 감소와 함께 생산 속도와 품질의 일관성을 개선하며 최종적으로 경제적 이득을 가져다준다.

서비스업에서는 AI가 고객 서비스의 자동화와 개인화에 중요한 역할을 하고 있다. 챗봇, 가상 비서, 맞춤형 추천 시스템 등은 고객 경험을 개선하는 동시에 비즈니스에 있어서 인건비 절감과 효율성 증대라는 이점을 제공한다. 특히 AI 기술은 고객 데이터를 분석해 개인화된 서비스와 제품을 제공함으로써 고객 만족도를 높이고 장기적인 고객 충성도를 구축하는 데 기여하고 있다.

사회적 측면에서 AI는 노동 시장의 구조와 일자리의 성격을 변화시키고 있다. 자동화와 AI 기술의 도입은 저숙련 노동력의 일부를 대체하고 있지만 동시에 데이터 과학, AI 프로그래밍, 머신러닝 등과 같은 고숙련 기술 직업을 새롭게 창출하고 있다. 이러한 변화는 교육 및 직업 훈련 시스템에도 새로운 도전을 제기하고 있다. 기술의 발전에 발맞춰 학습자들은 미래 노동 시장에서 경쟁력을 유지하기 위해 AI와 관련된 기술과 지식을 습득하고 적응해야 한다.

또한 AI는 전통적인 분야에서도 새로운 기회를 제공하고 있다. 의료 분야에서 AI는 질병 진단, 치료 계획 수립, 환자 모니터링에 활용돼 의료 서비스의 질을 향상시키고 있다. 교육 분야에서는 AI가 개인화된 학습 계획을 제공해 학습자 개개인의 요구에 부응하는 맞춤형 교육 경험을 가능하게 한다. 법률 분야에서도 AI는 문서 검토와 분석을 자동화해 법률 전문가들이 보다 효율적으로 작업할 수 있도록 지원한다.

이러한 변화들은 우리에게 AI 시대에 어떻게 적응하고 준비해야 하는지에 대한 중요한 질문을 제기한다. AI의 발전은 단순한 기술적 진보를 넘어서 사회적·경제적 차원에서 심오한 영향을 미치고 있으며 이에 따라 우리의 삶, 일하는 방식 그리고 생각하는 방식에 대한 새로운 접근이 요구되고 있다. 이 장에서는 인공지능 기술의 발전이 가져올 미래를 조망하고 이러한 변화에 대응하는 방법을 모색해 보고자 한다.

2. 인공지능과 일자리, 변화의 시작

인공지능(AI)의 진화는 일자리와 노동 시장에 새로운 형태의 변화를 가져오고 있다. 이 장에서는 AI가 대체가능 한 일자리, 현재 일자리에 미치는 AI의 영향 그리고 AI와 인간 노동의 공존 가능성에 대해 자세히 탐구해 보겠다.

1) 현재 일자리에 미치는 AI의 영향

인공지능(AI) 기술의 발전은 현재의 일자리에도 근본적이고 광범위한 변화를 가져오고 있다. 이러한 변화는 다양한 산업 분야에서 일자리의 성격을 재정의하고 전문가들의 업무 방식을 혁신적으로 바꾸고 있다.

(1) 은행 및 금융 서비스 분야

은행과 금융 서비스 분야에서 AI는 고객 서비스 자동화, 사기 탐지, 신용 평가, 알고리즘 트레이딩 등 다양한 역할을 수행한다. 예를 들어, AI 기반의 챗봇은 고객의 질문에 실시간으로 응답하고 간단한 은행 업무를 처리할 수 있다. 또한 AI는 대규모 거래 데이터를 분석해 비정상적인 패턴을 식별함으로써 사기를 예방하는 데 도움을 준다.

(2) 소매 및 유통 분야

소매업에서 AI는 재고 관리, 수요 예측, 고객 맞춤형 마케팅, 온라인 쇼핑 경험 개선 등에 활용된다. 예를 들어, AI는 판매 데이터를 분석해 어떤 제품이 언제 인기가 있을지 예측하고 재고를 최적화할 수 있다. 또한 고객의 구매 이력과 행동 패턴을 분석해 맞춤형 제품 추천을 제공한다.

(3) 제조업 분야

제조업에서 AI는 공정 최적화, 품질 관리, 장비 유지 보수 등에 사용된다. 예를 들어, AI는 제조 공정에서 발생하는 데이터를 분석해 공정을 개선하고 제품 결함을 조기에 감지한다. 또한 예측 유지 보수 시스템을 통해 기계의 고장을 미리 예측하고 정비할 수 있다.

(4) 보건 및 의료 분야

의료 분야에서 AI는 질병 진단, 치료 계획 수립, 환자 데이터 관리, 의료 영상 분석 등에 활용된다. 예를 들어, AI는 의료 영상을 분석해 암과 같은 질병을 조기에 진단하고 환자의 의료 기록을 분석해 최적의 치료 방안을 제안할 수 있다.

(5) 교육 분야

교육 분야에서 AI는 맞춤형 학습 지원, 학습 진도 추적, 자동 평가 시스템 등에 활용된다. 예를 들어, AI 기반 학습 플랫폼은 학생의 학습 성향을 파악하고 개인에 맞는 학습 자료를 제공한다. 또한 AI는 학생들의 진도를 추적하고 객관식 시험 등을 자동으로 채점할 수 있다.

이러한 예시들은 AI가 현재 일자리에 미치는 영향의 범위와 심도를 보여주며 각 산업 분야에서 AI 기술을 효과적으로 활용하기 위한 전략과 준비가 필요함을 시사한다. AI의 발전은 기존의 업무방식을 변화시키며 이에 따라 새로운 기술과 지식을 습득하는 것이 더욱 중요해지고 있다.

(6) 도전과 적응의 필요성

AI의 이러한 영향은 전문가들에게 새로운 기술을 습득하고 업무 방식을 변화시키는 도전을 제시한다. AI 기술을 효과적으로 활용하려면 지속적인 학습과 적응이 필요하며 이는 교육 시스템과 직업 훈련 프로그램에도 새로운 요구 사항을 제시한다. 또한 AI의 발전은 기존의 일자리 구조에 영향을 미칠 수 있으므로 사회적·경제적 차원에서의 포괄적인 대응 전략이 필요하다.

결론적으로, AI의 영향은 현재의 일자리에 중대한 변화를 가져오고 있으며 이는 우리가 AI 시대를 맞이하는 방식에 중요한 영향을 미친다. 이러한 변화에 적응하고 AI의 잠재력을 최대한 활용하기 위해서는 기술적·교육적·정책적 측면에서의 지속적인 노력이 요구된다.

2) AI가 대체가능 한 일자리와 영역

인공지능(AI)의 진보가 가져오는 가장 중요한 변화 중 하나는 일자리의 변화이다. AI와 자동화 기술의 발전은 특히 반복적이고 예측 가능한 작업을 수행하는 일자리에 혁명적인 영향을 미치고 있다. 이러한 변화는 일자리 감소의 위험과 함께 새로운 직업의 창출이라는 양면성을 지니고 있다.

(1) 제조업의 자동화

제조업은 AI와 로봇 기술의 영향을 가장 크게 받는 분야 중 하나이다. 공장의 조립라인에서 로봇과 자동화 시스템은 인간 노동자들의 단순 반복 작업을 대체하고 있다. 예를 들어, 자동차 공장에서 로봇 팔은 용접, 도색, 조립 등을 맡아 처리하며 이는 생산 효율성을 대폭 향상시켰다. 이러한 자동화는 불량률 감소와 생산 속도 증가에 기여하지만 동시에 전통적인 제조업 일자리에 대한 위협이 되고 있다.

[그림4] 제조업의 자동화를 DALL-E 3로 표현

(2) 고객 서비스의 변화

고객 서비스 분야도 AI의 영향을 크게 받고 있다. 챗봇과 가상 비서는 전화 응대, 고객 문의 처리, 심지어는 판매와 마케팅까지 인간의 역할을 대체하고 있다. 이러한 AI 시스템은 24시간 서비스 제공이 가능하며 개인화된 고객 경험을 제공하는 데 효과적이다. 하지만 이는 전화 응대와 고객 서비스 업무에 종사하는 사람들에게는 심각한 직업 안정성의 위협이 된다.

(3) 데이터 처리와 분석

데이터 입력 및 처리 분야에서도 AI와 자동화의 영향이 크다. AI는 대량의 데이터를 신속하고 정확하게 처리할 수 있으며 이는 데이터 입력 및 분석을 담당하는 사무직 직원들에게는 일자리 감소로 이어질 수 있다. 그러나 반대로 AI가 생성한 데이터를 해석하고 전략적 결정을 내리는 능력은 더욱 중요해지고 있다.

[그림5] 데이터 처리와 분석을 DALL-E 3로 표현

(4) 운송 업계의 변화

운송 업계는 자율주행 기술의 발전으로 큰 변화를 겪고 있다. 트럭, 택시, 배달 서비스 등에서 자율주행 차량의 도입이 논의되고 있으며 이는 장기적으로 운전사의 일자리에 영향을 미칠 것이다. 자율주행 기술은 효율성과 안전성을 높이지만 동시에 수많은 운전 기반 일자리를 위협하고 있다.

(5) 금융 서비스의 자동화

금융 서비스 분야에서도 AI는 대규모 변화를 가져오고 있다. 알고리즘 기반의 트레이딩 시스템, 자동화된 신용 평가, 로보 어드바이저 등은 금융 분석가와 투자 상담사의 역할을 변화시키고 있다. 이러한 기술은 효율성과 정확성을 높이지만 동시에 전통적인 금융 서비스 직업에 대한 위협으로 작용한다.

(6) AI와 교육 영역의 변화

교육 분야에서 인공지능(AI)의 영향은 두 가지 큰 측면에서 나타난다. 하나는 학습 자료와 교육 방법의 개선이고 다른 하나는 일부 교육 관련 직업의 변화이다.

AI는 맞춤형 학습 경험을 제공해 학생들의 학습 효율을 높이는 데 기여할 수 있다. 예를 들어, AI가 개인의 학습 스타일과 속도를 분석해 맞춤형 학습 자료를 제공하거나 학습 진도에 맞춰 추가 자료를 추천하는 시스템이 개발되고 있다. 이러한 시스템은 학생들이 자신의 속도에 맞춰 학습할 수 있도록 도와주며 교사는 학생 개개인에 더 집중할 수 있게 된다.

그러나 이러한 변화는 일부 교육 관련 일자리에 영향을 미칠 수 있다. 예를 들어, AI가 특정 주제에 대한 기본적인 질문에 답변하거나 간단한 평가를 수행할 수 있게 되면 교육 보조 인력의 역할이 줄어들 수 있다.

(7) 언론과 방송계에서의 AI의 역할

언론 분야에서 AI의 활용은 주로 뉴스 수집 및 분석, 기사 작성에 초점을 맞추고 있다. AI 알고리즘은 대규모 데이터에서 중요한 정보를 추출하고 간단한 뉴스 기사를 자동으로 작성하는 데 사용될 수 있다. 이는 특히 재무나 스포츠 분야의 뉴스에서 효과적이며 기자들이 보다 복잡하고 분석이 필요한 기사에 집중할 수 있게 해준다.

방송계에서 AI의 활용은 주로 콘텐츠 제작과 편집에서의 자동화에 초점을 맞춘다. AI는 비디오 콘텐츠에서 중요한 장면을 자동으로 편집하거나 시청자의 선호도에 맞춰 콘텐츠를 추천하는 데 사용될 수 있다. 또한 AI 기술은 방송 스케줄링과 콘텐츠 관리를 자동화해 방송 업계의 효율성을 향상시킬 수 있다.

이러한 변화는 언론과 방송 분야의 일자리 구조에 영향을 미치며 이 분야의 종사자들에게는 새로운 기술을 습득하고 적응하는 것이 중요해진다. AI 기술이 가져오는 자동화의 이점을 활용하면서도 창의적인 콘텐츠 제작과 심층 분석은 여전히 인간의 역할이 중요한 부분임을 인식해야 한다.

(8) 대학교에서 AI의 활용

대학교에서 인공지능(AI)이 대체가능 한 영역은 주로 행정적, 교육적 그리고 일부 연구 관련 업무에 집중된다. 이러한 영역에서 AI의 적용은 효율성을 높이고 인간 노동의 부담을 줄이는 동시에 새로운 교육 및 연구 방법을 제공할 수 있다.

① 행정적 업무 자동화

대학의 행정 부서에서는 AI를 활용해 학생 데이터 관리, 입학 절차, 성적 처리 등을 자동화할 수 있다. AI 시스템은 대량의 학생 데이터를 효율적으로 관리하고 간단한 질문에 대한 응답을 자동화해 행정 부담을 줄일 수 있다.

② 교육 과정에서의 맞춤형 학습 지원

AI는 학생들에게 개인화된 학습 경험을 제공할 수 있다. AI 기반 학습 플랫폼은 학생들의 학습 스타일과 성취도를 분석해 맞춤형 학습 자료와 연습 문제를 제공할 수 있다. 또한 AI는 학생들의 질문에 실시간으로 응답하고 기초적인 튜터링을 제공하는 역할을 할 수도 있다.

③ 연구 지원

AI는 대학 연구 활동을 지원하는 데에도 중요한 역할을 할 수 있다. 예를 들어, AI는 과학적 데이터 분석, 실험 설계, 문헌 검토 등에서 연구자들을 보조할 수 있다. AI 알고리즘은 복잡한 데이터 세트에서 유용한 패턴을 식별하고 연구 가설을 검증하는 데 기여할 수 있다.

④ 시설 관리와 캠퍼스 안전

AI 기반 시스템은 대학 캠퍼스의 시설 관리와 안전을 향상시킬 수 있다. 예를 들어, AI는 에너지 사용 최적화, 캠퍼스 내 보안 감시, 유지 보수 요구 사항의 예측 등에서 활용될 수 있다.

⑤ 교수와 학습 방법의 변화

AI는 교수법에도 영향을 미친다. AI 기술을 활용한 코스웨어는 수업 자료를 보강하고 학생들의 참여와 상호작용을 증진시킬 수 있다. 그러나 이는 전통적인 강의 방식의 변화를 요구하며 교수진에게는 새로운 교육 기술을 습득하고 적용하는 도전을 제시한다.

이러한 변화는 대학교의 교육 및 연구 환경을 향상시킬 수 있는 잠재력을 지니고 있지만 동시에 일부 전통적인 역할과 직업에 대한 위협이 될 수 있다. 따라서 대학은 AI 기술의 도입을 통해 발생할 수 있는 변화에 대비하고 학생, 교직원, 연구원들이 이러한 변화에 적응할 수 있도록 지원하는 정책과 프로그램을 개발할 필요가 있다.

3) AI와 인간 노동의 공존 가능성

인공지능(AI) 기술의 발전은 노동 시장에 많은 변화를 가져오고 있지만 인간과 AI의 공존은 여전히 가능하며 필요한 영역이다. 이 공존은 일자리의 구조를 변화시키고 새로운 형태의 협업을 창출함으로써 인간 노동의 가치와 역할을 재정립할 수 있다.

[그림6] AI와 인간 노동의 공존하는 모습을 DALL-E 3로 그림

(1) 협업과 보완의 새로운 기회

AI의 가장 큰 장점 중 하나는 빠른 데이터 처리 능력과 정확한 패턴 인식이다. 이러한 기능은 인간의 창의성과 결합될 때 더 큰 시너지를 발휘할 수 있다. 예를 들어, 건축가와 도시계획가들은 AI를 사용해 복잡한 설계 작업을 수행하고 도시의 교통 흐름이나 에너지 사용을 최적화할 수 있다. 이때 AI는 대량의 데이터를 분석하고 최적의 해결책을 제시하지만 최종적인 창의적 결정과 구현은 인간의 몫이다.

(2) 인간 중심의 AI 설계와 운영

AI 시스템의 설계와 운영은 인간의 전문 지식과 감성이 필요한 영역이다. AI 기술이 사람들의 삶을 향상시키기 위해서는 인간의 요구와 가치를 이해하는 것이 중요하다. 예를 들어, 의료 분야에서 AI는 환자 데이터를 분석해 진단을 지원하지만 환자와의 의사소통과 치료 결정 과정에서는 의사의 역할이 중요하다. 여기서 의사는 AI의 분석 결과를 해석하고 환자의 개별 상황에 맞는 치료 방법을 결정한다.

(3) 교육 및 훈련을 통한 적응

AI와의 공존을 위해서는 교육과 훈련이 중요한 역할을 한다. 예를 들어, AI 기술이 도입된 작업 환경에서는 직원들이 새로운 도구를 사용하는 방법을 배워야 한다. 이는 기존 직무의 요구 사항을 변화시키고 직원들이 새로운 기술을 습득하도록 동기를 부여한다. 예를 들어, 제조업에서 로봇과 협업하는 직원들은 로봇의 작동 원리와 안전한 작업 방법을 배워야 한다.

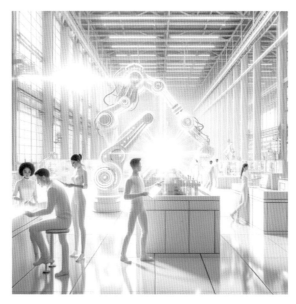

[그림7] 교육 및 훈련을 DALL-E 3로 형상화함

(4) 윤리적 고려와 인간 중심의 접근

AI 기술의 채택과 운영에 있어서 윤리적 고려는 매우 중요하다. AI 시스템은 투명하고 공정해야 하며 인간의 권리와 존엄성을 존중해야 한다. 예를 들어, 채용 과정에서 AI를 사용하는 경우, AI 시스템이 편향되지 않도록 설계하고 최종 결정은 인간의 판단에 맡겨야 한다.

결론적으로, AI와 인간 노동의 공존은 기술 발전과 함께 인간의 역할과 가치를 재고하는 기회를 제공한다. AI는 단순한 도구 이상의 역할을 하며 인간의 노동을 보완하고 새로운 형태의 일자리를 창출할 수 있다. 이 과정에서 중요한 것은 AI가 인간 중심으로 설계되고 운영돼야 하며 교육과 훈련을 통해 인간이 AI와 효과적으로 협업할 수 있도록 준비하는 것이다.

3. 일자리의 미래, 예상되는 변화

1) 기술 발전에 따른 신규 직업의 출현

기술의 급격한 발전은 전통적인 직업 경계를 허물고 새로운 직업을 창출하고 있다. 이러한 직업들은 특히 AI, 빅 데이터, 사물 인터넷(IoT), 사이버 보안 등과 같은 첨단 기술 분야에 집중돼 있다.

(1) AI 개발자와 데이터 과학자

이들은 복잡한 데이터 세트를 분석하고 AI 알고리즘을 개발해 비즈니스, 의료, 금융 등 다양한 분야에 응용한다. 데이터 과학자들은 빅 데이터를 활용해 예측 모델을 만들고 AI 개발자들은 이 모델을 구현해 실제 문제 해결에 적용한다.

(2) 사이버 보안 전문가

디지털 시대의 보안 위협이 증가함에 따라 사이버 보안 전문가의 수요도 급증하고 있다. 이들은 기업의 중요 데이터를 보호하고 사이버 공격을 방어하기 위해 최신 기술을 활용한다.

[그림8] 사이버 보안 전문가를 DALL-E 3로 표현

(3) IoT 전문가

IoT 전문가는 사물인터넷(IoT) 기술을 활용해 새로운 제품이나 서비스를 기획·개발·운영하는 전문가이다. IoT 기술은 일상생활에서의 스마트 기기부터 산업 현장의 자동화에 이르기까지 광범위하게 적용되고 있다. IoT 전문가들은 이러한 기기들이 효율적으로 작동하고 서로 연결되도록 하는 역할을 한다.

(4) AI 트레이너

AI 시스템을 효과적으로 작동시키기 위해서는 인간의 언어·감정·문화적 뉘앙스를 이해하고 학습하는 데 도움을 주는 전문가가 필요하다. AI 트레이너는 챗봇, 가상 비서, 고객 서비스 AI 시스템에 인간처럼 반응하고 소통할 수 있는 능력을 부여하는 역할을 한다.

(5) 로보틱스 엔지니어

로봇 기술의 발전과 함께 로봇을 설계, 제작, 유지보수하는 전문가의 수요가 증가하고 있다. 이들은 제조업, 의료, 탐사 등 다양한 분야에서 활용될 수 있는 로봇을 개발한다.

(6) 데이터 프라이버시 매니저

빅 데이터와 AI의 발전으로 데이터 프라이버시와 보안에 대한 중요성이 증가하고 있다. 데이터 프라이버시 매니저는 기업이나 조직이 개인정보 보호법을 준수하고 데이터를 안전하게 관리하도록 하는 역할을 한다.

(7) AI 이더(Ethics) 전문가

AI 이더는 AI의 윤리적 적용과 관련된 문제를 다루는 전문가이다. AI 기술이 인간의 가치와 권리를 존중하며 공정하고 투명하게 사용되도록 지침을 제공한다.

(8) 디지털 재활 전문가

디지털 기술과 AI를 활용해 환자의 재활 과정을 지원하는 전문가이다. 이들은 AI 기반의 재활 프로그램을 개발하고 환자의 회복 과정을 모니터링하며 맞춤형 치료 계획을 제공한다.

(9) AI 법률 자문가

AI 법률 자문가는 AI 기술과 관련된 법적 문제 예를 들어 지적 재산권, 데이터 사용 권리, AI 기술의 법적 책임과 관련된 사항을 다룬다. 이들은 기술 기업이나 정부 기관에 법적 자문을 제공한다.

(10) 자율 시스템 분석가

자율 시스템 분석가는 자율주행 자동차, 무인 항공기, 자동화된 산업 시스템과 같은 자율 시스템의 성능을 분석하고 최적화하는 역할을 한다.

이러한 직업들은 기술의 발전이 가져올 새로운 노동 시장의 현실을 반영하며 미래의 직업 선택에 중요한 영감을 제공한다. 이들 직업은 기술적 기술뿐만 아니라 창의적 사고 전략적 문제 해결, 윤리적 판단 등 인간적인 요소를 강조하는 경향이 있다.

2) 기존 직업의 변모 및 사라질 위험에 처한 직업들

기술 발전은 기존의 많은 직업들을 변화시키고 있으며 일부는 사라질 위험에 처해 있다.

(1) 제조업과 물류업의 자동화

자동화 기술의 발전은 제조업에서의 단순 조립 작업, 창고 관리, 포장 및 배송과 같은 물류 관련 일자리를 줄이고 있다. 로봇과 자동화 시스템이 이러한 업무를 효율적으로 대체하고 있다.

(2) 고객 서비스 자동화

AI 챗봇과 가상 비서는 전화 응대, 고객 문의 처리 등의 업무를 자동화하고 있으며 이는 전통적인 고객 서비스 직원의 역할을 줄이고 있다.

(3) 행정 및 사무 지원 업무

많은 사무 지원 업무 예를 들어 데이터 입력, 문서 관리 등이 AI와 자동화 기술에 의해 대체될 위험이 있다.

(4) 은행원과 텔러

디지털 뱅킹과 자동화된 키오스크의 확산으로 인해 전통적인 은행 텔러의 역할이 감소하고 있다. 온라인 거래와 AI 기반 고객 서비스 플랫폼이 이러한 직업의 필요성을 줄이고 있다.

(5) 콜 센터 직원

AI 챗봇과 음성 인식 기술의 발전으로 간단한 고객 문의 처리는 점차 자동화되고 있다. 이러한 변화는 전통적인 콜 센터 직원의 역할을 대체하고 있다.

(6) 조립 라인 작업자

제조업 분야에서 로봇과 자동화 시스템은 인간 작업자보다 빠르고 정확하게 반복 작업을 수행할 수 있다. 이는 특히 단순 조립이나 포장 작업을 하는 노동자들에게 영향을 미치고 있다.

(7) 점원과 매장 직원

자동화된 체크아웃 시스템과 온라인 쇼핑의 증가는 소매업에서의 전통적인 점원의 역할을 줄이고 있다. 또한 AI 기반의 재고 관리 시스템도 매장 직원의 필요성을 감소시키고 있다.

(8) 회계사와 감사관

AI와 고급 분석 도구는 회계와 감사 업무의 많은 부분을 자동화할 수 있다. 특히 데이터 입력, 거래 기록 관리, 간단한 감사 작업 등이 AI에 의해 수행될 수 있다.

(9) 택시 기사와 트럭 운전사

자율주행 기술의 발전은 장기적으로 운송 분야의 일자리에 영향을 미칠 수 있다. 자율주행 택시와 트럭이 상용화되면 전통적인 운전 기반 직업이 감소할 가능성이 있다.

(10) 여행사 직원

온라인 여행 예약 플랫폼과 AI 기반 여행 서비스의 확산으로 전통적인 여행사의 역할이 줄어들고 있다. 맞춤형 여행 계획과 예약이 온라인으로 손쉽게 이뤄지고 있다.

(11) 우체국 직원

디지털 커뮤니케이션의 증가와 자동화된 우편 시스템은 전통적인 우체국 서비스의 필요성을 감소시키고 있다.

이러한 직업들의 변화는 불가피한 기술 발전의 결과이지만 이로 인해 발생하는 사회적·경제적 문제에 대한 고민과 적절한 대응 전략이 필요하다. 기술 변화에 따른 직업의 소멸은 새로운 기술 습득과 직업 재교육의 중요성을 강조하고 노동 시장의 유연성과 적응성을 높이는 데 중점을 둬야 한다.

3) 직업 선택에 대한 새로운 기준

기술의 발전은 직업 선택에 대한 새로운 기준을 제시하고 있다. 미래의 노동 시장에서는 기술적 능력뿐만 아니라 창의력, 비판적 사고 인간 중심의 접근이 중요해질 것이다.

(1) 창의성과 문제 해결 능력

AI가 처리할 수 없는 창의적인 업무나 복잡한 문제 해결은 여전히 인간의 영역이다. 디자인, 콘텐츠 창작, 전략적 의사결정 등은 AI의 보완을 받으며 더욱 중요해지고 있다.

(2) 인간 중심의 서비스

의료, 교육, 상담과 같은 인간 중심의 서비스 직업들은 기술 발전에도 불구하고 여전히 중요하다. 이러한 분야에서는 기술적 지식과 함께 인간적인 소통과 이해가 필수적이다.

(3) 유연성과 적응력

기술의 변화에 빠르게 적응하고 새로운 기술을 배우는 능력이 중요해지고 있다. 평생 학습의 자세와 새로운 기술에 대한 개방성은 미래의 직업 세계에서 큰 자산이 된다.

이러한 변화들은 우리가 직업을 선택하고 준비하는 방식에 중대한 영향을 미치며 개인과 교육 기관, 산업계 모두가 이러한 변화에 적응하고 대비하는 데 중요한 역할을 한다.

4. 노동 시장의 변화, 현재와 미래

노동 시장은 지속적으로 변화하고 발전하는 기술, 특히 인공지능(AI)의 영향을 크게 받고 있다. 이 장에서는 현재 노동 시장의 상황, 미래 노동 시장의 전망 그리고 AI의 역할과 한계에 대해 탐구해 보겠다.

1) 현재 노동 시장의 상황 분석

현재의 노동 시장은 디지털화, 자동화 그리고 AI의 증가하는 적용으로 인해 중요한 변화를 겪고 있다. 다양한 산업에서 기술이 업무 방식을 변화시키고 있으며 이는 직업의 종류와 그에 필요한 기술에도 영향을 미치고 있다.

(1) 자동화와 디지털화의 증가

많은 기업들이 운영 효율성을 높이기 위해 자동화 기술을 도입하고 있다. 예를 들어, 제조업에서는 로봇 공정이 증가하고 있으며 서비스업에서는 디지털 플랫폼과 AI 기반 시스템이 고객 서비스를 혁신하고 있다.

(2) 기술적 기술의 중요성

현재 노동시장에서는 IT, 프로그래밍, 데이터 분석과 같은 기술적 기술이 점차 중요해지고 있다. 이러한 기술은 거의 모든 분야에서 필수적으로 여겨지며 직업 시장에서 경쟁력을 갖추기 위해 필수적이다.

2) 미래 노동 시장의 전망

미래의 노동 시장은 현재의 기술적 트렌드가 확장되면서 더욱 다양화되고 복잡해질 것으로 예상된다.

(1) 새로운 직업의 창출

AI와 관련 기술의 발전은 새로운 형태의 직업을 만들어 낼 것이다. 예를 들어, AI 시스템의 윤리적 사용을 관리하는 'AI 윤리 감시관'과 같은 역할이 중요해질 수 있다.

(2) 융합적 역량의 중요성

기술, 비즈니스, 디자인 등 다양한 분야의 지식을 결합하는 융합적 역량이 중요해질 것이다. 이는 새로운 기술을 다양한 산업에 적용하는 데 필수적인 요소가 될 것이다.

3) 인공지능의 역할과 그 한계

AI는 노동 시장에 혁신을 가져오는 주요한 기술이지만 그 역할에는 한계가 있다

(1) 역할의 확대

AI는 데이터 분석, 예측 모델링, 자동화된 의사결정 지원 등 다양한 분야에서 활용되고 있다. 이는 의료, 금융, 제조업 등 다양한 산업에서 의사결정의 효율성과 정확성을 향상시킨다.

(2) 한계와 도전

AI는 복잡한 인간 감정의 이해, 창의적 사고 도덕적 판단 등 인간 고유의 영역에서는 한계를 갖고 있다. 예를 들어, 예술 창작, 심리 상담, 복잡한 의사결정 과정에서는 여전히 인간의 역할이 중요하다.

결론적으로 노동 시장은 AI와 같은 기술의 발전으로 계속 진화할 것이며 이러한 변화에 적응하고 기회를 활용하기 위한 준비가 필요하다. 이는 교육 시스템, 직업 훈련 프로그램 그리고 개인적인 경력 개발 전략에도 영향을 미칠 것이다.

5. 대처 전략, 공부하고 준비하는 방법

인공지능(AI) 시대의 도래는 개인과 조직에게 새로운 기술과 지식을 습득하고 평생 학습과 경력 관리의 중요성을 강조한다. 이러한 변화에 대응하기 위한 전략은 다음과 같다.

1) AI 시대에 필요한 기술과 지식

AI 시대에는 특정 기술적 능력뿐만 아니라 유연한 사고방식과 문제 해결 능력이 필요하다.

(1) 기술적 능력

프로그래밍, 데이터 분석, AI 및 머신러닝에 대한 지식이 중요해진다. 예를 들어, Python이나 R과 같은 프로그래밍 언어의 이해, 데이터 시각화, 통계적 분석 능력 등이 요구된다.

(2) 소프트 스킬

비판적 사고 창의적 문제 해결, 효과적인 커뮤니케이션 및 협업 능력도 중요하다. AI 기술을 효과적으로 사용하고 다양한 팀원과 협력해 복잡한 프로젝트를 관리하는 데 필요하다.

(3) 윤리적 이해와 인간 중심 접근

AI의 윤리적 사용과 인간 중심의 기술 설계에 대한 이해가 필요하다. AI의 결정에 영향을 받는 사람들의 권리와 가치를 고려하는 능력이 중요하다.

2) 평생 학습과 경력 관리의 중요성

AI 시대에는 지속적인 학습과 자기 계발이 필수적이다.

(1) 평생 학습

기술의 빠른 변화에 적응하기 위해서는 지속적인 학습과 기술 업데이트가 필요하다. 온라인 코스, 워크숍, 세미나 등을 통해 최신 기술 트렌드를 학습하고 새로운 기술을 습득해야 한다.

(2) 경력 관리

직업 생활 동안 여러 번의 경력 전환을 준비해야 할 수도 있다. 자신의 역량을 정기적으로 평가하고 새로운 기회에 대응할 수 있는 유연성을 갖추는 것이 중요하다.

3) 교육 시스템과 직업 훈련의 변화

교육 시스템과 직업 훈련 프로그램은 기술 발전에 맞춰 변화해야 한다.

(1) 실용적이고 유연한 교육 커리큘럼

교육 기관은 AI와 관련 기술에 초점을 맞춘 실용적이고 현장 중심의 커리큘럼을 제공해야 한다. 이는 학생들이 시장에서 요구하는 최신 기술을 습득할 수 있게 한다.

(2) 직업 훈련의 혁신

기존 직업군을 위한 재교육과 훈련 프로그램이 중요해진다. 이는 기술 변화에 따른 직업의 소멸을 대비하고 새로운 기술 직업으로의 전환을 지원한다.

결론적으로, AI 시대에 성공적으로 적응하기 위해서는 지속적인 학습과 기술 습득 그리고 유연한 경력 관리가 필요하다. 이는 개인의 책임뿐만 아니라 교육 기관과 정부의 적극적인 지원과 협력을 필요로 한다.

6. AI 시대에서 살아남는 방법

AI 시대에서 살아남기 위해서는 인간만의 강점을 이해하고 AI와의 협업 방식을 익히며 개인과 사회적 차원에서 적절한 대응 전략을 수립하는 것이 중요하다.

1) 인간만의 강점과 창의력의 중요성

AI와 기계는 많은 작업을 자동화하고 효율을 높일 수 있지만 인간만이 가진 창의력, 감성, 비판적 사고는 AI가 대체할 수 없는 부분이다.

(1) 창의력과 혁신

인간의 창의력은 예술, 디자인, 혁신적인 비즈니스 전략 개발 등에서 중요한 역할을 한다. 예를 들어, AI가 생성한 데이터를 바탕으로 새로운 마케팅 전략을 구상하거나 제품 디자인에 독창적인 요소를 추가하는 것은 인간만의 영역이다.

(2) 감성 지능과 인간관계

인간의 감성 지능은 고객 서비스, 상담, 교육 등에서 중요하다. AI는 패턴을 인식하고 데이터를 분석할 수 있지만 고객의 감정을 이해하고 공감하는 능력은 인간만이 갖고 있다.

2) 인공지능과의 협업과 적응

AI 시대에는 인공지능과의 협업 방법을 배우고 적응하는 것이 중요하다.

(1) AI 도구로써의 활용

AI를 도구로 활용해 작업의 효율성을 높일 수 있다. 예를 들어, 데이터 분석, 시장 조사, 고객 행동 분석 등에서 AI를 활용해 보다 신속하고 정확한 결정을 내릴 수 있다.

(2) AI와의 상호작용

AI 시스템과의 상호작용 방법을 이해하고 이를 일상 업무에 통합하는 능력이 중요하다. 예를 들어, AI 기반 CRM 시스템을 사용해 고객 관리를 하는 방법을 배우는 것이다.

3) 개인 및 사회적 대응 전략

AI 시대를 효과적으로 대처하기 위해서는 개인적 차원뿐만 아니라 사회적 차원에서의 전략이 필요하다.

(1) 교육 및 훈련

AI와 관련된 기술을 배우고 변화하는 노동 시장에 적응하기 위한 교육과 훈련이 중요하다. 예를 들어, AI 기술을 활용하는 방법, 새로운 소프트웨어 도구의 사용법 등을 배운다.

(2) 사회적 대응 메커니즘

정부와 사회는 AI의 영향으로 인한 변화에 대응하기 위해 교육 정책, 직업 재교육 프로그램, 사회 안전망 강화 등의 전략을 수립해야 한다. 예를 들어, AI 기술로 인해 영향을 받는 직업군을 위한 전환 교육 프로그램을 개발하는 것이다.

결론적으로, AI 시대에서 살아남기 위해서는 인간만의 강점을 발휘하고 AI와의 협업을 배우며 지속적인 학습과 개인적, 사회적 차원에서의 적응 전략을 수립하는 것이 중요하다.

7. 인공지능과 공존하는 미래

인공지능(AI) 시대는 윤리적, 사회적 도전을 제시하며 미래 사회의 지속 가능한 발전 방향을 모색하고 기술 발전에 대한 긍정적인 전망과 희망을 제공한다.

1) 인공지능 시대의 윤리적·사회적 도전

AI의 발전은 다양한 윤리적·사회적 문제를 야기한다.

(1) 윤리적 문제

AI의 결정은 투명하고 공정해야 한다. 예를 들어, AI 기반 채용 시스템이 특정 집단에 편향되지 않도록 보장하는 것이 중요하다. 또한 AI가 개인 정보를 처리할 때 개인의 사생활과 데이터 보호에 대한 윤리적 고려가 필요하다.

(2) 사회적 영향

AI에 의한 자동화로 인한 일자리 변화는 사회적 안정성에 영향을 미친다. 직업 소멸과 새로운 직업 창출 사이의 균형을 찾고 변화하는 노동 시장에 대응하기 위한 사회적 대책이 필요하다.

2) 미래 사회의 지속 가능한 발전 방향

AI 시대의 지속 가능한 발전은 기술과 인간의 조화를 중시한다.

(1) 기술과 환경의 조화

AI를 활용해 환경 문제를 해결하고 지속 가능한 발전을 추진한다. 예를 들어, AI를 사용해 에너지 효율을 높이고 기후 변화의 영향을 분석하며 지속 가능한 자원 관리 전략을 개발한다.

(2) 사회적 포용성

기술 발전이 모든 사회 구성원에게 혜택을 가져다줄 수 있도록 하는 것이 중요하다. 예를 들어, 교육과 훈련을 통해 모든 연령대와 배경의 사람들이 새로운 기술에 접근하고 활용할 수 있도록 지원한다.

3) 인공지능 시대를 위한 전망과 희망

AI 시대는 많은 도전 과제를 안고 있지만 동시에 긍정적인 변화와 희망을 제공한다.

(1) 혁신과 기회

AI는 의료, 교육, 교통 등 다양한 분야에서 혁신을 촉진하고 새로운 기회를 창출한다. 예를 들어, AI는 개인 맞춤형 의료 솔루션을 제공하고 교육의 질을 개선하며 교통 시스템을 최적화한다.

(2) 인간의 역할 재정립

AI 시대에서 인간의 창의력·감성·윤리적 판단은 더욱 중요해진다. 이는 기술이 인간 삶을 향상시키는 방향으로 발전하도록 인도하는 역할을 한다.

결론적으로, AI 시대는 새로운 윤리적·사회적 문제를 제기하지만 동시에 인류에게 무한한 가능성과 기회를 제공한다. 이러한 변화를 통해 더 나은 미래를 향해 나아가기 위해 우리는 지속적인 학습, 적응, 협력의 자세가 필요하다.

AI 시대를 향한 여정의 마무리

우리는 인공지능(AI) 시대의 도래와 함께 새로운 시대의 문턱에 서 있다. 이 책을 통해 우리는 AI의 발전과 현재 상태를 살펴보았고 AI 기술이 사회적·경제적으로 미치는 영향을 탐구했다. 인공지능과 일자리의 관계, 일자리의 미래 그리고 노동 시장의 변화와 같은 주제들은 우리에게 중요한 통찰을 제공했다.

우리는 AI 시대에 필요한 새로운 기술과 지식을 이해하고 평생 학습의 중요성을 인식했다. 또한 교육 시스템과 직업 훈련 프로그램이 어떻게 변화해야 하는지도 살펴보았다. 인간만의 강점과 창의력의 중요성, AI와의 협업 및 적응 그리고 개인 및 사회적 대응 전략은 AI 시대를 살아가는 우리에게 필수적인 지침이 됐다.

이 책의 마지막 장에서는 AI 시대의 윤리적·사회적 도전과 미래 사회의 지속 가능한 발전 방향에 대해 논의했다. 끝으로, 우리는 AI 시대를 위한 전망과 희망에 대해 고민하며 이 새로운 시대에 대한 기대감을 품게 됐다.

인공지능은 단순한 기술 발전을 넘어서 우리 삶의 방식을 재정의하고 있다. 이 변화의 여정은 도전적일 수 있지만 동시에 무한한 가능성과 기회를 제공한다. 우리는 이 기술의 발전을 단순히 수용하는 것을 넘어서 그것을 우리 삶의 질을 높이는 방향으로 이끌어야 한다. 이 책이 AI 시대를 향한 여정에서 여러분에게 유용한 나침반과 같은 역할을 할 수 있기를 바란다.

우리의 미래는 AI와 공존하며 이 공존은 우리가 어떻게 기술을 받아들이고 활용하는가에 달려 있다. AI 시대에서의 성공은 지속적인 학습, 유연한 적응력, 창의적 사고 그리고 인간적 가치의 중심을 잃지 않는 것에서 비롯될 것이다. 이 새로운 시대에 우리 모두가 함께 성장하고 발전해 나가길 기대한다.

6

생성AI 시대를 맞이하는 중년의 준비

───

오 명 훈

제6장
생성AI 시대를 맞이하는 중년의 준비

새로운 시대, 새로운 준비

우리는 눈부신 속도로 발전하는 기술의 물결 속에 살고 있다. 특히 인공 지능(AI)의 급격한 진화는 생활의 모든 영역에서 혁명적인 변화를 가져오고 있다. AI는 이제 단순한 기술적 현상을 넘어 우리 삶의 방식, 업무의 본질 그리고 미래에 대한 인식까지 근본적으로 변화시키고 있다.

이러한 변화의 중심에 서 있는 중년 세대는 특별한 도전과 기회에 직면해 있다. 한편으로는 급변하는 기술 환경에 적응하고 자신의 역량을 재정립해야 하는 도전이, 다른 한편으로는 새로운 기술을 활용해 개인적, 직업적 삶을 풍요롭게 하는 무한한 기회가 존재한다.

'생성 AI 시대를 맞이하는 중년의 준비'는 이러한 시대적 변화 속에서 중년이 마주한 과제와 기회를 알아보고 이에 대응하기 위한 실질적인 조언과 가이드를 제공하고자 한다. 이 장은 중년 세대가 AI 시대를 두려움 없이 맞이하고 변화를 기회로 전환할 수 있는 방법을 찾고자 한다.

우리는 AI 기술의 발전이 중년 세대에게 던지는 질문들을 살펴보며 이에 대한 답을 찾아갈 것이다. 이는 단순히 기술적인 측면을 넘어서 인생의 후반부를 보다 풍요롭고 의미 있게 만드는 방법에 대해 찾아가는 것이다. 경력 재설계, 평생 교육, 건강 관리, 사회적 관계 그리고 정신적 웰빙에 이르기까지 다양한 주제를 통해 중년 세대가 AI 시대를 성공적으로 헤쳐 나갈 수 있는 길을 제시하고자 한다.

이 책을 통해 독자들은 AI 시대를 맞이하는 중년으로서 필요한 지식을 얻고 변화하는 세상에서 자신의 위치를 확고히 하는 데 필요한 준비를 할 수 있을 것이다. AI 시대의 도래는 우리에게 많은 도전을 제시하지만 이를 준비하고 적응하는 것이 바로 우리의 미래를 위한 투자다. '생성AI 시대를 맞이하는 중년의 준비'는 바로 그 여정의 시작점이 될 것이다.

1. 인공 지능 시대의 도래 – 중년을 위한 이해

초연결 시대의 동력원으로 자리매김한 인공 지능(AI)은 이제 우리의 삶을 재구성하는 데 중심적인 역할을 하고 있다. 중년으로서 우리는 한창 직업 생활의 절정을 경험하거나 변화하는 산업 환경에 적응하려 노력하는 시기를 보내고 있을 것이다. 이 장에서는 AI 시대가 중년에게 던지는 질문들과 그에 대한 답을 찾아가는 여정을 시작하고자 한다.

우선, AI의 정의부터 시작해 보자. 인공 지능은 인간의 학습, 판단, 문제 해결 능력을 모방하는 컴퓨터 시스템을 말한다. 기계 학습과 신경망을 통해 이 시스템들은 대량의 데이터에서 패턴을 인식하고 스스로를 최적화해 특정 작업을 수행하도록 설계됐다. 우리는 이미 구글의 검색 엔진, 스마트폰의 개인 비서, 심지어 온라인 쇼핑 추천 시스템 등에서 AI의 손길을 느낀다.

하지만 이것은 시작에 불과하다. 자율주행 자동차부터 의료 진단 시스템까지 AI는 기하급수적인 속도로 발전해 우리의 일과 삶을 근본적으로 변화시키고 있다. 이 변화의 소용돌이 속에서 중년이라는 우리는 어디에 서야 할까?

[그림1] 인공지능 시대에 대한 상상도(출처 : 사이드뷰)

첫째, AI 시대에 적응하는 것은 선택이 아닌 필수가 됐다. 많은 전통적인 직업들이 자동화로 인해 사라지거나 변화되고 있다. 이에 대응해 중년으로서 우리는 기술 발전을 따라잡기 위해 지속적으로 학습하고 새로운 기술을 습득해야만 한다. 이는 단순히 새로운 소프트웨어를 배우는 것을 넘어서 데이터를 이해하고 분석하는 능력을 개발하는 모든 과정을 포함한다.

둘째, 경력 재설계는 이제 우리에게 주어진 또 다른 과제이다. AI 시대를 맞아 새로운 기술을 바탕으로 경력을 다시 구상해야 한다. 예를 들어, 데이터 분석가, AI 트레이너, 사용자 경험 디자이너 등은 AI가 가져온 새로운 직업 분야에 속한다. 이러한 변화는 우리가 새로운 기술을 배우고 기존의 업무방식을 혁신하는 데 있어 큰 기회를 제공하고 있다.

셋째, AI 시대의 도래는 생활 방식에도 영향을 미친다. 스마트 홈 기술에서 웨어러블 건강 장비에 이르기까지 AI는 생활의 편리함을 증진케 하고 있다. 이 기술들을 이해하고 통합함으로써 우리는 일상의 질을 향상시키고 건강 관리를 더욱 효율적으로 수행할 수 있다.

마지막으로, AI 시대에 성공적으로 적응하기 위해서는 올바른 마인드 셋이 필요하다. 변화를 두려워하기보다는 수용하고 지속적인 배움과 적응을 추구하는 자세가 중요하다. 우리가 AI의 도구들을 사용해 더 풍요로운 삶을 만들 수 있을 것이다.

이 장을 통해 중년 세대가 AI의 발전을 이해하고 이를 적극적으로 활용해 자신의 삶을 풍부하게 만드는 방법을 모색하고자 한다. AI 시대는 불확실성과 기회가 공존하는 시대이다. 그 안에서 우리가 할 수 있는 가장 좋은 준비는 지식을 쌓고 적응하는 것이며 그 첫걸음을 지금 이 장에서부터 시작해 보고자 한다.

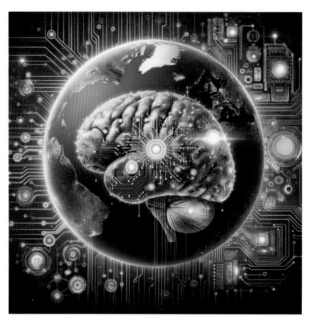

[그림2] 인공 지능 시대의 도래 관련 생성 그림(출처 : ChatGPT GPT-4 With DALL·E3 / 오명훈)

1) 인공 지능의 발전과 그 영향

인공 지능(AI)의 급속한 발전은 오늘날 사회와 경제 전반에 걸쳐 광범위한 영향을 미치고 있다. 이 절에서는 AI의 발전 경로를 살펴보고 이것이 중년 세대에게 어떤 의미를 가지는지 알아보고자 한다.

인공 지능은 초기 단순한 알고리즘과 패턴 인식에서 시작해 현재는 머신러닝, 딥 러닝, 신경망과 같은 고급 기술로 발전했다. 이러한 기술은 컴퓨터가 대량의 데이터를 학습하고 인간처럼 판단하고 문제를 해결할 수 있도록 한다.

AI는 제조, 의료, 금융, 교육 등 거의 모든 산업에 있어 많은 혁신을 가져왔다. 이러한 기술 변화는 새로운 직업과 서비스를 창출하는 한편, 기존의 일자리를 변화시키거나 대체하기도 한다. 특히 중년 세대에게는 AI 기술의 발전이 경력 재설계와 평생 학습의 필요성을 높이고 있다. 이는 새로운 기술을 배우고 적응하는 것이 필수적임을 의미하는 것이다.

AI 기술은 일상생활에도 깊숙이 통합돼 있다. 스마트폰의 개인 비서, 추천 시스템, 가정용 AI 기기 등은 일상적인 결정과 활동을 돕는다. 이러한 변화는 중년 세대가 기술과의 상호작용 방식을 재고하고, AI를 활용해 생활의 편리성을 높이는 기회를 제공한다는 것이다.

AI 시대를 맞이해 미래 사회에 대비하는 것은 중년 세대에게 매우 중요한 과제다. AI 기술의 영향을 이해하고 이에 적응하는 것은 미래의 경제적 안정성과 개인적 성장에 결정적인 역할을 한다는 것이다. 또한 AI와 공존하는 사회에서 필요한 윤리적, 법적 기준에 대한 이해도 함께 필요하다.

이 절을 통해 독자들은 AI 기술의 발전 과정과 이것이 개인, 사회, 경제에 미치는 영향을 깊이 이해할 수 있을 것이다. 특히 중년 세대는 AI 기술의 발전에 발맞춰 자신의 역량을 강화하고 변화하는 사회에 효과적으로 적응하기 위한 전략을 수립해야만 한다. AI 시대의 도래는 중년에게 도전과 기회를 동시에 제공하며 이에 대한 적극적인 대응이 중요하기 때문이다.

[그림3] 인공지능의 기술 발전 상상도(출처: 사이드뷰)

2) 중년 세대에게 AI가 의미하는 것

인공 지능(AI) 시대의 도래는 중년 세대에게 여러 가지 의미를 지니고 있다. 이 절에서는 AI가 중년 세대의 삶, 경력, 미래 계획에 어떤 변화와 기회를 가져오는지 알아볼 수 있다.

AI와 자동화의 진전은 특정 직업군에서 일자리의 감소를 가져올 수 있으며 이는 중년 세대에게 경력 재고와 새로운 기술 습득의 필요성을 강조하고 있으며 동시에 새로운 직업의 기회를 창출한다. 데이터 분석, AI 시스템 관리, 프로그래밍 등과 같은 분야에서 새로운 경력 기회가 열린 것이다.

AI 시대는 학습이 끝나는 시점이 없음을 의미한다. 새로운 기술이 지속적으로 등장함에 따라 중년 세대도 평생 학습의 자세를 갖추고 지속적인 역량 강화에 투자해야만 한다. 온라인 코스, 워크숍, 세미나 등은 새로운 기술과 트렌드를 배우는 데 유용한 자원이 될 수 있다.

중년 세대는 AI를 일상생활에 통합해 활용함으로써 생활의 질을 향상시킬 수 있다. 예를 들어, 스마트 홈 기기, 건강 관리 앱, 개인 금융 관리 도구 등은 종전의 일상을 보다 효율적이고 편리하게 만들어 AI 기술을 적극적으로 활용함으로써 중년 세대는 시간과 자원을 과거보다 좀 더 효과적으로 관리할 수 있게 됐다.

AI 시대는 중년 세대에게 사회적 적응과 변화를 요구하고 있으나 기술의 변화와 함께 발전하는 사회적·윤리적 규범을 이해하고 받아들이는 것도 중요한 이슈로 부각되고 있다. 또한 AI와 공존하는 사회에서 필요한 새로운 커뮤니케이션 기술과 사회적 기술을 개발하는 것도 중요해지고 있다.

이 절을 통해 독자들은 중년 세대에게 AI가 갖는 다양한 의미와 영향을 이해할 수 있게 됐다. AI 시대는 중년에게 새로운 도전이자 기회를 제공하기 때문에 이에 적극적으로 대응하는 것이 필요하다. 경력의 변화, 평생 학습의 필요성, 일상생활에서의 AI 활용, 사회적 적응 등은 앞으로 중년 세대가 어떻게 AI 시대에 성공적으로 적응하고 발전할 수 있는가를 결정하는 중요한 핵심 요소들이다.

3) 변화하는 일터, 중년 직장인의 기회와 도전

AI 시대의 도래는 일터에서 중년 직장인에게 새로운 기회와 도전을 제공하고 있다. 이 절에서는 이러한 변화하는 환경 속에서 중년 직장인이 직면하는 기회와 도전에 대해 알아보고자 한다.

AI와 자동화 기술의 발전은 일부 과거의 전통적인 업무를 자동화하고 새로운 유형의 업무를 창출한다. 이러한 변화는 중년 직장인에게 새로운 기술을 배우고 적용하는 기회를 제공할 수 밖에 없다. 예를 들어, 데이터 분석, 디지털 마케팅, AI 시스템 관리와 같은 분야에서 새로운 역할이 생겨나고 있는 것이다.

AI 기술의 발전은 중년 직장인에게 경력 전환의 기회를 제공한다. 이는 전통적인 경력 경로를 벗어나 새로운 분야로의 이동을 의미할 수 있다. 이러한 전환은 추가적인 교육과 훈련을 필요로 하며 새로운 기술과 지식을 습득하는 것이 필수적이 됐다.

AI 기술은 기존의 업무 환경을 더 연결하고 협업적인 공간으로 변화시키고 있다. 중년 직장인은 디지털 커뮤니케이션 도구와 협업 소프트웨어를 효과적으로 사용하는 방법을 익혀야만 하는 이유인 것이다. 또한 원격 근무와 유연한 근무 시간과 같은 새로운 근무 형태에 적응하는 것도 중요할 수 밖에 없다.

변화하는 일터에서 경쟁력을 유지하기 위해 중년 직장인은 지속적인 학습과 자기 계발에 많은 노력과 시간을 투자해야만 한다. 이는 새로운 기술뿐만 아니라 산업 동향과 시장 변화에 대한 이해도 함께 포함한다. 온라인 학습 플랫폼, 전문 세미나, 업계 콘퍼런스 등은 변화되는 새로운 지식을 습득하고 다양한 네트워킹을 하는 데 유용한 자원이 되는 것이다.

이 절을 통해 독자들은 AI 시대의 일터에서 중년 직장인이 직면하는 기회와 도전을 이해할 수 있다. AI와 자동화의 진전은 중년 직장인에게 새로운 학습과 경력 전환의 기회를 제공하며 이러한 변화에 적응하고 혁신하는 것이 중요함을 의미한다. 지속적인 학습과 개발, 새로운 업무 환경에의 적응, 새로운 기술과 지식의 통합은 중년 직장인이 AI 시대에 성공적으로 활동하는 데 필수적인 요소들이 됐다.

[그림4] AI가 대체할 10가지 직업 (출처 : 뉴스핌)

2. 중년의 경력 재설계 - AI와의 공존 방안

인공 지능(AI) 시대에 발을 들여놓은 지금, 중년 직장인들은 불가피하게 경력 재설계의 문제에 직면할 수밖에 없다. 이 장에서는 AI 시대에 맞춰 중년이 경력을 어떻게 재설계하고 AI와 어떻게 공존할 수 있는지 구체적인 방안을 알아보고자 한다.

AI 시대의 도래는 중년들에게는 새로운 기술을 배우고 수용하는 것이 필수가 됐음을 의미한다. 데이터 분석, 기계 학습, 프로그래밍 언어 등 AI 관련 기술뿐만 아니라 디지털 통신과 협업 도구의 사용법에도 익숙해져야만 한다. 이를 위해 온라인 코스, 워크숍, 세미나 등을 통한 지속적인 학습이 필요하다. 이는 새로운 지식을 얻는 것을 넘어 변화하는 시대의 흐름을 따라잡는 데 중요하기 때문이다.

[그림5] 중년의 경력 재설계-AI와 공존 방안 관련 생성 그림
(출처 : ChatGPT GPT-4 With DALL·E3 / 오명훈)

1) 필수 AI 기술 습득 및 업무에의 적용

AI 시대의 도래와 함께 중년 직장인이 직면하는 중요한 과제 중 하나는 필수 AI 기술의 습득 및 이를 업무에 적용하는 것이다. 이 절에서는 중년 직장인이 어떻게 AI 기술을 습득하고 업무에 적용할 수 있는지 알아보고자 한다.

중년 직장인은 AI 기술의 기본 개념과 작동 원리를 이해해야만 한다. 이에는 머신러닝, 신경망, 자연어 처리 등 AI의 주요 분야가 포함된다. 기본적인 AI 개념의 이해는 새로운 기술을 업무에 통합하고 AI 기술의 잠재적인 활용 가능성을 파악하는 데 도움이 되기 때문이다.

온라인 코스, 워크숍, 세미나 등을 통해 AI 관련 지식을 습득할 수 있다. 대부분의 이러한 교육 프로그램은 기술적인 스킬을 키우는 데 중점을 둔다. 또한 AI 관련 프로젝트에 참여하거나 실제 업무 환경에서 AI 도구를 사용해 보는 것도 매우 중요하다. 실제 경험을 통해 이론적 지식을 실무에 적용하는 능력을 키울 수 있기 때문이다.

AI 기술을 업무 프로세스에 통합하는 것은 업무의 효율성을 높이고 업무 수행 방식을 혁신하는 데 기여한다. 예를 들어, 데이터 분석, 고객 서비스, 시장 조사 등 다양한 분야에서 AI 도구를 활용할 수 있고, AI 기술을 활용해 업무의 자동화를 추진하고, 의사결정 과정에서 데이터 기반의 접근을 채택할 수 있기 때문이다.

AI 기술은 빠르게 발전하고 있으므로 지속적인 업데이트와 학습이 필수적일 수밖에 없다. 그러기 때문에 업계 동향, 신기술 소식, 세미나 및 콘퍼런스 참여 등 정보에 주의를 기울인다. 또한 동료나 업계 전문가와의 교류를 통해 새로운 지식을 습득하고 업무에 적용하는 방법에 대한 아이디어를 공유해야만 한다.

이 절을 통해 독자들은 중년 직장인이 AI 시대에 필요한 기술을 어떻게 습득하고 업무에 적용할 수 있는지에 대한 구체적인 방법을 배울 수 있다. AI 기술의 기본 이해부터 시작해 교육과 훈련을 통한 심화 학습, 업무에의 실질적인 통합까지 이 모든 과정은 중년 직장인이 AI 시대의 변화에 적응하고 성공적으로 경력을 발전시키는 데 중요한 단계들이기 때문이다.

2) 경력 전환을 위한 디지털 역량 강화

AI가 가져온 변화는 기존 일자리를 위협할 수 있지만 동시에 새로운 경력 경로를 개척할 수 있는 기회도 제공한다. 데이터 과학, AI 윤리 전문가, AI 트레이닝 전문가 등 새롭게 등장하는 직업 분야에 주목할 필요가 있다.

중요한 것은 자신의 경험과 지식을 새로운 기술과 결합해 새로운 가치를 창출하는 것이다. 기존 업무 노하우를 AI 기술과 융합해 새로운 방향을 모색하고자 하는 것은 AI 시대에 발맞춰 경력을 전환하고자 하는 중년 직장인에게는 디지털 역량 강화가 필수적인 요소가 됐다. 이 절에서는 경력 전환을 위해 필요한 디지털 역량을 강화하는 방법을 알아보고자 한다.

디지털 기술은 현대 직업 세계에서 필수적인 요소가 됐다. 이에 중년 직장인은 디지털 역량의 중요성을 인식하고 이를 강화하기 위한 노력 해야만 한다. 디지털 역량에는 컴퓨터 기초 사용 능력부터 고급 소프트웨어 활용, 데이터 분석, 디지털 마케팅 등이 포함된다.

온라인 코스, 웹 세미나, 튜토리얼 등은 디지털 역량을 강화하는 데 유용한 자원이 된다. 이러한 자원을 활용해 새로운 디지털 기술을 학습하고 실습할 수 있으며 업계 전문가가 주관하는 워크숍이나 트레이닝 프로그램에 참여하는 것도 실질적인 지식과 기술을 습득하는 데 많은 도움이 된다.

이론적 학습과 별개로 실제 프로젝트를 통한 학습은 디지털 역량을 실제 업무 상황에 적용하는 데 매우 중요하다. 실제 데이터를 사용한 분석, 웹사이트 개발 프로젝트, 디지털 캠페인 기획 등을 통해 학습한 내용을 실전에 적용해 볼 수 있기 때문이다. 이러한 경험은 이론적 지식뿐만 아니라 문제 해결 능력과 창의성을 강화하는 데에도 많은 도움이 된다.

디지털 역량 강화는 혼자서 이뤄지는 것이 아니기 때문에 동료, 업계 전문가, 학습 커뮤니티와의 네트워킹은 새로운 지식과 기술을 공유하고 협업을 통해 더 깊은 이해를 얻는 기회를 제공할 수 있다. 온라인 포럼, 업계 모임, 전문가 네트워크에 참여해 지식을 공유하고 경험을 나누는 것이 중요하다.

이 절을 통해 독자들은 AI 시대에 경력 전환을 위한 디지털 역량을 어떻게 강화할 수 있는지 구체적인 방법을 배울 수 있다. 디지털 역량의 강화는 중년 직장인이 현재의 경제 환경에서 경쟁력을 유지하고 새로운 기회를 포착하는 데 필수적이며 지속적인 학습, 실전 적용, 네트워킹 및 협업을 통해 이뤄진다.

3) 평생 교육과 자기 계발의 중요성

AI 시대에는 기술과 직업 시장의 빠른 변화에 따라 평생 교육과 자기 계발의 중요성이 더욱 강조된다. 중년 직장인에게 이는 지속 가능한 경력 개발과 개인적 성장을 위한 필수 요소가 됐다. 이 절에서는 평생 교육과 자기 계발의 중요성을 알아본다.

평생 교육과 자기 계발은 유연한 사고방식을 요구하고 있다. 기존의 관점을 넘어 새로운 아이디어와 접근 방식을 받아들이는 것이 중요하기 때문이다. 창의성과 혁신적인 사고는 새로운 문제 해결 방식을 모색하고 다양한 상황에 효과적으로 대응하는 데 도움이 될 수 있다.

경력 재설계는 기술적인 습득을 넘어 유연한 사고방식과 적응력을 필요로 하며, 시장과 기술의 변화에 빠르게 적응하고, 변화하는 요구사항에 맞춰 자신의 역할과 기능을 재정의해야 한다. 두려움을 극복하고 새로운 것을 배우려는 개방적인 태도는 필수적인 요소가 됐다. 이는 새로운 기술을 받아들이고 새로운 직업에 도전하는 데 중요한 자세이기 때문이다.

현재의 다양한 직업 시장은 개별 역량뿐만 아니라 타인과의 협업과 네트워크 구축 능력을 중시한다. 다양한 전문가들과의 네트워크를 통해 새로운 기회를 탐색하고 공동 프로젝트나 협업을 통해 새로운 가치를 창출해야 한다. 경험 많은 동료나 업계 전문가로부터 멘토링을 받는 것은 자기 계발에 큰 도움이 된다. 이들은 실질적인 조언과 피드백을 제공하며 경력 개발에 필요한 방향성을 제시하기 때문이다. 전문가 네트워크에 참여하고, 업계 이벤트에 적극적으로 참석함으로써 새로운 지식을 습득하고, 유용한 인맥을 구축한다.

AI 기술과 관련된 직업군에서는 다양한 배경을 가진 사람들과의 협력이 특히 중요하다. 이는 다른 분야의 전문가들과의 교류를 통해 새로운 아이디어를 얻고 자신의 경력 발전에 활용할 수 있기 때문이다. 이러한 접근 방식을 통해 중년 직장인들은 AI 시대에 자신만의 경력을 재구성하고 변화하는 산업 환경에서 새로운 기회를 포착할 수 있다.

본문을 통해 AI 시대에 중년이 경력을 어떻게 재설계하고 새로운 직업 환경에서 어떻게 효과적으로 적응하고 성장할 수 있는지에 대한 방법을 알아보고자 한다.

자기 계발은 명확한 목표 설정에서 시작한다. 중년 직장인은 자신의 경력 목표, 관심 분야, 개발이 필요한 역량을 명확히 하고 이를 달성하기 위한 계획을 수립한다. 학습 일정을 관리하고 꾸준히 학습 자원을 찾아 활용하는 것이 중요하다. 또한 학습한 내용을 실제 업무나 프로젝트에 적용해 보는 것이 학습 효과를 극대화한다.

기술 발전의 속도는 학습이 단발적인 이벤트가 아닌 지속적인 과정임을 의미하며 중년 직장인은 새로운 기술, 도구, 업계 동향에 대해 지속적으로 학습해야만 한다. 이러한 학습은 전통적인 교육 과정뿐만 아니라 온라인 코스, 워크숍, 세미나, 업계 콘퍼런스 등 매우 다양한 형태로 이뤄진다.

이번 절을 통해 독자들은 평생 교육과 자기 계발이 중년 직장인의 경력 개발과 개인적 성장에 어떻게 기여하는 지를 이해할 수 있다. 지속적인 학습, 목표 지향적인 자기 계발 전략, 멘토링과 네트워킹의 활용, 유연한 사고방식과 창의성의 중요성은 AI 시대의 중년 직장인이 변화하는 업무 환경에 적응하고 지속 가능한 경력을 구축하는 데 필수적인 요소들이 됐다.

3. 재무 안정성 확보 - AI 시대의 경제 전략

[그림6] 재무 안정성 확보-AI 시대의 경제 전략 관련 생성 그림
(출처 : ChatGPT GPT-4 With DALL·E3 / 오명훈)

1) 인공 지능과 자동화가 재무 계획에 미치는 영향

AI 시대에 들어서면서부터 재무 안정성을 확보하는 방법도 매우 다양하게 변화하고 있다. 중년이 이러한 변화에 적응하고 재무 안정성을 유지하며 번영할 수 있는 전략을 모색하는 것이 이 절의 목적이다.

AI와 자동화가 경제 구조를 변화시키고 있다. 이는 새로운 직업 기회를 창출함과 동시에 일부 직종을 위협하고 있다. 그러므로 이러한 환경에서는 전통적인 재무 계획과 투자 전략을 재고할 필요성이 높아지며 AI 기술을 활용한 새로운 금융 서비스와 투자 도구가 등장함에 따라 이들을 이해하고 활용하는 것이 중요해진다.

인공 지능(AI)과 자동화 기술의 발달은 재무 계획 및 경제적 결정에 중대한 영향을 미친다. 이 절에서는 AI와 자동화가 개인의 재무 관리와 경제적 전략에 어떤 변화를 가져오는지 알아보고자 한다.

AI와 자동화는 이미 많은 산업에서 일자리의 본질을 변화시키고 있다. 특히 단순 반복 작업은 자동화에 의해 대체되는 경우가 많아지고 있어 특정 직업군에서의 일자리 감소로 이어지고 있다. 반면, AI 및 자동화 기술이 새로운 직업 기회를 창출하기도 한다. 예를 들어, 데이터 분석, AI 시스템 관리, 기술 지원 등의 분야에서 새로운 역할이 생겨나고 있는 것이다.

AI 기술은 개인의 재무 관리 방식에도 혁신을 가져오고 있다. AI 기반의 금융 애플리케이션은 소비 패턴 분석, 예산 설정, 저축 전략 제안 등 개인 맞춤형 재무 관리를 제공하고 있으며 투자 분야에서도 로보-어드바이저와 같은 AI 기반의 도구가 인기를 얻고 있다. 이러한 도구들은 시장 데이터를 분석해 개인 투자자에게 맞춤형 투자 조언을 제공한다.

AI와 자동화 기술은 전통적인 금융 서비스의 디지털화를 촉진하기도 한다. 온라인 뱅킹, 모바일 결제 시스템, 디지털 자산 관리 등이 확산되고 있다. 이러한 디지털 금융 서비스는 사용자에게 편리함과 접근성을 제공하지만 디지털 금융 서비스의 안전성과 프라이버시 보호 문제에 대해 각별한 주의가 필요하다.

AI와 자동화 시대에는 경제적 안정성을 위한 새로운 전략이 요구된다. 기술 변화에 따른 직업의 불확실성을 고려해 다양한 소득원을 확보하고 긴급 자금을 마련하는 것이 중요하다. 또한 평생 교육과 역량 강화에 지속적으로 투자함으로써 기술 변화에 적응하고 새로운 경제적 기회를 포착할 수 있다.

이 절에서는 AI와 자동화가 개인의 재무 계획과 경제적 결정에 미치는 영향을 살펴보고자 한다. 이러한 기술의 발달은 경제적 기회와 위험 모두를 제시하며 이에 대응하기 위한 적절한 전략과 태도가 필요하다. 개인은 AI 시대의 경제적 변화에 유연하게 대응하고 재무 안정성을 확보하기 위해 지속적으로 학습하고 적응해야 한다.

2) 중년의 재무 목표 재설정과 투자 전략

중년은 장기적인 재무 목표를 설정하고 이를 달성하기 위한 투자 전략을 세우고 있다. 이는 AI 시대의 경제적 변화를 반영해야 한다. AI와 관련된 산업 예를 들어, 자동화, 빅데이터, 로보틱스 등에 투자하는 것을 고려한다. 이들 산업은 미래 경제 성장의 중심이 될 가능성이 크다.

AI 시대가 도래함에 따라 중년의 재무 목표와 투자 전략을 재설정하는 것은 필수적인 요소가 됐다. 이 절에서는 변화하는 경제 환경 속에서 중년이 어떻게 재무 목표를 새롭게 설정하고 효과적인 투자 전략을 수립할 수 있는지 알아본다.

중년은 은퇴 계획, 자녀 교육 자금, 건강 관리 자금 등 다양한 재무 목표를 갖고 있다. AI 시대의 불확실성을 고려할 때 이러한 목표들을 재검토하고 필요에 따라 조정하는 것이 중요하다. 예를 들어, 기술 변화가 빠른 현재, 은퇴 후의 생활비나 은퇴 시기에 대한 계획을 다시 생각해 볼 필요가 있다. 또한 건강 관리와 관련된 비용도 미래에 더 많이 필요할 수 있게 됐다.

AI 시대에는 전통적인 투자 방식뿐만 아니라 새로운 기술에 기반한 투자 기회를 고려하는 것이 중요하다. 예를 들어, AI, 로보틱스, 빅데이터, 바이오테크놀로지와 같은 분야에 투자하는 것을 고려할 수 있다. 또한 투자 포트폴리오의 다양성을 유지하는 것이 중요한데 이는 경제적 변동성과 위험을 분산시키는 데 도움이 되기 때문이다.

이러한 투자 방식의 결정에는 AI 기반의 재무 관리 도구와 로보-어드바이저를 활용해 투자 결정을 내리는 것이 유익할 수 있다. 이러한 도구들은 개인의 재무 상태와 목표에 맞춘 투자 조언을 제공하기 때문이다. 이러한 기술을 활용함으로써 중년은 예전의 투자 방식보다 정보에 기반한 투자 결정을 내리고 재무 관리의 효율성을 높일 수 있게 됐다.

AI 시대의 경제적 변화는 장기적인 관점에서 접근해야만 한다. 투자는 단기적인 변동성보다는 장기적인 성장 가능성에 중점을 둬야 하기 때문이다. 재무 목표의 재설정과 투자 전략 수립 시에는 개인의 생애주기와 장기적인 경제적 목표를 고려하는 것이 중요하다.

AI 기술은 개인 재무 관리에도 적용하고 있다. 예산 관리, 투자 분석, 신용 관리 등 다양한 영역에서 AI 기반 도구를 활용할 수 있다. 이러한 도구들을 활용해 재무 상태를 모니터링하고 더 효율적인 재무 결정을 내릴 수 있기 때문이다.

이 절을 통해 독자들은 AI 시대의 경제적 변화에 적응하고 재무 안정성을 확보하는 다양한 전략을 제공함으로써 AI 시대에 맞는 재무 목표의 재설정 방법과 효과적인 투자 전략을 배울 수 있다. 중년이 돼서도 경제적으로 안정적이고 활발하게 활동할 수 있는 방법을 찾음으로써 AI 시대를 적극적으로 대비하고 미래에 대한 준비를 할 수 있다. 단순히 돈 관리를 넘어 경제 변화를 이해하고 적응하는 능력을 요구하게 됨으로써 중년은 변화하는 경제 환경에서 재무 안정성을 유지하고 미래를 위해 현명하게 투자하기 위해 적극적으로 정보를 수집하고, 다양한 투자 기회를 찾을 수 있다. 기술의 발전과 경제적 변화에 대응하는 유연한 태도는 장기적인 재무 안정성과 성공을 위해 필수적인 요소이다.

3) AI를 활용한 부업과 창업 기회

AI 기술은 전통적인 일자리 외에도 다양한 부업과 창업 기회를 제공하고 있다. 예를 들어, 온라인 플랫폼을 활용한 프리랜싱, AI 기반의 스타트업 등을 들 수 있다. 이는 기술적 지식뿐만 아니라 창의적이고 혁신적인 아이디어가 중요함을 말하며 자신의 전문성과 관심사를 접목해 새로운 사업 기회를 모색할 수 있다.

AI 시대에는 데이터 분석, 기계 학습, 자연어 처리 등과 관련된 부업 기회가 증가한다. 예를 들어, 데이터 라벨링, AI 트레이닝 데이터 준비, 챗봇 스크립트 작성 등은 집에서 할 수 있는 부업으로 매우 높은 인기를 끌고 있다. 온라인 프리랜스 플랫폼을 통해 AI 관련 다양한 프로젝트를 찾을 수 있으며 이러한 작업은 기술적 지식을 활용해 추가 수입을 얻을 수 있는 좋은 방법이 될 수 있기 때문이다.

AI 기술은 창업 아이디어에도 많은 혁신을 가져오고 있다. 예를 들어, 맞춤형 AI 기반 애플리케이션 개발, AI를 활용한 컨설팅 서비스, AI 기술 교육 서비스 등이 새로운 창업 아이디어가 될 수 있다. 무엇보다 중요한 것은 시장의 수요를 파악하고 AI 기술을 활용해 독특하고 혁신적인 서비스나 제품을 제공할 수 있느냐는 것이다.

부업이나 창업을 위해 필요한 AI 관련 지식과 기술을 습득하는 것이 중요하다. 온라인 코스, 워크숍, 세미나 등을 통해 AI 분야의 지식을 쌓을 수 있으며 업계 네트워킹을 통해 최신 기술 동향을 파악하고 비즈니스 파트너 또는 고객을 찾는 것도 중요하다.

창업한 비즈니스의 성공을 위해서는 AI 기술을 활용한 마케팅 전략이 필수적 요소가 되고 있다. AI 기반의 시장 분석 도구를 사용해 타겟 고객을 파악하고 효과적인 마케팅 전략을 수립할 수 있다. 또한 소셜 미디어 광고, 검색 엔진 최적화(SEO), AI 기반의 고객 행동 분석 등을 통해 비즈니스의 가시성을 높일 수도 있기 때문이다.

이 절을 통해 독자들은 AI 기술을 활용한 부업과 창업의 기회를 어떻게 찾고 활용할 수 있는지 배울 수 있다. AI 시대는 기존의 직업 경로를 넘어 새로운 수입원을 창출하는 다양한 기회를 제공하기 때문이다. 이러한 기회를 최대한 활용하기 위해서는 지속적인 학습과 네트워킹 그리고 혁신적인 마케팅 전략이 필요하다.

4. 사회적 관계와 커뮤니케이션 - AI의 역할과 한계

인공 지능(AI)은 사회적 관계와 커뮤니케이션의 방식을 매우 다양하게 변화시키고 있다. 이 장에서는 AI가 인간관계에 미치는 영향을 이해하고 디지털 시대의 커뮤니케이션 기술 발달이 대인 관계에 어떠한 영향을 미치는지 그리고 사회적 고립감을 극복하는 방법을 알아보고자 한다.

[그림7] 사회적 관계와 커뮤니케이션-AI의 역할과 한계 관련 생성 그림
(출처 : ChatGPT GPT-4 With DALL·E3 / 오명훈)

1) 인간관계에서 AI의 역할 이해하기

AI 기술은 커뮤니케이션 도구로써 매우 빠르게 발전하고 있다. 챗봇, AI 기반의 고객 서비스, 가상 비서 등은 우리의 커뮤니케이션 방식을 효율적으로 만들고 있다. 그러나 AI의 사용이 인간적인 교감과 진정한 소통을 대체할 수는 없다. AI와 인간의 상호작용에서 중요한 것은 기술을 적절히 활용하면서도 인간적인 요소를 유지하는 것이기 때문이다.

AI 기술은 커뮤니케이션을 용이하게 만든다. 예를 들어, 자연어 처리 기술은 다양한 언어 간의 번역을 가능하게 해 언어 장벽 없이 사람들이 소통할 수 있도록 돕기도 한다. 또한 AI 기반의 챗봇과 가상 비서는 사용자의 일정 관리, 이메일 정리 등을 도와 커뮤니케이션의 효율성을 높이고 있다.

AI 기술은 우리가 사회적으로 상호작용하는 방식에도 변화를 가져오고 있다. 예를 들어, 소셜 미디어 알고리즘은 사용자의 관심사와 행동을 분석해 관련 콘텐츠를 제공한다. 하지만, 이는 사용자 경험을 개인화하면서도 동시에 정보 거품(bubble)을 형성하는 원인이 될 수도 있다. AI 기술이 사람들을 온라인상에서 더 가깝게 연결시킬 수도 있지만 이는 때때로 오프라인 상호작용의 가치를 간과할 위험도 있다.

AI는 간단한 대화와 기본적인 감정적 지원을 제공할 수 있다. 하지만, AI는 인간의 진정한 감정적 교류와 공감 능력을 대체할 수 없기 때문이다. AI와의 상호작용은 때때로 사람들에게 감정적인 만족감을 줄 수 있지만 이는 진정한 인간관계의 깊이와 복잡성을 완전히 대체하지는 못한다. AI를 인간관계에 적용함에 있어 윤리적 고려 사항도 중요하다. 개인의 프라이버시 보호, 데이터 보안, AI 결정의 투명성과 공정성 등은 중요한 이슈들이다. 이러한 윤리적 고려 사항을 적절히 관리하는 것이 AI 기술을 건강하고 책임감 있게 사회적 관계에 통합하는 데 중요하다.

이 절을 통해 독자들은 인간관계에서 AI가 가지는 역할과 한계를 이해하고 기술과 인간 간의 상호작용이 어떻게 발전해야 하는지에 대한 방향을 알 수 있다. AI는 커뮤니케이션과 사회적 상호작용을 증진시킬 수 있는 강력한 도구이지만 이를 인간 감정과 깊은 관계 형성의 보조 수단으로만 활용하는 것이 중요하다는 것이다. AI 기술의 통합은 윤리적 고려 사항을 염두에 두고 진행돼야 하며 기술이 사람들을 서로 연결하는 데 도움을 주되 진정한 인간적인 소통을 가로막지 않아야 한다.

2) 디지털 시대의 커뮤니케이션 기술 발달과 대인 관계

디지털 시대의 커뮤니케이션 기술 발달은 우리의 대인 관계에 깊은 영향을 미친다. 이 절에서는 디지털 커뮤니케이션 도구들이 인간관계에 미치는 영향과 이를 균형 있게 활용하는 방법을 알아본다.

디지털 기술은 원격 커뮤니케이션을 통한 연결을 강화한다. 이메일, 소셜 미디어, 비디오 콜 등은 사람들이 서로를 쉽게 연결하고 소통할 수 있게 한다. 그러나 이러한 기술이 때로는 대면 커뮤니케이션의 중요성을 간과하게 만들 수 있다. 직접 만나서 대화하는 것의 가치를 잊지 말고 균형 잡힌 소통 방식을 유지해야만 한다.

소셜 미디어, 이메일, 메시징 앱 등의 디지털 커뮤니케이션 도구는 인간관계를 확장하는 데 중요한 역할을 하고 있다. 이러한 도구들은 거리와 시간의 제약 없이 사람들과 연결하는 것을 가능하게 한다. 이메일과 메시징 앱은 신속하고 효율적인 커뮤니케이션을 제공한다. 소셜 미디어는 새로운 사람들을 만나고 관계를 형성하는 새로운 통로를 열어준다. 그러나 디지털 커뮤니케이션 도구의 사용이 증가함에 따라 대면 커뮤니케이션의 중요성은 여전히 강조돼야 한다. 대면 상호작용은 비언어적 신호와 감정의 미묘한 표현을 포함하는 더 깊고 의미 있는 소통을 가능하게 한다. 대면 커뮤니케이션은 인간 간의 신뢰를 구축하고, 강한 사회적 유대를 형성하는 데 중요하다.

디지털 시대에는 정보 과부하가 흔한 문제로 부각되고 있다. 소셜 미디어 피드, 이메일, 메시지 등에서 수신하는 정보의 양은 때때로 압도적일 수 밖에 없다. 중요한 것은 디지털 커뮤니케이션의 흐름을 관리하고 필요한 정보와 불필요한 정보를 구분하는 능력을 기르는 것이다.

디지털 커뮤니케이션의 확산은 프라이버시와 데이터 보안에 대한 새로운 도전을 제시한다. 개인 정보 보호와 온라인상의 윤리적 행동은 이 시대의 중요한 고려 사항이 된다. 온라인에서의 개인정보 공유와 사회적 상호작용은 신중하게 이뤄져야 하며 디지털 풋프린트의 장기적인 영향을 고려하는 것이 중요하다.

이 부분에서는 디지털 커뮤니케이션 기술이 인간 관계에 미치는 영향을 알아보고 이러한 도구들을 균형 있게 사용하는 방법을 제시한다. 디지털 시대에는 온라인과 오프라인 커뮤니케이션의 조화를 이루고, 정보의 과부하를 관리하며, 디지털 윤리와 프라이버시를 유지하는 것이 중요하다. 이러한 균형 잡힌 접근을 통해 중년 세대는 디지털 커뮤니케이션의 이점을 누리면서도 좀 더 강한 인간관계를 유지할 수 있다.

3) 사회적 고립감 극복과 네트워킹

현대 사회에서 기술의 발달은 사람들 사이의 연결을 증가시키는 한편, 사회적 고립감을 느끼는 이들도 많아졌다. 이 절에서는 사회적 고립감을 극복하고 효과적인 네트워킹을 통해 건강한 사회적 관계를 구축하는 방법을 알아보고자 한다.

디지털 기술의 발달이 사회적 고립감을 증가시킬 수 있다는 점은 모두가 인식해야만 한다. AI와 디지털 커뮤니케이션 도구에만 의존하면 진정한 인간적 연결을 잃을 위험이 있기 때문이다. 이를 극복하기 위해 온라인과 오프라인에서의 네트워킹을 적극적으로 추구하며 직업 관련 모임, 취미 활동, 지역 커뮤니티 참여 등을 통해 실제 인간관계를 구축하고 유지해야 한다.

[그림8] 인공지능과 휴먼 네트워킹 상상도(출처 : 사이드뷰)

이 절을 통해 AI 시대에 중년이 사회적 관계와 커뮤니케이션을 어떻게 유지하고 발전시킬 수 있는지에 대한 방법을 제공한다. 디지털 기술의 발달이 가져오는 긍정적인 측면을 활용하되, 인간적인 요소를 잃지 않는 것이 중요하다. 이러한 균형 잡힌 접근은 중년이 디지털 시대에도 풍부한 인간관계를 유지하고 사회적 고립감을 극복하는 데 도움이 될 것이다. AI 시대의 사회적 관계와 커뮤니케이션은 단순한 기술 사용을 넘어 진정한 인간적 연결과 소통의 가치를 재확인하는 기회를 제공한다.

소셜 미디어와 온라인 커뮤니티는 수 많은 사람과 연결할 수 있는 기회를 제공한다. 이러한 플랫폼들은 같은 관심사나 활동을 공유하는 사람들을 찾아서 소통할 수 있는 장소가 되기 때문이다. 중요한 것은 온라인상의 연결이 실제 대면 관계로 발전할 수 있도록 노력하는 것이다. 온라인에서 시작된 관계를 오프라인에서 만나 깊이 있는 관계로 발전시키려는 시도가 필요하다.

직장, 취미, 지역 사회 등 다양한 네트워킹 이벤트와 모임에 참여하는 것도 중요하다. 이러한 모임들은 새로운 사람들을 만나고 다양한 경험을 공유하는 기회를 제공한다. 이벤트 참여는 단순히 사람들을 만나는 것을 넘어 공통의 관심사를 바탕으로 한 의미 있는 대화와 관계 형성의 기회가 되기 때문이다.

사회적 고립감을 인식하고 이를 적극적으로 극복하려는 자세가 필요하다. 사회적 고립감은 정신 건강에 부정적인 영향을 미치므로 이를 줄이기 위한 노력이 중요하다. 친구나 가족과의 정기적인 만남, 새로운 사회적 활동에의 참여, 봉사 활동 등을 통해 적극적으로 사회적 관계를 확장하고 고립감을 줄여나갈 수 있다.

기술 사용은 사회적 관계 형성에 도움이 될 수 있지만 지나친 디지털 기기 의존은 오히려 고립감을 증가시킬 수 있다. 따라서 디지털 기술과 소셜 미디어 사용에 균형을 유지하는 것이 중요하다. 온라인 활동과 오프라인 활동 사이에 균형을 찾아 기술이 인간관계를 보조하는 도구로서 기능하도록 해야만 한다.

이 절을 통해 독자들은 사회적 고립감을 극복하고 건강한 사회적 관계를 구축하기 위한 전략을 배울 수 있다. 디지털 도구의 활용, 네트워킹 이벤트 참여, 사회적 고립감에 대한 적극적인 대처, 기술 사용의 균형 잡힌 접근은 중년 세대가 풍부하고 만족스러운 사회적 관계를 유지하는 데 매우 중요하다.

5. 정신적·육체적 건강 관리 – AI의 도움 받기

인공 지능(AI) 기술의 발전은 우리의 건강 관리 방식에 혁신적인 변화를 가져오고 있다. 이 장에서는 AI를 활용한 건강 관리 방안을 찾아보고 중년의 신체적·정신적 변화에 대응하는 AI 건강 관리 도구들을 살펴보며 정신 건강 유지를 위한 AI와의 상호작용 방법을 알아보고자 한다.

[그림9] 정신적·육체적 건강 관리-AI의 도움 받기 관련 생성 그림
(출처 : ChatGPT GPT-4 With DALL·E3 / 오명훈)

1) 인공 지능을 활용한 건강 관리 방안

인공 지능(AI) 기술의 발전은 건강 관리 방식에 많은 혁명을 가져오고 있다. 이 부분에서는 AI를 활용해 건강을 관리하는 다양한 방법을 살펴본다.

AI 기술은 개인 맞춤형 건강 관리를 가능하게 한다. 예를 들어, 웨어러블 장치와 스마트폰 앱은 심박수, 수면 패턴, 활동 수준 등을 모니터링해 건강 상태에 대한 실시간 피드백을 제공한다. AI 기반의 영양 앱과 피트니스 프로그램은 개인의 건강 목표와 생활 습관에 맞춘 맞춤형 식단과 운동 계획을 제안하기도 한다.

AI 기술의 핵심은 데이터 분석과 개인 맞춤화다. 웨어러블 장치와 스마트폰 앱은 사용자의 건강 데이터를 수집하고 분석한다. 이를 통해 사용자에게 맞춤형 운동 계획, 식단 조언, 수면 개선 전략 등을 제공한다. 이러한 개인화된 건강 관리는 각 개인의 생활 방식과 건강 상태에 최적화된 정보를 제공한다.

AI는 건강 문제가 발생하기 전에 이를 예방하는 데 크게 기여하기도 한다. 예를 들어, AI 알고리즘은 심장 질환, 당뇨병과 같은 만성 질환의 위험 요소를 조기에 감지한다. 사용자는 이러한 정보를 바탕으로 생활 습관을 조정하고 필요한 경우 전문가와 상담하기도 하며 지속적인 건강 모니터링을 가능하게 한다. 웨어러블 기기는 심박수, 혈압, 운동량 등을 실시간으로 추적하며 이 데이터는 AI 알고리즘에 의해 분석된다. 사용자는 이 정보를 활용해 건강 상태를 즉시 확인하고 필요한 조치를 취할 수 있다.

AI 챗봇과 가상 건강 조수는 건강 상담 및 조언을 제공한다. 이들은 사용자의 질문에 응답하고 일반적인 건강 문제에 대한 정보를 제공한다. 이러한 AI 기반 도구들은 사용자가 건강에 관한 신속한 정보를 얻을 수 있도록 돕는 데 매우 유용하게 활용되고 있다.

AI 기술은 재활 과정에서도 중요한 역할을 한다. 예를 들어, 물리 치료를 위한 AI 기반 애플리케이션은 사용자의 운동 범위와 강도를 추적하고 회복 과정에서의 진전을 모니터링한다. 이 부분을 통해 독자들은 AI가 어떻게 일상적인 건강 관리에 혁신을 가져올 수 있는지 그리고 이를 통해 자신의 건강을 보다 적극적으로 관리할 수 있는 방법을 이해할 수 있다. AI 기술의 활용은 단순한 편의성을 넘어 건강한 삶을 위한 중요한 도구가 되고 있다. 이는 중년기에 접어든 이들에게 특히 중요한 의미를 지니며 AI를 통해 더 건강하고 활기찬 삶을 영위하는 데 도움이 될 것이다.

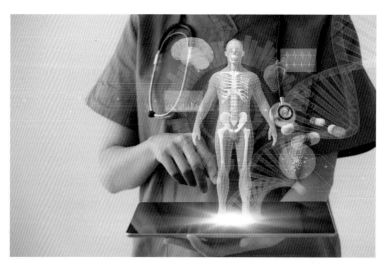

[그림10] 디저털헬스케어-인공지능과 만나다.(출처 : AI타임스)

2) 중년의 신체적 변화와 AI 건강 관리 도구들

중년기는 신체적·호르몬적 변화가 일어나는 시기다. 이러한 변화에 적응하고 건강을 유지하기 위해 AI 기술을 활용할 수 있다. 예를 들어, AI 기반 건강 모니터링 시스템은 혈압·혈당 수치 등을 추적하고 필요한 경우 건강 상태에 대한 조언을 제공한다. 또한 AI 기반의 의료 상담 서비스는 편리하게 건강 문제에 대해 상담할 수 있는 방법을 제공한다.

중년에 접어들면서 대부분의 사람들은 신진대사가 느려지고 근육량이 감소하는 등의 변화를 겪는다. 또한 여성의 경우 폐경과 관련된 호르몬 변화를 경험하며 남성 역시 호르몬 수치의 변화를 겪는다. 이러한 변화는 체중 증가, 에너지 수준의 변동, 다양한 건강 문제의 위험 증가로 이어질 수 있다.

현대의 AI 건강 모니터링 도구들은 이러한 신체적 변화를 추적하고 관리하는 데 도움을 준다. 스마트 워치나 피트니스 트래커는 하루 동안의 활동량, 심박수, 수면 패턴 등을 모니터링 한다. 이 데이터는 AI 알고리즘에 의해 분석되며 사용자에게 건강한 생활 습관을 유지하도록 돕는 피드백을 제공하기도 한다. AI 기반의 피트니스 앱은 개인의 건강 상태와 목표에 맞춘 맞춤형 운동 계획을 제시한다. 이러한 앱은 사용자의 연령, 체중, 건강 상태 등을 고려해 가장 적합한 운동 방법을 추천한다. 또한 진행 상황에 따라 운동 계획을 조정하며 사용자가 지속적으로 동기를 유지할 수 있도록 돕는다.

AI 기술은 식단 관리에도 활용된다. 영양 관리 앱은 사용자의 식습관을 분석하고 균형 잡힌 식단을 제안한다. 이러한 앱은 특정 영양소 부족이나 과잉 섭취를 감지하고 건강한 식습관을 유지하도록 조언할 수 있다.

AI 건강 관리 도구들은 사용자에게 지속적인 동기 부여를 제공한다. 목표 달성 진행 상황, 일일 운동 추천, 건강 상태 개선에 대한 피드백 등을 통해 사용자가 건강 관리에 대한 관심을 유지하도록 하고 있다. 이 부분에서는 AI 건강 관리 도구들이 중년기의 신체적 변화에 어떻게 대응하고 이러한 변화를 관리하는 데 어떻게 도움을 줄 수 있는지를 설명할 수 있다.

중년기에 겪는 신체적 변화를 이해하고 AI 기술을 활용해 이러한 변화에 효과적으로 대응함으로써 중년이 건강한 삶을 유지하는 데 필요한 지원을 받을 수 있다는 것이다. AI 기술의 활용은 중년기의 건강 관리를 더욱 쉽고 효과적으로 만들어 삶의 질을 높이는 중요한 역할을 할 수 있다.

3) 정신 건강 유지를 위한 AI와의 상호작용

AI 기술은 정신 건강 관리에도 중요한 역할을 한다. 예를 들어, AI 기반의 정신 건강 앱은 스트레스 관리, 명상, 감정 추적 등을 돕는다. 또한 AI 챗봇은 사용자의 정서적 상태를 감지하고 간단한 대화를 통해 정서적 지원을 제공할 수 있다. 하지만 AI가 전문적인 정신 건강 치료를 대체할 수는 없으므로 필요한 경우 전문가의 도움을 받는 것이 중요하다.

AI 기반의 앱과 프로그램은 스트레스 관리와 감정 조절에 도움을 준다. 예를 들어, 일부 앱은 사용자의 스트레스 수준을 감지하고 이에 대응하는 명상이나 호흡 운동을 제안한다. 또한 이러한 앱은 일기 작성, 감정 추적 기능을 통해 사용자가 자신의 감정 상태를 모니터링하고 이에 대해 깊이 생각해 볼 수 있게 한다.

AI 챗봇은 간단한 대화를 통해 사용자의 정서적 안정을 돕는다. 이러한 챗봇은 사용자의 말에 귀 기울이고 감정적 지지를 제공한다. 중요한 것은 AI 챗봇이 전문적인 정신 건강 서비스를 대체할 수는 없으며 심각한 정신 건강 문제의 경우 전문가와 상담하는 것이 필요하다.

여러 AI 애플리케이션은 명상과 마음 챙김을 촉진하는 기능을 제공한다. 이들은 사용자가 일상에서 잠시 멈추고 현재 순간에 집중할 수 있도록 돕는다. 이러한 기능은 사용자가 마음의 평화를 찾고 일상적인 스트레스에서 벗어나는 데 유용하다.

AI 기술은 수면의 질을 향상케 하는 데에도 사용된다. 수면 추적 앱은 사용자의 수면 패턴을 분석하고 수면의 질을 개선할 수 있는 조언을 제공한다. 이러한 앱은 수면 환경을 최적화하고 수면 위생을 개선하는 데 필요한 정보를 제공한다.

AI 기반의 건강 관리 도구는 건강한 생활 습관 형성을 돕는다. 예를 들어, 규칙적인 운동, 균형 잡힌 식단, 적절한 휴식과 같은 습관은 전반적인 정신 건강에 긍정적인 영향을 미친다.

이 절을 통해 독자들은 AI 기술이 어떻게 정신 건강 유지에 도움이 될 수 있는지 이해할 수 있을 것이다. AI와의 상호작용을 통해 스트레스 관리, 감정 조절, 명상 및 마음 챙김, 수면 개선 등의 영역에서 긍정적인 변화를 경험할 수 있다. 물론 AI 도구들은 전문가의 도움을 완전히 대체할 수는 없지만 일상적인 정신 건강 관리에 있어 유용한 보조 수단이 될 수는 있다. AI 기술을 통해 정신 건강을 적극적으로 관리하고 건강한 생활 방식을 유지함으로써 중년기의 삶의 질을 높일 수 있을 것으로 기대한다.

이 절에서는 AI 기술이 중년의 건강 관리에 어떻게 적용될 수 있는지, 이를 통해 어떻게 더 건강하고 활기찬 삶을 영위할 수 있는 지에 대해 알아보았다. AI의 도움을 받아 신체적 건강은 물론 정신 건강까지 챙기는 것은 중년기의 삶의 질을 높이는 데 크게 기여할 수 있으며, AI 시대에는 이러한 기술을 활용해 개인의 건강을 적극적으로 관리하는 것이 매우 중요하다. 이를 통해 중년은 더욱 건강하고 만족스러운 삶을 구축할 수 있을 것으로 기대해 본다.

> Epilogue

새로운 시작, 새로운 가능성

이 책의 마지막 페이지를 덮으면서 우리는 AI 시대를 맞이하는 중년으로서 새로운 여정을 시작하고 있다. '생성AI 시대를 맞이하는 중년의 준비'는 변화하는 세계에서 우리의 위치를 재정립하고 미래에 대한 새로운 비전을 그리는 데 도움을 주었기를 바란다.

이 책을 통해 독자들은 변화하는 세계에서 자신의 역량을 강화하고 불확실한 미래에 대비할 수 있는 지혜를 얻었기를 기대한다. AI 시대는 도전이며 동시에 새로운 시작이다. 우리는 이 새로운 시작을 맞이하며 자신의 삶을 더욱 풍요롭고 의미 있게 만들기 위한 노력을 멈추지 않을 것이다.

'생성AI 시대를 맞이하는 중년의 준비'는 여러분의 여정에 동반자가 돼주었기를 바라며 이제 책을 덮고 실제 삶에서 배운 것을 실천에 옮길 때다. 여러분 각자의 삶에서 AI 시대의 무한한 가능성을 발견하고 그 속에서 새롭게 빛나는 자신을 만나기를 기원한다.

우리는 한 가지 중요한 깨달음을 얻을 수 있었다. 생성AI 시대를 살아가는 중년으로서의 삶은 단순히 새로운 기술을 배우고 적응하는 것 이상의 의미를 지닌다. 이는 자신의 내면과 외면적 세계 모두에 대한 깊은 성찰과 변화의 수용, 끊임없는 자기 계발의 과정을 포함한다.

이 책을 통해 우리는 중년 세대가 직면한 AI의 도전과 기회에 대해 알아보았다. 여기에서의 학습과 통찰은 단순히 지식의 습득을 넘어 중년 세대가 현대 사회에서 더욱 활기차고 의미 있는 삶을 영위하는 데 필수적인 밑거름이 됐기를 바란다.

중년의 삶은 변화하는 기술과 사회의 흐름 속에서도 여전히 성장과 발전의 기회로 가득차 있다. 우리는 새로운 기술을 익히고, 경력을 재설계하며, 건강을 돌보고, 인간관계를 깊게 하는 등 끊임없이 자신을 발전시킬 수 있는 잠재력을 갖고 있다.

'생성AI 시대를 맞이하는 중년의 준비'는 여러분이 이러한 변화의 여정에서 견고한 나침반 역할을 하기를 희망한다. 중년이라는 시기는 새로운 시작의 기회와 무한한 가능성의 시간이다. AI 시대의 도래는 우리에게 변화를 두려워하기보다는 이를 껴안고 새로운 미래를 설계하는 용기를 준다.

이제 여러분의 손에는 새로운 지식과 통찰, 변화에 대한 준비가 됐다. 생성AI 시대의 중년으로서 여러분이 더욱 풍요롭고 의미 있는 삶을 이끌어갈 수 있기를 진심으로 기원한다.

* 본 내용은 ChatGPT 4.0과 DALL·E3의 도움을 받아 작성했다.

7

1인 사업자를 위한
챗GPT 활용
라이브 커머스

류 정 아

제7장
1인 사업자를 위한
챗GPT 활용 라이브 커머스

Prologue

당신의 '라이브 커머스' 여정을 위한 첫걸음에 챗GPT가 함께 한다.

사업을 혼자서 운영한다는 것은 끊임없는 도전과 기회의 연속이다. 특히 라이브 커머스라는 새로운 영역에 발을 들이는 것은 많은 용기와 준비가 필요한 일이다. 이 챕터는 바로 그런 여정을 시작하는 이들을 위해 마련했다.

라이브 커머스는 단순히 상품을 판매하는 것을 넘어 고객과 직접 소통하고 신뢰를 구축하는 과정이다. 또한 E-커머스 영역에서 빼놓을 수 없는 주요 사업 수단이 됐다. 따라서 라이브 커머스에 대해 이해와 경험이 적은 이들을 위해 기본 개념부터 시작해 가장 중요한 부분인 실제로 어떻게 기획하고 어떤 스크립트를 작성해야 하는지에 대한 실질적인 지침을 이 책에서 제공하고자 한다.

하나의 방송을 송출하기 위해 수많은 전문 인력과 장비가 필요로 된다. 하지만 때마다 비용을 투자하는 것이 1인 사업체제에는 부담이 될 수밖에 없을 것이다. 그래서 많은 1인 사업가들이 스스로 라이브 커머스를 기획하고 직접 송출에 나서고 있다.

하지만 누군가는 라이브 커머스 분야의 전문가가 아니라 시도할 엄두조차 내지 못하고 있었을 것이다. 이 책은 바로 그런 사람들을 위해 작성했으며 라이브 커머스를 처음 접하는 이들도 쉽게 이해하고 적용할 수 있도록 구성하려 노력했다. 그중 가장 핵심이라고 할 수 있는 기획과 스크립트 작성에 초점을 맞췄다.

또한 기획과 스크립트 작성에 있어 인공지능 도구들이 어떻게 라이브 커머스를 지원할 수 있는지에 대해서도 상세히 다룬다. 특히 글쓰기에 탁월함을 보이는 챗GPT가 어떻게 기획, 스크립트 작성에 도움을 줄 수 있는지 구체적인 예시와 함께 설명할 예정이다.

이 책을 통해 당신은 라이브 커머스의 세계에서 자신만의 길을 개척할 수 있는 기초를 다질 수 있을 것이다. 당신의 사업이 라이브 커머스를 통해 새로운 차원으로 성장하게 된다면 더 없이 기쁘리라 생각한다.

당신의 라이브 커머스 여정에 행운을 빌며!!

1. 라이브 커머스 구성요소

실제로 방송을 진행하려고 할 때 필요한 것은 다음 6가지이다.

1) 양질의 제품
라이브 커머스의 성공은 제품의 품질과 신뢰도에 달려 있다. 소비자는 화면을 통해 제품을 경험하기 때문에 제품 자체의 우수성이 매우 중요하다.

2) 방송 장비
고화질 카메라, 안정적인 인터넷 연결, 선명한 오디오 시스템 등 전문적인 방송 장비는 생동감 있는 방송을 만들어 내는 데 필수적이다. 이는 제품을 더욱 돋보이게 하고 시청자의 몰입을 높인다.

3) 호스트

호스트는 라이브 커머스의 얼굴이다. 제품의 매력을 전달하고, 시청자와의 실시간 소통을 통해 방송에 활력을 불어넣는 역할을 한다.

4) 기획

시장 분석, 타겟 고객층 파악, 차별화 전략 수립 등 철저한 기획은 라이브 커머스의 성공을 위한 기반이다.

5) 콘셉트

각 방송의 콘셉트는 브랜드의 정체성을 드러내고 소비자와의 감성적 연결을 만든다. 창의적이고 독특한 콘셉트는 시청자의 관심을 끌고 브랜드에 대한 기억을 강화한다.

6) 스크립트

방송의 흐름을 안내하고 중요한 메시지를 전달하는 역할을 한다. 스크립트는 호스트가 제품의 특징과 이점을 명확하게 전달하도록 돕고 시청자와의 상호작용을 원활하게 만든다.

제품과 방송 장비가 준비됐다는 가정하에 1인 사업자는 방송을 총괄하는 디렉터(감독)가 돼 기획을 하고 콘셉트를 정해 스크립트를 작성하게 된다. 그리고 작성한 스크립트를 토대로 방송을 진행하는 쇼호스트의 역할까지 맡게 될 것이다.

2. 중요 3요소와 챗GPT 기술의 활용

라이브 커머스의 성공은 효과적인 기획과 명확한 콘셉트, 그에 따른 스크립트 작성 그리고 기술의 적절한 활용에 달려 있다. 기획, 콘셉트, 스크립트 세 가지 요소는 서로 긴밀하게 연결돼 있으며 각각이 라이브 커머스의 전반적인 품질과 성과에 중요한 영향을 미치는 중요 3요소라 할 수 있다.

1) 기획(Planning)

라이브 커머스의 기획은 전체 방송의 청사진을 그리는 과정이다. 이 단계에서는 시장 분석, 타겟 고객층의 특성 파악, 경쟁사 분석 그리고 마케팅 목표 설정이 이뤄진다. 기획은 라이브 커머스 방송의 방향성과 목표를 명확히 하며 성공적인 실행을 위한 전략적 기반을 마련한다.

2) 콘셉트(Concept)

콘셉트는 라이브 커머스 방송의 핵심 아이디어나 주제를 의미한다. 이는 방송의 독특한 스타일과 분위기를 설정하고 브랜드의 정체성을 표현하는 데 중요한 역할을 한다. 콘셉트는 시청자들에게 강한 인상을 남기고 브랜드와 제품에 대한 기억을 강화하는 데 기여한다. 창의적이고 매력적인 콘셉트는 시청자의 관심을 끌고 라이브 커머스 방송의 성공을 이끄는 핵심 요소이다.

3) 스크립트(Script)

스크립트는 라이브 커머스 방송의 대본으로 방송의 흐름과 내용을 구체적으로 기술한다. 스크립트는 제품 정보, 주요 판매 포인트, 호스트의 대화 및 상호작용 방식 등을 포함한다. 이는 호스트가 방송 중에 중요한 정보를 놓치지 않고 효과적으로 전달할 수 있도록 돕는다. 또한 스크립트는 시청자와의 상호작용을 위한 질문이나 토론 주제를 제공해 방송에 생동감을 더하고 시청자 참여를 유도한다.

여기에 기술의 활용은 현대 라이브 커머스에서 빼놓을 수 없는 부분이다. 특히 챗GPT와 같은 AI 도구는 다양한 방면에서 도움을 줄 수 있다. 예를 들어, 시장 트렌드 분석, 타겟 고객의 행동 패턴 이해, 효과적인 스크립트 작성 등에 AI를 활용할 수 있다. 또한 데이터 분석과 시장 예측을 통해 라이브 커머스 전략을 더욱 정교하게 조정할 수 있으며 디지털 마케팅 전략에 있어서도 키워드 최적화, 콘텐츠 제작, 고객 피드백 분석 등에서 중요한 역할을 한다.

그러므로 기획, 콘셉트, 스크립트, AI 기술의 통합적인 활용은 라이브 커머스의 성공을 위한 필수적인 요소이다. 각 단계에서의 세심한 준비와 실행은 라이브 커머스를 통한 판매 증대와 브랜드 가치 향상에 크게 기여할 것이다.

4) 중요 3요소 단계별 챗GPT 활용 방법

(1) 기획 단계에서의 챗GPT 활용

① 시장 조사 및 분석

챗GPT는 다양한 산업과 시장에 대한 정보를 제공할 수 있다. 특정 시장의 동향, 소비자 행동, 경쟁사 분석 등에 대한 데이터를 요청해 기획 단계의 정보 수집에 활용할 수 있다.

② 아이디어 브레인스토밍

새로운 마케팅 전략이나 창의적인 캠페인 아이디어가 필요할 때 챗GPT는 다양한 제안과 아이디어를 제공해 브레인스토밍 과정을 지원할 수 있다.

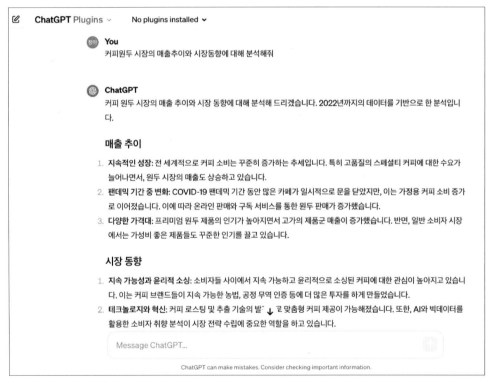

[그림1] 시장 조사 및 분석을 위한 질문 예시

(2) 콘셉트 개발 단계에서의 챗GPT 활용

① 콘셉트 제안

특정 제품이나 브랜드에 맞는 독특하고 창의적인 콘셉트 아이디어를 요청할 수 있다. 챗GPT는 다양한 산업과 문화적 배경에 기반한 콘셉트 제안을 할 수 있다.

② 콘텐츠 개발 지원

콘셉트에 맞는 콘텐츠 아이디어, 스토리텔링 요소, 시나리오 구성 등에 대한 제안을 받을 수 있다.

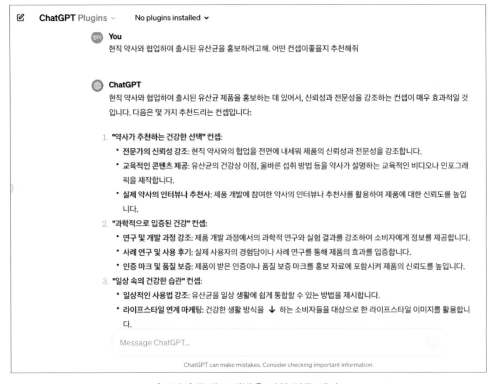

[그림2] 콘셉트 개발을 위한 질문 예시

(3) 스크립트 작성 단계에서의 챗GPT 활용

① 스크립트 초안 작성

제품 정보, 판매 포인트, 대화 시나리오 등을 포함한 스크립트 초안을 작성하는 데 도움을 받을 수 있다. 챗GPT는 주어진 정보를 바탕으로 구체적이고 전문적인 스크립트를 제작할 수 있다.

② 스크립트 수정 및 개선

이미 작성된 스크립트에 대한 피드백이나 수정 제안을 받을 수 있으며, 특정 부분의 개선을 위한 조언을 얻을 수 있다.

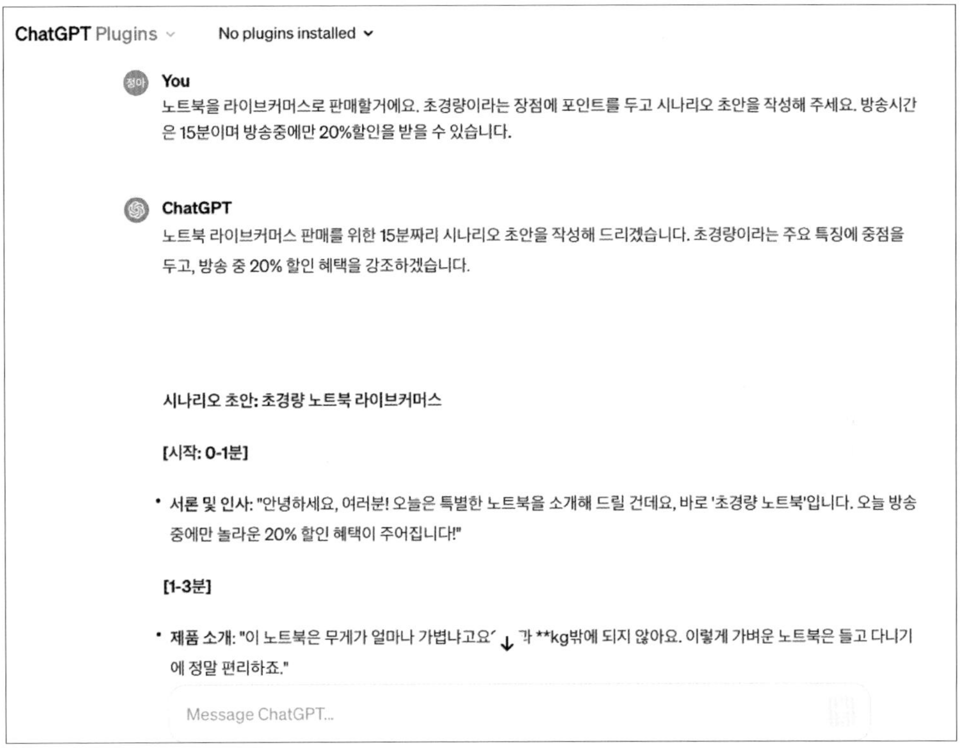

[그림3] 시나리오 작성 요청의 예시1

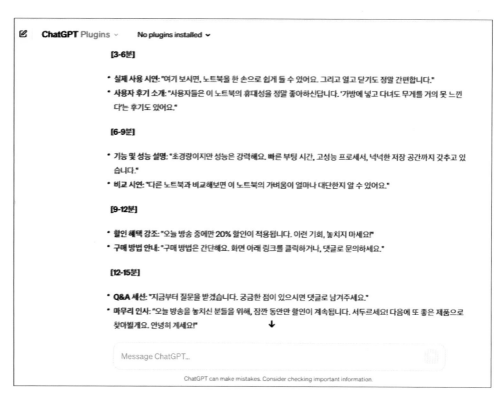

[그림4] 시나리오 작성 요청의 예시2

3. 기획의 시작

1) 목표 설정하기

라이브 커머스를 시작하기 전에 명확한 목표를 설정하는 것은 성공의 첫걸음이다. 목표는 노력을 올바른 방향으로 이끌고, 진행 상황을 평가하는 기준이 된다. 목표 없이 시작하는 라이브 커머스는 방향을 잃기 쉽고 성과를 측정하기 어렵다.

명확한 목표는 중점을 두어야 할 부분을 명확히 하고 자원을 효율적으로 배분하는 데 도움이 된다. 단기적 목표로는 초기 매출 증대, 브랜드 인지도 향상, 첫 라이브 방송의 성공적인 진행 등에 초점을 맞추며 이러한 목표는 빠르게 성과를 보고 동기를 유지하는 데 도움이 된다.

장기적으로는 잠재 고객 확보, 지속적인 노출 및 유입 증가, 고객의 재구매 유도, 긍정적인 리뷰 확보, 광고 효과 극대화 등을 목표로 삼아 지속 가능한 성장과 브랜드 충성도 구축에 중점을 둔다.

2) 타겟 고객 이해하기

라이브 커머스의 성공은 타겟 고객을 정확히 이해하는 데서 시작된다. 제품이나 서비스가 누구를 대상으로 하는지 명확히 파악하는 것이 중요하다. 이를 위해 먼저 타겟 고객의 기본적인 인구 통계학적 특성을 정의한다. 이는 연령, 성별, 직업, 소득 수준 등을 포함할 수 있다. 또한, 지리적 위치 즉 고객이 어디에 살고 있는지도 중요한 요소이며 이는 마케팅 전략과 제품 배송 방식에 영향을 미칠 수 있다.

고객의 심리적·행동적 특성을 파악하는 것도 중요하다. 이는 구매 습관, 브랜드 선호도, 가치관 등을 포함한다. 고객이 왜 특정 상품이나 서비스에 관심을 가지는지 이해하기 위해 그들의 필요와 선호도를 파악한다. 고객의 문제점과 해결책을 찾는 방식을 이해함으로써 제품이나 서비스를 더 잘 맞춤화할 수 있다.

마지막으로, 고객 피드백과 시장 조사는 타겟 고객 이해에 필수적이다. 고객 설문조사, 인터뷰, 소셜 미디어 분석 등을 통해 고객의 의견과 피드백을 수집한다. 또한 경쟁사 분석과 시장 조사를 통해 타겟 고객의 트렌드와 변화를 파악한다. 이러한 정보는 라이브 커머스 전략을 수립하고 실행하는 데 있어 핵심적인 역할을 한다.

※타겟 고객 이해를 위한 챗GPT 활용

라이브 커머스의 성공은 올바른 타겟 고객을 이해하고 그들에게 맞춤화된 경험을 제공하는 데 달려 있다. 이 과정에서 챗GPT는 고객 인터뷰 질문 개발, 시장 분석, 고객 피드백 분석 등에서 중요한 역할을 할 수 있다. 이를 통해 타겟 고객에 대한 더 깊은 이해를 도모하고, 라이브 커머스 전략을 효과적으로 수립할 수 있다.

타겟 고객을 정의하는 것은 판매하고자 하는 상품이나 서비스에 가장 관심을 가질 가능성이 높은 사람들의 그룹을 식별하는 과정이다. 이를 위해 인구 통계학적 특성, 지리적 위치, 심리적 및 행동적 특성 등을 고려한다. 또한 고객의 필요와 선호도를 이해하고 고객 피드백과 시장 조사를 통해 타겟 고객의 트렌드와 변화를 파악한다.

① 챗GPT를 활용하는 방법은 다음과 같다.

- 고객 인터뷰 및 설문조사 질문 개발 : 챗GPT는 고객 인터뷰나 설문조사를 위한 질문을 개발하는 데 도움을 줄 수 있다. 이를 통해 타겟 고객 그룹에 대한 깊이 있는 이해를 돕는 맞춤형 질문을 생성할 수 있다.

- 시장 분석 및 트렌드 리서치 : 챗GPT는 최신 시장 트렌드, 소비자 행동, 경쟁사 분석 등에 대한 정보를 제공하며 이를 바탕으로 타겟 고객에 대한 이해를 돕는다.

- 고객 피드백 분석 : 챗GPT는 소셜 미디어, 리뷰 사이트, 포럼 등에서 수집된 고객 피드백을 분석해 주요 고객 관심사, 문제점, 선호도 등을 파악하는 데 도움을 준다.

- 페르소나 개발 : 챗GPT는 타겟 고객의 특성을 바탕으로 가상의 고객 페르소나를 개발하는 데 도움을 준다. 이는 타겟 고객의 특성, 필요, 동기 등을 보다 명확하게 이해하는 데 유용하다.

- 콘텐츠 제안 및 메시지 전략 : 챗GPT는 타겟 고객에게 어필할 수 있는 콘텐츠 아이디어와 메시지 전략을 제안해 더욱 효과적인 커뮤니케이션을 할 수 있도록 도와준다.

② 챗GPT에게 질문하는 예시

- 시장 분석 및 트렌드 리서치 소비자 행동에 관한 질문 : '최근 온라인 쇼핑에서 소비자들의 구매 패턴 변화는 무엇인가요?' 또는 'mz 세대의 라이프스타일 쇼핑 트렌드는 어떻게 변화하고 있나요?'

- 경쟁사 분석에 관한 질문 : '최근 전자상거래 분야에서 성공적인 기업들의 공통적인 전략은 무엇인가요?' 또는 '건강식품 시장에서 선두 주자들의 마케팅 전략은 어떻게 다른가요?'

- 특정 제품이나 서비스에 대한 질문 : '최근 스트리밍 서비스 시장에서 인기 있는 콘텐츠 유형은 무엇인가요?' 또는 '건강 관련 모바일 앱의 사용자 선호도는 어떻게 변화하고 있나요?'

- 고객 피드백 요약 및 분석 : '최근 제품 리뷰에서 고객들이 가장 자주 언급하는 문제점은 무엇인가요?' 또는 '소셜 미디어에서 우리 브랜드에 대한 긍정적인 피드백은 주로 어떤 점에 초점을 맞추고 있나요?'

이러한 방식으로 챗GPT를 활용하면 라이브 커머스 전략을 보다 효과적으로 수립하고 타겟 고객에 대한 깊은 이해를 바탕으로 성공적인 비즈니스를 운영할 수 있다.

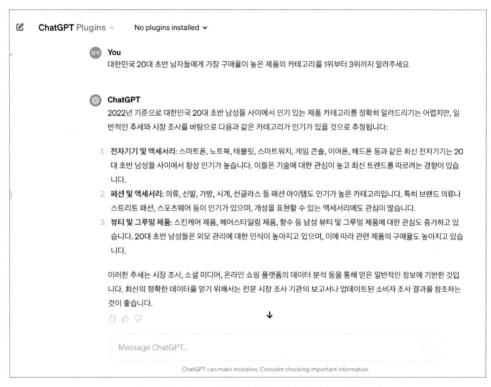

[그림5] 타겟 고객을 이해하기 위한 질문 예시

3) 상품 선정과 기획 전략

라이브 커머스의 성공은 올바른 상품을 선정하는 것에서 시작한다. 시장의 수요와 고객의 선호에 맞는 상품을 선택하는 것이 중요하다. 잘못된 상품 선택은 불필요한 재고와 마케팅 비용을 초래할 수 있으며 브랜드 이미지에도 부정적인 영향을 미칠 수 있다.

- 상품 선정 기준
- 시장 수요 : 시장 조사를 통해 현재 시장에서 어떤 종류의 상품이 인기가 있는지 파악한다.
- 고객 선호도 : 타겟 고객의 구매 패턴, 선호도, 필요를 분석해 상품을 선정한다.
- 경쟁 분석 : 경쟁사의 상품 라인업과 가격 전략을 분석해 시장에서의 차별화 요소를 찾는다.

* 시장 조사와 경쟁 분석 : 시장 조사를 통해 최신 트렌드, 고객의 요구, 시장의 기회를 파악한다. 경쟁사의 상품, 가격, 프로모션 전략을 분석해 시장에서의 위치를 정의하고 경쟁 우위를 확보한다.

※상품 선정과 기획을 위한 챗GPT의 활용

① 특정 산업 또는 시장의 최신 트렌드 질문

예를 들어, 2023년 패션 산업의 주요 트렌드는 무엇인가요? 또는 최근 전자제품 시장에서 인기 있는 기능은 무엇인가요? 와 같이 특정 산업이나 시장에 대한 최신 트렌드에 대해 질문한다.

② 소비자 행동 변화에 관한 질문

'최근 온라인 쇼핑에서 소비자들의 구매 패턴은 어떻게 변화하고 있나요?' 또는 'mz 세대의 소비 트렌드는 무엇인가요?'와 같이 특정 소비자 그룹의 구매 행동 변화에 대해 질문한다.

③ 기술 발전과 시장 영향에 대한 질문

'인공지능 기술이 소매업에 미치는 영향은 무엇인가요?' 또는 '최근 모바일 결제 시스템의 발전이 소비자 구매에 어떤 영향을 주고 있나요?'와 같이 기술 발전이 특정 시장에 미치는 영향에 대해 질문한다.

④ 경쟁사의 전략과 시장 반응에 대한 질문

'최근 스마트폰 시장에서 경쟁사들의 주요 전략은 무엇인가요?' 또는 '건강식품 시장에서 성공적인 브랜드들의 마케팅 전략은 어떻게 다른가요?'와 같이 경쟁사의 전략과 시장 반응에 대해 질문한다.

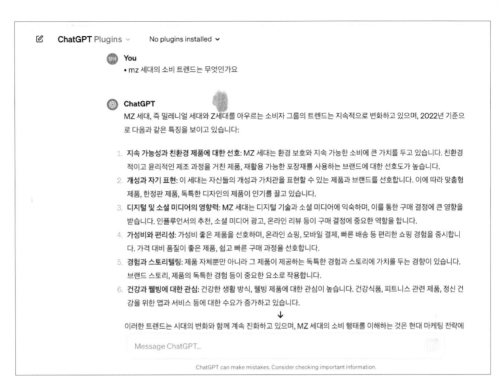

[그림6] 상품 선정을 위한 질문 예시

4. 스크립트 작성의 기술

1) 스크립트의 중요성

라이브 커머스에서 스크립트는 방송의 흐름을 결정하는 핵심 요소다. 체계적이고 매력적인 스크립트는 시청자의 관심을 끌고 제품에 대한 정보를 효과적으로 전달한다. 또한 스크립트는 방송 중 예상치 못한 상황에 대비해 진행자가 일관된 메시지를 유지할 수 있게 돕는다. 잘 구성된 스크립트는 브랜드의 이미지를 강화하고 고객과의 신뢰를 구축하는 데 중요한 역할을 한다. 따라서 성공적인 라이브 커머스를 위해서는 전문적이고 매력적인 스크립트 작성이 필수적이다.

2) 스토리텔링과 구성요소

라이브 커머스 스크립트의 효과적인 구성은 서론, 본론, 결론의 세 부분으로 나눈다. 서론에서는 방송의 시작 부분에서 시청자의 관심을 사로잡고 방송의 주제를 명확하게 소개한다. 이는 시청자가 방송의 내용에 쉽게 몰입할 수 있도록 돕는다.

본론에서는 제품의 특징, 사용 방법, 이점 등을 자세히 설명한다. 여기서 스토리텔링은 중요한 역할을 한다. 제품과 관련된 경험담이나 사례를 공유함으로써 제품에 대한 이해를 높이고 감정적 연결을 만들어 낸다.

결론 부분에서는 방송의 주요 메시지를 요약하고 시청자에게 구체적인 행동을 촉구한다. 예를 들어, 제품 구매, 추가 정보 요청, 소셜 미디어에서의 팔로우 등 시청자가 취할 수 있는 다양한 행동을 제안함으로써 방송의 목적을 달성하려 한다. 이러한 구성은 시청자의 관심을 유지하고, 제품에 대한 호감도를 높이며, 최종적으로는 구매로 이어질 수 있는 효과적인 스크립트를 만들어낸다.

[참고] '스토리텔링(Storytelling)'은 이야기를 통해 정보를 전달하고 청중과 감정적 연결을 형성하는 기술이다. 이는 사람들이 정보를 더 잘 이해하고 기억하는 데 도움을 주며 메시지에 더 깊이 몰입하게 만든다. 스토리텔링은 단순히 사실을 나열하는 것이 아니라, 청중이 공감하고 연결될 수 있는 방식으로 내용을 전달하는 것을 의미한다. 이는 마케팅, 교육, 엔터테인먼트 등 다양한 분야에서 활용되며 특히 라이브 커머스와 같은 상호작용이 중요한 맥락에서 강력한 도구로 작용한다.

3) 챗GPT를 활용한 라이브 커머스 기획안과 스크립트 작성

이제 챗GPT를 활용해 실제로 기획안과 스크립트를 작성하는 예시를 보고자 한다. 챗GPT 포함 생성 AI를 활용할 때는 프롬프트가 중요하다. 프롬프트는 사용자가 인공 지능에게 제공하는 지시나 질문의 형태로 인공지능의 응답을 유도하는 중요한 요소다. 이는 인공지능이 사용자의 의도를 정확히 이해하고 적절한 답변을 제공하는 데 핵심적인 역할을 한다. 효과적인 프롬프트는 명확하고 구체적인 정보를 제공해 인공지능이 더 정확하고 유용한 결과를 도출하도록 돕는다. 따라서 사용자는 원하는 결과를 얻기 위해 프롬프트를 신중하게 구성하는 것이 중요하다.

아래는 라이브 커머스를 위한 기획안과 스크립트 작성을 위해 챗GPT에게 프롬프트를 입력하는 방법의 예시이다. 다음을 활용해 기획과 스크립트 작성을 한다면 시간과 비용의 효율을 더 없이 누릴 수 있을 것이라 생각한다.

(1) 기획을 위해 요청할 때 제공해야 하는 정보와 질문하는 방식

① 목표 및 목적

라이브 커머스를 통해 달성하고자 하는 목표와 목적이 명확해야 한다. 예를 들어, 제품 판매 증대, 브랜드 인지도 향상, 신제품 출시 홍보 등이 될 수 있다.

② 타겟 고객

라이브 커머스의 타겟 고객에 대한 정보를 제공해야 한다. 이는 고객의 연령대, 성별, 관심사, 구매 습관 등을 포함할 수 있다.

③ 제품 또는 서비스 정보

판매하고자 하는 제품이나 서비스에 대한 상세한 정보를 제공해야 한다. 제품의 특징, 가격, 사용 방법 등이 포함된다.

④ 라이브 커머스 형식

라이브 방송의 형식에 대한 정보를 제공해야 한다. 예를 들어, Q&A 세션, 제품 시연, 게스트 인터뷰, 특별 프로모션 등이 있을 수 있다.

⑤ 행사 일정 및 지속 시간

라이브 이벤트의 예정 날짜와 시간 그리고 예상 지속 시간을 알려줘야 한다.

⑥ 프로모션 및 마케팅 전략

라이브 커머스를 홍보하기 위한 마케팅 전략과 프로모션 계획에 대한 정보가 필요하다.

⑦ 예산 및 자원

사용 가능한 예산과 자원(인력, 기술, 장비 등)에 대한 정보를 제공해야 한다.

〈 프롬프트 예시 〉

라이브 커머스 이벤트를 기획하려고 합니다. 목표는 [00000]이며, 타겟 고객은 [00000] 입니다. 제품은 [00000]이고, 이벤트 형식은 [00000]으로 계획하고 있습니다. 이벤트 는 [00000]에 진행될 예정이며, 예상 지속 시간은 [000000]입니다. 프로모션 전략은 [00000]이며, 예산은 [00000]입니다. 이에 대한 기획 제안을 부탁드립니다.

[그림7] 기획안 작성 예시1

프로모션 전략
- 알림 설정 시 **5%** 할인 쿠폰 지급: 알림 설정을 유도하여 라이브 방송의 시청률과 참여도를 높임.
- 예산: 매출의 5%를 이벤트 예산으로 설정.

이벤트 기획
1. 사전 홍보:
    - 소셜 미디어, 이메일 마케팅, 웹사이트 배너 등을 통해 이벤트 사전 홍보.
    - 타겟 고객에게 맞는 콘텐츠 제작: 30대 초반 여성 직장인의 라이프스타일과 관심사에 초점을 맞춘 콘텐츠.
2. 방송 전략:
    - 인플루언서 협업: 해당 타겟 고객층에 영향력 있는 인플루언서를 섭외하여 제품의 매력을 전달.
    - 제품 시연: 숄더백의 다양한 스타일링 방법과 실용성을 생동감 있게 보여주는 시연.
    - 고객 참여 유도: 라이브 채팅을 통해 시청자와의 실시간 소통, 질문에 답변하며 참여를 유도.
3. 이벤트 진행:
    - 알림 설정 댓글 인증: 방송 중 알림 설정을 인증하는 시청자에게 즉시 할인 쿠폰 코드 제공.
    - 한정판 혹은 추가 혜택 제공: 방송 중 구매하는 고객에게는 추가 혜택이나 한정판 아이템 제공을 고려.
4. 포스트 이벤트 활동:
    - 이벤트 후기와 참여자 피드백 수집.
    - 참여하지 못한 고객을 위한 후속 프로모션 계획.

[그림8] 기획안 작성 예시2

예산 관리
- 매출의 **5%** 내에서: 할인 쿠폰, 인플루언서 마케팅 비용, 추가 프로모션 비용 등을 고려하여 예산 배분.

성공 측정
- 알림 설정 수, 라이브 방송 시청률, 할인 쿠폰 사용률, 매출 증가율 등을 통해 이벤트의 성공을 측정.

이러한 전략을 통해 타겟 고객층에게 매력적인 라이브 커머스 이벤트를 제공하고, 알림 설정 고객 증대라는 목표를 달성할 수 있을 것입니다.

[그림9] 기획안 작성 예시3

(2) 스크립트 작성을 요청할 때 제공해야 하는 정보와 질문 방식

① 제품 또는 서비스 정보

스크립트에서 다룰 제품이나 서비스에 대한 상세한 정보를 제공해야 한다. 이는 제품의 이름, 기능, 특징, 가격, 사용 방법 등을 포함할 수 있다.

② 타겟 고객

누구를 대상으로 하는지에 대한 정보가 필요하다. 타겟 고객의 연령대, 성별, 관심사, 구매 습관 등을 포함할 수 있다.

③ 스토리텔링 요소

제품이나 서비스와 관련된 흥미로운 이야기나 사례가 있다면 이를 공유해 주면 좋다. 이는 시청자의 감정적인 연결을 촉진하고 제품에 대한 관심을 높일 수 있다.

④ 마케팅 목표와 메시지

라이브 커머스의 목표와 전달하고자 하는 주요 메시지를 명확히 해야 한다. 예를 들어, 제품 인지도 증가, 특정 행동 유도(구매, 등록, 팔로우 등) 등이 될 수 있다.

⑤ 행동 촉구(Call to Action)

시청자에게 어떤 행동을 취하도록 유도할지에 대한 정보를 제공해야 한다. 예를 들어, 제품 구매 링크 제공, 소셜 미디어에서 팔로우 요청 등이 있다.

⑥ 라이브 방송의 형식과 길이

방송의 전체 길이와 각 섹션(서론, 본론, 결론)의 대략적인 길이에 대한 정보가 필요하다.

〈 프롬프트 예시 〉

라이브 커머스를 위한 스크립트를 작성해주세요. 제품은 [00000]이며, 주요 기능과 특징은 [00000]입니다. 타겟 고객은 [00000]이고, 스토리텔링 요소로는 [00000]를 사용하고 싶습니다. 마케팅 목표는 [00000]이며, 주요 메시지는 [00000]입니다. 행동 촉구는 [000000]이며, 방송의 길이는 [00000]입니다.

ChatGPT Plugins ∨   No plugins installed ∨

You
라이브 커머스를 위한 스크립트를 작성해주세요. 제품은 [영유아바디로션]이며, 주요 기능과 특징은 [천연유기농원료+아토피피부를위한 보습]입니다. 타겟 고객은 [12개월미만 자녀를 둔 여성]이고, 스토리텔링 요소로는 [건조해서 긁지 않는다]를 사용하고 싶습니다. 마케팅 목표는 [매출증대]이며, 주요 메시지는 [방송중 특별구성]입니다. 행동 촉구는 [구매완료 및 댓글인증]이며, 방송의 길이는 [30분]입니다."

ChatGPT
라이브 커머스 스크립트 초안 - 영유아 바디로션

방송 시작 (0-5분)

• 인사 및 소개: "안녕하세요, 오늘 여러분께 소개해 드릴 제품은 우리 아기들의 건강한 피부를 위한 영유아 바디로션입니다. 특히 12개월 미만의 자녀를 둔 엄마들에게 추천드리는 제품이에요."
• 제품 소개: "이 바디로션은 천연 유기농 원료로 만들어져 아토피 피부를 위한 깊은 보습을 제공합니다."

제품 특징 및 이점 (5-15분)

• 주요 기능 소개: "아기들의 피부는 매우 예민하죠. 이 바디로션은 천연 유기농 원료를 사용하여 아토피 피부에도 안전하게 사용할 수 있어요."
• 스토리텔링: "저희 아이도 겨울철이면 피부가 건조해져서 많이 긁곤 했어요. 하지만 이 바디로션을 사용한 후로는 건조함이 많이 줄어들어 긁지 않게 되더라고요. 아이가 ⌐ ↓ 해하는 모습을 보니 정말 마음이 놓였죠."

Message ChatGPT...

[그림10] 스크립트 작성 예시1

• 스토리텔링: "저희 아이도 겨울철이면 피부가 건조해져서 많이 긁곤 했어요. 하지만 이 바디로션을 사용한 후로는 건조함이 많이 줄어들어 긁지 않게 되더라고요. 아이가 편안해하는 모습을 보니 정말 마음이 놓였죠."

시연 및 사용법 (15-20분)

• 제품 시연: "이렇게 적당량을 덜어서 부드럽게 마사지하듯 발라주세요. 흡수가 빠르고 끈적임이 없어서 아기도 편안해해요."
• 사용 팁 공유: "목욕 후에 사용하시면 보습 효과가 더욱 좋아요."

특별 구성 및 행동 촉구 (20-30분)

• 특별 구성 안내: "오늘 방송 중에만 특별 구성으로 제공되는데요, 추가로 미니 사이즈 바디로션을 증정해 드립니다."
• 구매 촉구: "방송 중에 구매하시고 댓글로 인증해 주시는 분들께는 특별한 선물도 드려요. 건강한 아기 피부를 위한 첫걸음, 지금 바로 구매해 보세요!"
• 마무리 인사: "오늘 방송을 끝으로 인사드립니다. 우리 아기들의 건강한 피부를 위해 오늘 소개해 드린 영유아 바디로션, 많은 관심 부탁드려요. 감사합니다!"

이 스크립트는 타겟 고객인 12개월 미만 자녀를 둔 여성들에게 공감을 불러일으키고, 제품의 특징과 이점을 효과적으로 전달하는 데 중점을 두었습니다. 방송 중 특별 구성과 구매 완료 및 댓글 인증을 통한 행동 촉구는 매출 증대에 기여할 것입니다.

[그림11] 스크립트 작성 예시2

1) 챗GPT와 같은 AI 도구 활용법

　라이브 커머스에서 챗GPT와 같은 AI 도구의 활용은 다양한 방면에서 효과적이다. 이 AI는 시장 분석, 타겟 고객의 특성 파악, 경쟁사 조사 등에 필요한 깊이 있는 정보를 신속하게 제공한다. 또한 맞춤형 스크립트 작성과 콘텐츠 제안을 통해 방송의 질을 높이고 고객 참여를 증진시키는 데 기여한다. AI는 라이브 커머스 전략을 수립하고 실행하는 과정에서 시간과 자원을 절약하며, 보다 정확하고 효율적인 의사결정을 가능하게 한다. 이러한 AI 도구의 활용은 라이브 커머스의 성공을 위한 핵심 요소로 자리 잡고 있다.

〈 프롬프트 예시 〉

시장 분석을 위한 프롬프트 예시 : 2023년 현재, 뷰티 산업에서 주목받고 있는 트렌드는 무엇인가요?

타겟 고객 특성 파악을 위한 프롬프트 예시 : 20대 여성을 대상으로 하는 패션 제품에 대해, 이 연령대의 구매 패턴과 선호도는 어떻게 되나요?

경쟁사 조사를 위한 프롬프트 예시 : 최근 스마트폰 시장에서 성공을 거두고 있는 브랜드들의 마케팅 전략은 어떻게 다른가요?

맞춤형 스크립트 작성을 위한 프롬프트 예시 : 친환경 주방용품을 소개하는 라이브 커머스 방송을 위한 스크립트를 작성해주세요. 주요 포인트는 지속 가능성과 사용 편의성입니다.

콘텐츠 제안을 위한 프롬프트 예시 : mz세대를 대상으로 하는 여행용 가방 라이브 커머스 방송을 위한 창의적인 콘텐츠 아이디어는 무엇이 있을까요?

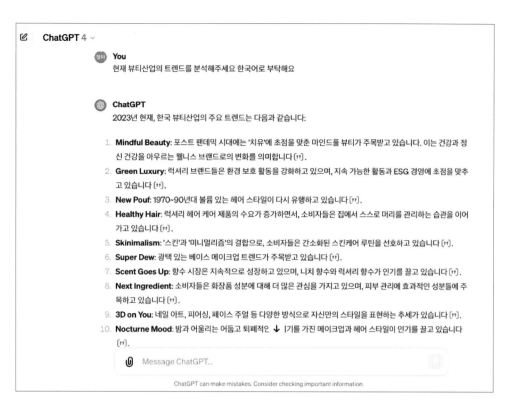

[그림12] 챗GPT 활용 예시1

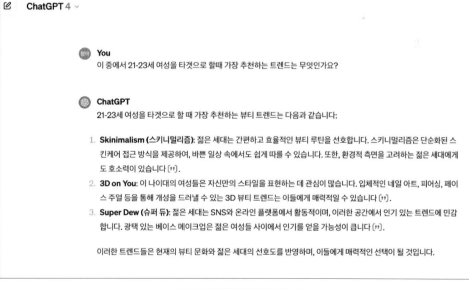

[그림13] 챗GPT 활용 예시2

You
21-23세 연령대의 뷰티제품 구매 패턴과 선호도는 어떻게되나요? 한국어로 부탁해요

‹ 2/2

ChatGPT
21-23세 여성의 뷰티 제품 구매 패턴과 선호도는 다음과 같이 나타나고 있습니다:

1. **메이크업 스타일 변화**: 코로나19의 장기화와 마스크 착용으로 인해, 진하고 화사한 메이크업보다는 건강해 보이고 시간이 지나도 쉽게 무너지지 않는 메이크업 스타일을 선호합니다. 이러한 변화는 출근이나 학교/학원에 갈 때는 메이크업을 덜 하는 경향이 있는 반면, 면접이나 학회 등 공식적인 자리에서는 여전히 메이크업을 하는 경향이 있습니다 [1].

2. **스킨케어 제품 선호**: 마스크로 인한 피부 자극과 트러블로 인해 스킨케어에 대한 관심이 증가했습니다. 수분 보충과 수분 유지에 신경을 쓰며, 스팟케어 제품과 클렌징 디바이스 사용이 증가했습니다. 또한, 스킨/토너와 클렌저·크림·에센스/세럼/앰플 등 스킨케어 제품 사용량이 크게 증가했습니다 [1].

3. **제품별·카테고리별 경계 무너짐**: 기업들이 카테고리를 세분화하고, 소비자들이 다양한 방식으로 화장품을 사용하면서 제품별·카테고리별 경계가 무너지고 있습니다. 특히 선케어 제품의 역할이 확장되고 있으며, 톤업 선케어 제품과 올인원 제품이 인기를 끌고 있습니다 [1].

4. **친환경·비건 뷰티에 대한 관심 증가**: 친환경, 비건, 클린 뷰티 등 환경을 고려한 뷰티 소비가 증가하고 있으며, 특히 젊은 층에서 이러한 트렌드에 대한 인지도와 실천 의향이 높습니다 [1].

5. **인플루언서에 대한 신뢰도 하락**: 인플루언서의 추천에 대한 신뢰도가 하락하고 있으며, 유튜브 크리에이터나 인스타그램 인플루언서의 후기가 광고성으로 느껴진다는 부정적인 의견이 증가하고 있습니다. 이에 반해 라이브커머스는 객관적인 정보 제공과 양방향 소통으로 주목받고 있습니다 ↓ [1].

Message ChatGPT...

ChatGPT can make mistakes. Consider checking important information.

[그림14] 챗GPT 활용 예시3

2) 데이터 분석과 시장 트렌드 예측

라이브 커머스에서 성공을 위해 데이터 분석과 시장 트렌드 예측은 필수적이다. 챗GPT는 이러한 분석에 큰 도움을 줄 수 있다. 고객 리뷰, 소셜 미디어 트렌드, 경쟁사 분석 등 다양한 데이터 소스를 분석하고 요약하는 데 활용할 수 있다. 이를 통해 소비자의 행동, 선호도, 시장의 변화를 파악하고 과거 데이터와 현재 시장 상황을 바탕으로 미래의 시장 트렌드를 예측하는 데 중요한 인사이트를 제공한다.

〈 프롬프트 예시 〉
최근 5년간 패션 산업의 성장률은 어떻게 변화했나요?
2023년 소비자 구매 패턴의 예측은 무엇인가요?
인공지능 기술이 소매업에 미치는 장기적인 영향은 무엇일까요?

최근 소셜 미디어에서 인기 있는 라이프스타일 제품은 무엇인가요?

건강 및 웰니스 제품의 시장 수요는 어떻게 변화하고 있나요?

디지털 기기 사용 증가가 소비자의 쇼핑 습관에 어떤 영향을 미쳤나요?

코로나19 이후 온라인 쇼핑 시장의 변화는 어떤가요?

지속 가능한 제품에 대한 소비자의 관심은 어떻게 변화하고 있나요?

가상현실(VR)과 증강현실(AR) 기술이 라이브 커머스에 어떤 영향을 주고 있나요?

미래의 소비자는 어떤 유형의 제품에 더 많은 관심을 보일 것으로 예상되나요?

이러한 질문들을 통해 챗GPT를 활용해 라이브 커머스 전략을 수립하는 데 필요한 깊이 있는 분석과 통찰력을 얻을 수 있다.

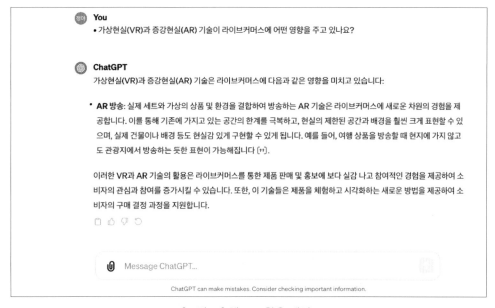

[그림15] 챗GPT 활용 예시1

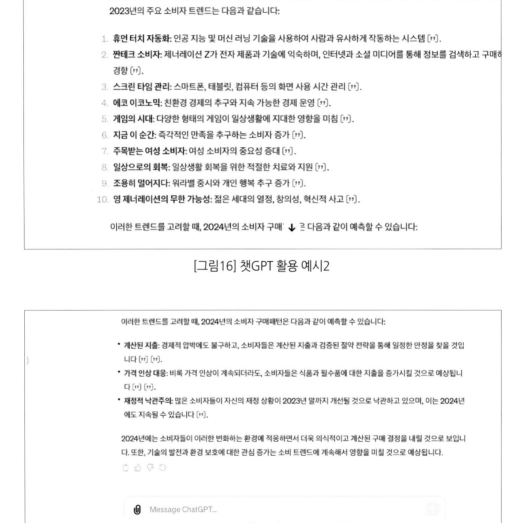

[그림16] 챗GPT 활용 예시2

이러한 트렌드를 고려할 때, 2024년의 소비자 구매패턴은 다음과 같이 예측할 수 있습니다:

- **계산된 지출**: 경제적 압박에도 불구하고, 소비자들은 계산된 지출과 검증된 절약 전략을 통해 일정한 안정을 찾을 것입니다 [11].
- **가격 인상 대응**: 비록 가격 인상이 계속되더라도, 소비자들은 식품과 필수품에 대한 지출을 증가시킬 것으로 예상됩니다 [11].
- **재정적 낙관주의**: 많은 소비자들이 자신의 재정 상황이 2023년 말까지 개선될 것으로 낙관하고 있으며, 이는 2024년에도 지속될 수 있습니다 [11].

2024년에는 소비자들이 이러한 변화하는 환경에 적응하면서 더욱 의식적이고 계산된 구매 결정을 내릴 것으로 보입니다. 또한, 기술의 발전과 환경 보호에 대한 관심 증가는 소비 트렌드에 계속해서 영향을 미칠 것으로 예상됩니다.

ChatGPT can make mistakes. Consider checking important information.

[그림17] 챗GPT 활용 예시3

3) 디지털 마케팅 전략

챗GPT를 활용한 라이브 커머스에서의 디지털 마케팅은 브랜드 인지도 향상과 고객 참여를 극대화하는 데 중요한 역할을 한다. 이러한 AI 도구는 다음과 같은 방식으로 디지털 마케팅 전략에 기여할 수 있다.

(1) 타겟 마케팅 강화

챗GPT는 고객 데이터를 분석해 타겟 고객의 특성과 선호도를 파악하는 데 도움을 준다. 이를 통해 더 정확하고 개인화된 마케팅 메시지를 개발할 수 있으며, 이는 고객 참여도를 높이고 전환율을 증가시키는 데 기여한다.

'챗GPT를 활용해 특정 연령대와 관심사를 가진 소비자 그룹을 위한 타겟 마케팅 전략을 어떻게 개발할 수 있나요?'

(2) 콘텐츠 마케팅 최적화

챗GPT는 다양한 유형의 콘텐츠 생성을 지원한다. 블로그 글, 소셜 미디어 포스트, 이메일 마케팅 캠페인 등 다양한 디지털 채널에 맞는 매력적이고 관련성 높은 콘텐츠를 생성해 브랜드 메시지를 효과적으로 전달할 수 있다.

'라이브 커머스에서 mz 세대를 대상으로 한 콘텐츠 마케팅 전략은 어떻게 구성해야 효과적일까요?'

(3) 고객 서비스 개선

챗GPT는 고객 문의에 신속하고 정확하게 대응하는 데 사용될 수 있다. 이는 고객 만족도를 높이고 브랜드에 대한 긍정적인 인식을 증진시키는 데 중요하다. 또한 자주 묻는 질문에 대한 자동화된 응답을 제공함으로써 고객 서비스 팀의 업무 부담을 줄일 수 있다.

'고객 피드백을 분석해 라이브 커머스 플랫폼의 사용자 경험을 어떻게 개선할 수 있을까요?'

(4) 피드백과 데이터 분석

챗GPT는 고객 피드백과 시장 데이터를 분석해 중요한 인사이트를 제공한다. 이를 통해 마케팅 전략을 지속적으로 개선하고, 시장 변화에 빠르게 대응할 수 있다.

'라이브 커머스 이벤트 후 수집된 고객 데이터를 분석해 향후 마케팅 전략에 어떻게 활용할 수 있나요?'

(5) 인터랙티브 마케팅 경험 제공

챗GPT를 활용해 고객과의 상호작용을 더욱 풍부하고 개인화된 경험으로 만들 수 있다. 예를 들어, 실시간 채팅을 통한 개인 맞춤형 제품 추천, 퀴즈, 설문조사 등을 통해 고객 참여를 유도하고 브랜드 충성도를 높일 수 있다.

'라이브 커머스에서 실시간 고객 참여를 증진시키기 위한 인터랙티브 마케팅 아이디어는 무엇이 있을까요?'

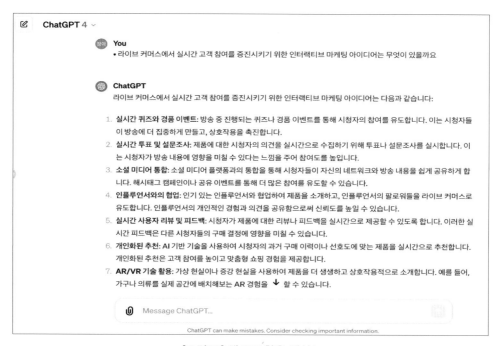

[그림18] 챗GPT 활용 예시1

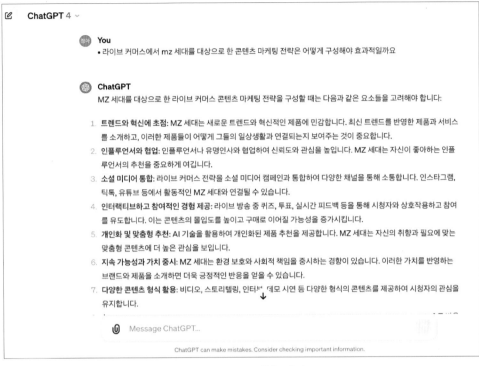

[그림19] 챗GPT 활용 예시2

6. 스크랩트에 챗GPT 활용

이 책을 통해 우리는 1인 사업자가 라이브 커머스를 효과적으로 운영하는 데 필요한 전략과 챗GPT의 다양한 활용 방법을 배웠다. 라이브 커머스의 성공은 철저한 기획, 매력적인 콘셉트 그리고 설득력 있는 스크립트에서 시작된다. 챗GPT는 이러한 각 단계에서 중요한 역할을 하며, 사업자가 목표를 설정하고, 타겟 고객을 이해하며, 적합한 상품을 선정하는 데 도움을 준다.

특히 스크립트 작성에서 챗GPT의 활용은 방송의 질을 한층 높여준다. 스토리텔링과 구성요소를 풍부하게 만들어 시청자들의 관심을 끌고 구매를 유도하는 데 큰 힘이 된다. 또한 데이터 분석과 시장 트렌드 예측을 통해 사업자는 시장의 변화에 민첩하게 대응할 수 있으며 디지털 마케팅 전략을 보다 효과적으로 수립할 수 있다.

챗GPT는 키워드 최적화, 소셜 미디어 전략 개발, 광고 캠페인 개발 등에서도 중요한 도구로 활용된다. 이를 통해 사업자는 자신의 브랜드를 더 널리 알리고 타겟 고객에게 더욱 효과적으로 다가갈 수 있다.

이 책은 1인 사업자가 라이브 커머스를 통해 자신의 비즈니스를 성장시키는 데 필요한 실질적인 지침을 제공한다. 챗GPT의 활용은 이러한 과정을 더욱 쉽고, 창의적이며, 효율적으로 만들어 준다. 이제 독자들은 이 책에서 배운 지식과 전략을 바탕으로 자신만의 라이브 커머스 채널을 성공적으로 운영할 수 있을 것이다.

Epilogue

당신의 라이브 커머스, 챗GPT와 함께

여기까지 오신 여러분께 진심으로 축하의 인사를 건넨다. 이제 이 책을 통해 라이브 커머스의 세계로 첫발을 내딛는 여정이 시작됐다. 1인 사업자로서 모든 것을 혼자서 해내야 하는 부담감은 이제 이 책을 통해 한결 가벼워졌기를 바란다.

라이브 커머스는 단순한 판매 방식을 넘어 고객과의 직접적인 소통과 신뢰 구축의 장이다. 이 책에서 다룬 기획과 스크립트 작성 방법은 여러분이 이 새로운 도전에서 성공할 수 있는 기반을 마련해줄 것이다. 하지만 기억할 것은, 가장 중요한 것이 자신의 독창성과 열정이라는 것이다.

또한 혼자서 모든 것을 해내야 한다는 부담감을 덜어줄 수 있는 또 하나의 동반자, 바로 챗GPT가 있다는 것이다. 이 인공지능 도구는 여러분이 마주칠 수 있는 다양한 질문에 대한 답변, 아이디어 발굴, 심지어 스크립트 작성에 이르기까지 여러분의 라이브 커머스 여정을 지원할 준비가 돼 있다.

이 책을 덮으며 여러분의 라이브 커머스가 단순한 판매의 장이 아닌 고객과의 교감과 신뢰를 쌓는 소중한 시간이 되기를 바란다. 챗GPT와 함께라면 전문가가 아니더라도 누구나 성공적인 라이브 커머스를 진행할 수 있다. 여러분의 창의력과 열정 그리고 이 책이 제공하는 지식이 만나 빛나는 결과를 만들어 낼 것이다.

여러분의 라이브 커머스 여정에 행운이 깃들길 바란다.

- 대한민국 1호 쇼플루언서 류정아 -

8

생성 AI와
자녀 교육의 미래

김 진 희

제8장
생성 AI와 자녀 교육의 미래

Prologue

우리는 지금 급진적으로 기술이 빠르게 발전하는 시대에 살고 있다. 이런 시대에 '생성 AI'라는 새로운 기술이 등장했다. Generative AI and the Future of Children's Education은 바로 이 생성 AI가 우리 아이들 교육에 어떤 영향을 미칠지에 관해 알아보는 여정이다.

기술과 인간 능력의 경계가 끊임없이 확장되는 세계, 우리는 교육의 새로운 시대의 시작에 서 있다. 생성 AI는 한때 컴퓨터 과학자들과 기술 혁신가들의 어휘에만 국한됐던 용어였지만 이제는 더 넓은 사회적 인식 속으로 파고들었다. 이것은 단순한 기술적 발전을 넘어서 정보, 창의성 그리고 학습과의 상호작용 방식에 있어 패러다임의 전환을 의미한다.

예술 작품을 창작하는 것부터 새로운 교육 콘텐츠를 생성하는 것까지 생성 AI의 능력은 광범위하며 미래 학습의 구조와 깊이 연결돼 있다. '생성 AI와 자녀 교육의 미래'는 이 첨단 기술이 우리가 가르치고 배우는 방식에 어떤 영향을 미치고 있는지를 살펴본다.

우리는 학습이 교실에만 국한되지 않는 시대, 기술의 민주화 덕분에 번화한 대도시의 아이와 외딴 마을의 아이가 같은 지식의 보고에 접근할 수 있는 시대에 살고 있다.

부모, 교육자 그리고 우리 아이들의 미래에 이해관계를 가진 사람들로서 생성 AI의 등장은 특별한 기회와 거대한 도전을 동시에 가져온다. 이 기술을 어떻게 활용해 교육을 풍부하게 할 것인가? 고려해야 할 윤리적 경계는 무엇인가? AI가 학습의 동반자가 되는 세상에서 우리 아이들을 어떻게 준비시킬 것인가? 이러한 질문들이 이 단원의 핵심이다.

'생성 AI와 자녀의 미래 교육'은 단순한 안내서가 아니라 대화의 시작, 생각의 촉매제, 미개척 영역을 탐색하기 위한 로드맵이다. 생성 AI와 교육의 미래라는 교차점에 온 것을 환영한다.

1. 미래와 교육

[그림1] 자녀교육의 미래는 어떻게 달라질까(출처 : ChatGPT GPT-4 With DALL-E / 김진희)

1) 생성 AI의 시대와 교육의 변화

인공지능 특히 생성 AI의 발전은 우리가 교육을 바라보는 방식을 근본적으로 변화시키고 있다. 이는 단순히 새로운 기술의 도입이 아니라 교육의 본질에 대한 재고찰을 요구한다. 과거에는 정보 전달과 지식 습득이 교육의 주된 목표였다면 생성 AI의 시대에는 창의력, 비판적 사고 그리고 기술적 이해가 중심이 돼야 한다.

과거 전통적인 교육 방식은 주로 정보 전달과 암기에 중점을 뒀다. 그러나 AI 시대에는 정보의 접근성이 높아지고 정보를 찾고 해석하는 능력이 더욱 중요해졌다. 따라서 교육은 단순한 지식 전달을 넘어서 비판적 사고, 창의성, 문제 해결 능력과 같은 능력을 길러주는 방향으로 진화하고 있다. 이제 AI는 단순한 정보의 전달자가 아니라 학습자들이 새로운 지식을 창조하고 문제를 해결하는 데 도움을 주는 촉매제로 기능한다.

또한 AI 기술은 미래의 직업 세계에도 큰 변화를 가져올 것이다. 많은 전통적 직업들이 자동화되고 새로운 종류의 직업이 생겨날 것이다. 이에 따라 교육 시스템은 학생들이 미래 사회에서 필요로 하는 기술을 배울 수 있도록 적응해야 한다. 이는 단순히 기술적 기술뿐만 아니라 협업, 의사소통, 창의적 사고와 같은 소프트 스킬의 중요성을 강조한다.

이뿐만 아니라 AI가 기본적인 교육 콘텐츠의 생성과 평가를 담당함으로써 교사들은 학생들과의 상호작용과 맞춤형 지도에 더 많은 시간을 할애할 수 있다. 이는 교육의 질을 높이는 동시에 교사의 역할을 더욱 중요하게 만든다. 반면 기술적 소양이 부족한 학생이나 교사는 새로운 교육 환경에 적응하기 어려울 수 있으며 기술 격차는 교육의 불평등을 심화시킬 수 있다. 따라서 이러한 도전을 극복하기 위한 체계적인 교육과 지원이 필요하다.

결국 생성 AI의 시대는 교육에 혁명을 가져오고 있다. 이는 학습 방법, 교육 내용, 교육자의 역할에 이르기까지 모든 것을 변화시키고 있다. 이러한 변화에 적응하고 학생들을 미래 사회에 필요한 기술과 역량으로 무장시키는 것이 현대 교육의 새로운 목표가 돼야 한다.

2) 미래 교육을 위한 새로운 패러다임

[그림2] 교육 패러다임의 변화(출처 : ChatGPT GPT-4 With DALL-E / 김진희)

생성 AI의 시대는 교육 분야에 새로운 패러다임을 제시한다. 이 패러다임은 기존의 지식 중심 교육에서 벗어나 학습자 중심의 교육으로의 전환을 의미한다. 미래 교육은 학습자가 자신의 학습 과정과 속도를 스스로 조절하고, 자신만의 창의적이고 독창적인 해결책을 찾아가는 과정이 돼야 한다.

첫째, 미래 교육은 학생 중심이 돼야 한다. 이는 학생들의 개별적인 요구, 관심사, 학습 스타일을 중시하며, 맞춤형 학습 경로를 제공하는 것을 의미한다. 생성 AI와 같은 기술은 이러한 개별화된 학습을 가능하게 하며, 학생 각자에게 가장 적합한 학습 자료와 활동을 제공할 수 있다.

둘째, 미래 교육은 창의성과 혁신을 강조해야 한다. 지식 기반 사회에서는 단순한 정보의 암기와 재생산이 아닌, 새로운 아이디어를 생성하고, 복잡한 문제를 해결하는 능력이 중요하다. 따라서 교육은 학생들이 창의적으로 생각하고, 실험하며, 혁신할 수 있는 환경을 제공해야 한다.

셋째, 기술과 디지털 리터러시(정보 이해력)는 필수적인 교육 요소가 돼야 한다. AI 시대에는 기술이 우리 생활의 모든 영역에 통합돼 있으므로, 기술을 효과적으로 사용하고 이해하는 능력은 필수적이다. 이는 단순히 기술 사용법을 익히는 것을 넘어서, 기술이 어떻게 작동하는지, 그리고 그것이 우리 사회와 개인에게 미치는 영향을 이해하는 것을 포함한다.

넷째, 협업과 팀워크의 중요성을 강조해야 한다. 미래의 직업 세계는 점점 더 협업을 중시하고 있다. 따라서 학생들은 다양한 배경과 전문성을 가진 사람들과 함께 일하는 방법을 배워야 한다. 이는 다양성, 상호 존중, 의사소통 능력을 함양하는 데에도 도움이 된다.

마지막으로, 미래 교육은 지속 가능성과 글로벌 시민의식을 강조해야 한다. 우리는 점점 더 상호 연결된 세계에서 살고 있으며, 학생들은 전 세계적인 문제에 대해 인식하고, 이에 대한 해결책을 모색하는 방법을 배워야 한다.

2. 생성 AI의 기초

[그림3] 생성AI의 미래(출처 : ChatGPT GPT-4 With DALL-E) / 김진희

1) 생성 AI란 무엇인가?

'생성 AI'는 인공지능의 한 분야로 새로운 콘텐츠를 자동으로 생성하는 능력을 가진 기술이다. 이 기술은 텍스트, 이미지, 음악 그리고 비디오와 같은 다양한 형태의 콘텐츠를 만들어 낼 수 있다. 생성 AI의 가장 큰 특징은 기존 데이터를 바탕으로 새로운 콘텐츠를 창출한다는 점이다.

생성 AI의 핵심은 머신러닝 특히 딥 러닝에 기반한다. 딥 러닝은 대량의 데이터를 분석해 패턴을 학습하는 인공 신경망을 사용한다. 이러한 신경망은 텍스트, 이미지 등의 데이터로부터 복잡한 특징과 관계를 파악하고 이를 바탕으로 새로운 콘텐츠를 생성한다.

생성 AI의 가장 대표적인 예는 텍스트와 이미지 생성이다. 텍스트 생성 AI는 주어진 단어나 문장으로부터 새로운 텍스트를 만들어 낸다. 이를 통해 기사 작성, 스토리텔링, 심지어는 코드 작성 등 다양한 영역에서 활용될 수 있다. 이미지 생성 AI는 주어진 설명이나 기존 이미지를 기반으로 새로운 이미지를 만들어 낸다. 이 기술은 디자인, 예술, 엔터테인먼트 분야에서 특히 주목받고 있다.

반면 생성 AI는 이러한 가능성과 동시에 여러 윤리적·법적 문제를 제기한다. 예를 들어, 저작권, 데이터의 프라이버시, 생성된 콘텐츠의 진위 여부, AI가 생성한 콘텐츠의 책임 소재 등이 그것이다. 이러한 문제들은 생성 AI가 더 널리 사용됨에 따라 중요한 고려 사항이 되고 있다. 따라서 생성 AI의 미래는 단순히 기술적 발전뿐만 아니라 이러한 문제들을 어떻게 해결하느냐에도 달려 있다.

2) 기술 윤리와 안전한 사용

[그림4] 기술 윤리의 중요성(출처 : ChatGPT GPT-4 With DALL-E / 김진희)

AI 기술, 특히 생성 AI의 급진적 발전에 따라 기술 윤리와 안전한 사용의 문제가 중요한 화두로 떠올랐다. 기술의 발전 속도가 빨라짐에 따라 이러한 기술이 사회에 미치는 영향과 잠재적인 위험에 대한 심도 깊은 고려가 필요하다. AI 기술을 교육에 통합하는 과정에서도 이러한 윤리적 고려가 중요한 역할을 한다.

첫째, 데이터 프라이버시와 보안이 핵심적인 문제다. 교육용 AI 시스템은 대량의 학생 데이터를 수집하고 처리한다. 이 데이터에는 성적, 학습 스타일, 심지어 개인적 성향까지 포함될 수 있다. 데이터를 적절하게 보호하고 학생들의 프라이버시를 존중하는 것은 교육 기관과 기술 제공업체 모두의 책임이다.

둘째, AI의 편향성 문제다. AI 시스템은 학습에 사용되는 데이터로부터 패턴을 배우기 때문에 데이터에 편향이 존재하면 AI도 편향된 결정을 내릴 수 있다. 예를 들어, 특정 인구 집단에 대한 데이터가 부족하면 그 집단에 대한 차별적인 결과를 초래할 수 있으며 교육의 공정성을 해칠 수 있다. 따라서 AI 시스템을 설계하고 사용할 때는 데이터의 다양성과 포괄성을 고려하는 것이 중요하다.

셋째, AI의 자율성과 책임 문제다. AI가 교육 결정을 내리거나 학습 내용을 제공하는 데 사용될 때 이러한 결정의 책임이 누구에게 있는지 명확해야 한다. AI의 자율성이 증가함에 따라 잘못된 결정이나 오류에 대한 책임 소재를 명확히 하는 것이 중요하다.

넷째, AI 사용에 대한 윤리적 지침의 필요성이다. 예를 들어, AI가 생성한 콘텐츠의 저작권, AI를 사용한 부정행위의 증가 가능성 등이 있다. 이러한 문제들에 대해 사전에 교육 커뮤니티 내에서 충분한 토론이 이뤄지고 그에 따른 적절한 윤리적 가이드라인을 수립해야 할 것이다.

3. 현대 교육 시스템과 AI

[그림5] 인공지능과 함께 하는 미래교육(출처 : ChatGPT GPT-4 With DALL-E / 김진희)

1) 전통적 교육 방식과의 비교

현대 교육 시스템에서 AI의 도입은 전통적인 교육 방식과는 크게 다르다. 전통적 교육 방식은 주로 일 방향적인 지식 전달이 중점적이었다. 모든 학생이 동일한 교육 내용을 동일한 방식으로 학습했다. 반면, AI를 통합한 현대 교육 시스템은 학생 중심의 접근 방식을 채택하고 개별 학습자의 필요와 선호에 맞춘 맞춤형 학습 경험을 제공한다.

전통적인 교육 방식에서는 학습 과정이 비교적 정적이었다. 교육 내용과 방법이 정해져 있어 학생들의 개별적인 요구나 관심사를 반영하기 어려웠다. 이에 반해 AI 기반 교육은 동적이고 유연하다. 예를 들어, AI 알고리즘은 학생의 학습 진도, 이해도 및 관심사를 분석해 개별화된 학습 자료와 활동을 제공한다. 학생들이 자신의 속도에 맞춰 학습할 수 있게 해주며 각자의 장점을 최대한 발휘할 수 있도록 돕는다.

또한 전통적인 교육 방식에서는 평가와 피드백이 일반적으로 정해진 시험과 과제를 통해 이뤄졌다. 이는 때때로 학생들에게 스트레스를 주고 학습에 대한 동기가 저하될 수 있었다. 반면 AI 기반 교육 시스템에서는 지속적이고 맞춤화된 피드백을 제공함으로써 학습자가 자신의 학습 과정을 더 잘 이해하고 필요한 부분에 집중할 수 있도록 돕는다.

전통적 교육 방식의 또 다른 한계는 교육 자원의 불균등한 분배였다. 특정 지역이나 학교에는 더 많은 자원이 집중돼 학습 기회의 불평등이 발생했다. AI 기술을 활용하면 이러한 불균등을 완화할 수 있다. 인터넷을 통해 접근 가능한 AI 기반 학습 플랫폼은 지리적 위치나 경제적 상황에 관계없이 고품질의 교육 자원을 제공할 수 있다.

2) AI가 가져오는 교육 혁신

AI 기술은 교육 분야에 혁신적인 변화를 가져오고 있다. 이 변화는 학습 방식, 교육 콘텐츠의 접근성, 학습 환경의 개선 그리고 교육의 개인화에서 특히 두드러진다.

첫째, AI는 학습 방식의 혁신을 가져온다. AI 기반 학습 시스템은 학생들에게 적극적이고 참여적인 학습 경험을 제공한다. 예를 들어, AI는 가상 현실(VR), 증강 현실(AR), 게임화된 학습 등을 통해 학생들이 더 몰입하고 적극적으로 학습에 참여하게끔 유도한다. 이는 복잡한 개념을 쉽고 재미있게 이해할 수 있게 해주며 학습 과정에서의 창의력과 협업 능력을 증진한다.

둘째, AI는 교육 콘텐츠의 접근성을 향상케 한다. AI 기술을 활용하면 언제 어디서나 고품질의 교육 자료에 접근할 수 있다. 이는 원격 교육과 온라인 학습의 확산에 크게 기여하며 지리적·경제적 장벽으로 인해 전통적인 교육에 접근하기 어려운 학생들에게 큰 이점으로 작용할 수 있다.

셋째, AI는 교육 환경을 개선한다. AI 기술은 교육 관리를 자동화하고 최적화하는 데 사용될 수 있다. 예를 들어, AI 시스템은 교육 기관의 운영 효율성을 높이고 교육 자원을 더 효과적으로 배분할 수 있다. 또한 AI는 교육 과정의 평가와 개선을 위한 데이터 분석에도 활용된다.

넷째, AI는 교육을 개인화한다. AI는 학생들의 학습 스타일과 필요를 파악해 개별화된 학습 경로를 제공한다. 이를 통해 학생들은 자신의 장점을 최대한 발휘하고 약점을 개선할 수 있다. 개인화된 학습은 학생들의 학습 동기를 높이고 학습 성과를 향상케 하는 데 중요한 역할을 한다.

3) 교육에서 AI 활용 사례

[그림6] AI와 함께 하는 미래 교육(출처 : ChatGPT GPT-4 With DALL-E / 김진희)

교육 분야에서 AI의 활용은 다양한 형태로 나타나고 있다. 이러한 사례들은 AI가 어떻게 학습 과정을 개선하고 교육의 질을 향상시킬 수 있는지를 보여준다.

첫 번째 사례는 개인화된 학습 경험의 제공이다. AI 기반 학습 플랫폼은 학생들의 학습 성향과 성취도를 분석해 맞춤형 학습 자료를 제공한다. 예를 들어, 어떤 학생이 수학 문제를 풀 때 어려움을 겪는다면 AI는 이 학생을 위한 추가 학습 자료나 연습 문제를 제공한다. 이러한 개인화된 접근 방식은 학생들이 자신의 약점을 극복하고 학습에 더 적극적으로 참여하도록 돕는다.

두 번째 사례는 언어 학습 도구이다. AI 기반 언어 학습 애플리케이션은 발음, 어휘, 문법 등을 평가하고 학습자에게 즉각적인 피드백을 제공한다. 앱은 학습자의 학습 과정을 추적하고 개인의 필요에 맞게 학습 내용을 조정한다. 이는 특히 외국어를 배우는 학생들에게 유용하다.

세 번째 사례는 자동화된 평가 시스템이다. AI는 객관식 시험은 물론, 주관식 답변과 에세이까지 평가할 수 있다. 이는 교사의 부담을 줄이고 빠르고 일관된 평가를 가능하게 한다.

네 번째 사례는 상호작용적 학습 환경의 창출이다. 가상 현실(VR)이나 증강 현실(AR)과 같은 AI 기술은 학생들이 보다 몰입감 있는 학습 경험을 가질 수 있도록 한다. 예를 들어, VR을 사용해 학생들은 역사적 사건이나 과학적 개념을 가상 환경에서 직접 경험할 수 있게 된다. 이는 학습 내용을 더 깊이 이해하고 기억하는 데 도움이 된다.

마지막 사례는 데이터 분석을 통한 교육 정책 개선이다. AI는 대량의 교육 데이터를 분석해 교육 트렌드를 파악하고 학교 운영, 학생 기록 관리, 자원 배분 등의 과정을 최적화할 수 있다. 이를 바탕으로 효과적인 교육 정책과 프로그램을 개발할 수 있다.

[그림7] AI와 창의성(출처 : ChatGPT GPT-4 With DALL-E / 김진희)

1) 창의력과 기술의 상호작용

창의력과 기술의 상호작용은 매우 중요한 역할을 한다. AI 기술이 발전함에 따라 창의적 사고와 기술적 능력의 결합은 미래 사회에서 필수적인 역량으로 부각되고 있다.

AI와 창의력의 상호작용은 학생들이 복잡한 문제를 해결하는 데 필요한 다양한 관점과 접근 방식을 탐색하도록 돕는다. 예를 들어, AI를 활용한 데이터 분석과 시뮬레이션은 학생들이 과학적·수학적 문제에 대해 다양한 해결책을 모색하고 실험해 볼 수 있게 한다. 이는 학생들이 비판적 사고와 창의적 사고를 동시에 발달시킬 수 있도록 돕는다.

또한 AI는 창의력 교육에 필요한 다양한 도구와 자원을 제공한다. AI 기반의 그래픽 디자인 도구, 음악 작곡 프로그램, 콘텐츠 생성 플랫폼 등을 통해 학생들은 자신의 창의적 아이디어를 현실화할 수 있다.

창의력과 기술의 상호작용은 또한 학생들이 기술과 예술, 문화, 인문학 등 다른 분야와도 연계된다. 예를 들어, AI를 활용한 예술 작품은 기술과 예술의 경계를 허물며 학생들이 이 두 분야가 어떻게 상호 영향을 미치는지 이해할 수 있도록 한다.

교육자의 역할도 중요하다. 교육자는 학생들이 AI 기술을 이해하고 이를 창의적으로 활용할 수 있는 방법을 가르쳐야 한다. 이를 통해 학생들은 기술과 창의력이 어떻게 상호 작용하고 이를 통해 어떻게 새로운 아이디어와 해결책을 창출할 수 있는지를 배운다.

2) AI를 활용한 창의력 개발 방법

AI 기술을 이용해 학생들의 창의력을 발휘하고 강화하는 방법은 다양하다.

첫 번째, AI를 사용해 학생들에게 다양한 문제 해결 시나리오를 제공하는 것이다. AI 기반 시뮬레이션을 통해 학생들은 실제와 유사한 문제에 직면하고 여러 가지 해결책을 모색해 볼 수 있다. 이는 학생들이 창의적 사고를 발휘하고 다양한 관점에서 문제를 바라보게 한다.

두 번째, AI를 활용해 학생들이 자신의 아이디어를 실제로 구현해 볼 수 있도록 한다. 예를 들어, 학생들이 AI 프로그래밍을 통해 자신만의 앱을 만들거나 AI 기반 그래픽 도구를 사용해 예술 작품을 창작할 수 있게 한다. 이를 학생들이 기술적 지식과 창의력을 동시에 발달시킬 수 있게 한다.

세 번째, AI를 활용한 협업 프로젝트이다. 학생들은 AI 기술을 활용해 팀 프로젝트를 수행하며 이 과정에서 협업, 의사소통, 창의적 문제 해결 능력을 향상시킬 수 있다. 이러한 활동은 학생들이 다양한 배경과 아이디어를 가진 동료와 함께 일하면서 창의적인 해결책을 모색하는 방법을 배우게 한다.

네 번째, AI를 활용해 학생들에게 실시간 피드백을 제공한다. AI 시스템은 학생들의 학습 과정과 창작 활동을 분석하고 즉각적인 개선 사항이나 제안을 제공한다. 이를 학생들은 자신의 아이디어를 빠르게 수정하고 개선할 수 있다.

[그림8] 미래직업의 이미지(출처 : ChatGPT GPT-4 With DALL-E / 김진희)

1) 미래 직업의 변화 전망

미래의 직업 세계는 기술 발전, 특히 인공지능(AI)과 로봇공학, 자동화 기술의 급속한 발전에 크게 영향을 받을 것이다. 이러한 변화는 기존 직업의 소멸과 새로운 직업의 창출 양면에서 나타날 것으로 예상된다.

첫째, 자동화와 AI 기술은 일부 기존 직업을 대체할 가능성이 높다. 특히 루틴 작업이나 단순 반복적인 업무를 수행하는 직업은 가장 큰 영향을 받을 것이다. 예를 들어, 제조업, 데이터 입력 그리고 일부 고객 서비스 직종 등이다.

둘째, 새로운 기술은 전에 없던 새로운 직업을 창출할 것이다. 예를 들어, AI 데이터 분석가, AI 트레이너, 로봇 윤리 전문가, 기계 학습 엔지니어와 같은 직업은 이미 등장하기 시작했다. 이러한 직업들은 기술 발전과 함께 더욱 다양화되고 전문화될 것이다.

셋째, 기술의 발전은 직업교육과 평생 학습의 중요성을 증가시킨다. 미래의 노동 시장은 지속적인 학습과 기술 업그레이드를 필요로 할 것이다. 기술적 지식뿐만 아니라 창의력, 비판적 사고, 문제 해결 능력 그리고 평생 학습 능력이 중요해질 것이다.

넷째, 미래 직업 세계는 유연성과 다양성을 특징으로 할 것이다. 원격 근무, 프리랜서, 계약직 등 다양한 근무 형태가 보편화될 것이며, 이는 노동 시장의 구조를 변화시킬 것이다. 또한 다양한 배경과 기술을 가진 사람들이 모여 협력하는 다학제적 작업 환경이 중요해질 것이다.

2) AI 시대 필수 기술

AI 시대에는 다양한 기술이 필수적이다. 이러한 기술은 단순히 기계적 능력을 넘어서서 복잡한 문제 해결, 비판적 사고, 창의성, 기술적인 전문성, 데이터 리터러시, 창의력 그리고 평생 학습의 능력 등을 말한다.

첫째, 데이터 리터러시이다. 데이터 리터러시는 데이터를 이해하고 분석하며 이를 바탕으로 의사결정을 하는 능력을 의미한다. AI 시대에는 대량의 데이터가 생성되고 이 데이터를 효과적으로 활용하는 것이 중요하다. 데이터 리터러시는 비즈니스, 과학, 일상생활에서의 결정에 필수적이며 모든 분야에 걸쳐 중요성이 증가하고 있다.

둘째, 기술적 기초 지식과 이해이다. 이것은 AI와 같은 기술이 작동하는 원리를 기본적으로 이해하는 것을 포함한다. 비록 모든 사람이 프로그래머나 엔지니어가 될 필요는 없지만 기술에 대한 기본적인 이해는 기술이 우리의 삶과 업무에 미치는 영향을 이해하는 데 도움이 된다.

셋째, 비판적 사고와 문제 해결 능력이다. AI 시대에는 복잡한 문제와 예측 불가능한 상황이 자주 발생한다. 이러한 상황에서 문제를 식별하고 효과적인 해결책을 찾아내는 능력은 필수적이다. 비판적 사고는 정보를 분석하고 가정을 평가하며 논리적 결론을 도출하는 데 중요하다.

넷째, 소프트 스킬이다. 이는 의사소통 능력, 협업, 감성 지능 등을 포함한다. 기술이 발전할수록 인간적 요소와 인간 간의 상호작용은 더욱 중요해진다. 팀워크, 갈등 해결, 효과적인 커뮤니케이션 능력은 모든 직업에서 중요한 역량이다.

마지막으로, 평생 학습의 자세가 필수적이다. 기술의 빠른 변화로 인해 지속적인 학습과 자기 계발은 필수가 됐다. 새로운 기술과 도구에 대한 적응 능력, 새로운 지식을 배우고 적용하는 능력은 AI 시대의 핵심 역량이다.

3) 자녀를 위한 진로 지도

미래 사회에서 자녀들의 진로 지도는 더욱 중요하고 복잡해진다. AI와 기술의 발전은 미래의 직업 세계를 예측하기 어렵게 만들며 이에 따라 부모는 자녀가 미래의 기술 변화에 적응하고 자신의 잠재력을 최대한 발휘할 수 있도록 도와야 한다.

첫째, 자녀들에게 폭넓은 학습 기회를 제공한다. 전통적인 학문 분야뿐만 아니라 기술, 프로그래밍, 데이터 과학과 같은 분야에 대한 노출도 필요하다. 이러한 다양한 학습 경험을 통해서 자녀들은 자신의 관심과 열정을 발견하고 다양한 직업 옵션을 탐색할 수 있다.

둘째, 자녀들에게 비판적 사고, 창의성, 문제 해결 능력을 강조해야 한다. 이는 미래 어떤 직업에서도 중요하며 변화하는 노동 시장에 적응하는 데 필수적이다. 이를 위해 학교 교육 외에도 다양한 활동을 통해 이러한 능력을 개발할 기회를 제공하는 것이 좋다.

셋째, 자녀들이 다양한 직업을 경험할 수 있도록 기회를 제공한다. 인턴십, 직업 체험 프로그램, 멘토링 등을 통해 자녀들이 다양한 업무 환경을 경험하고 실제 직업 세계에 대한 이해를 넓힐 수 있도록 한다. 이러한 경험은 자녀들이 진로 결정에 필요한 실질적인 정보와 통찰력을 얻는 데 도움이 된다.

넷째, 평생 학습의 중요성을 강조한다. 기술의 빠른 변화로 인해 오늘날의 직업 기술이 내일은 더 이상 유효하지 않을 수 있다. 따라서 자녀들에게 새로운 것을 배우고 적응하는 태도의 중요성을 가르치는 것이 필요하다.

마지막으로, 부모는 자녀의 개인적인 특성과 관심을 이해하고 존중해야 한다. 모든 자녀가 같은 경로를 따라야 하는 것은 아니다. 각자의 특성과 재능에 맞는 진로를 찾도록 지원하는 것이 중요하다.

결론적으로, 자녀를 위한 진로 지도는 단순히 직업 선택에 대한 조언을 넘어서 자녀가 미래의 변화하는 직업 세계에 유연하게 적응할 수 있도록 하는 것이다.

6. AI 시대의 윤리와 사회적 책임

[그림9] 미래도시(출처 : ChatGPT GPT-4 With DALL-E / 김진희)

1) 기술 윤리의 중요성

AI 시대에 기술 윤리의 중요성은 점점 더 강조되고 있다. AI와 같은 첨단 기술의 발전은 우리 사회와 일상생활에 혁신적인 변화를 가져오지만 동시에 데이터 프라이버시, 알고리즘 편향, 기술 오용과 같은 여러 윤리적 문제를 야기한다.

데이터 프라이버시는 기술 윤리에서 가장 중요한 측면 중 하나이다. AI 시스템은 대량의 개인 데이터를 수집하고 처리하는데 이 과정에서 개인의 프라이버시 보호와 데이터 보안이 중요하다. 데이터를 취급하는 모든 기업과 기관은 사용자의 개인정보를 존중하고 보호하는 것에 대한 책임이 있다.

알고리즘 편향도 중요한 문제이다. AI 알고리즘은 학습 데이터에 기반해 결정을 내리는데 이 데이터가 편향돼 있으면 AI의 결정도 편향될 수 있다. 이는 특정 그룹에 대한 차별을 야기할 수 있으며 사회적으로 민감한 문제를 불러일으킬 수 있다. 따라서 알고리즘을 설계하고 구현하는 과정에서 다양성과 공정성을 확보하는 것이 무엇보다 중요하다.

또한 AI의 오용 가능성도 존재한다. 예를 들어, AI 기술을 이용한 감시, 무기 시스템, 개인정보 무단 수집 등은 윤리적으로 논란의 여지가 있다. 이러한 기술의 오용은 사회적, 법적 문제를 야기하며 이에 대한 명확한 지침과 규제가 필요하다.

한편, AI 기술의 접근성과 포괄성 문제도 고려해야 한다. 기술의 혜택은 사회의 모든 구성원에게 공평하게 제공돼야 한다. 이를 위해서는 기술 개발과 배포 과정에서 사회적, 경제적 불평등을 줄이는 방향으로 노력해야 한다.

기술 윤리는 기술의 발전이 인간 중심적이고 지속 가능한 방향으로 이뤄지도록 해야 한다. 따라서 기술을 개발하고 사용하는 모든 이들은 윤리적 책임감을 갖고 행동해야 하며 이를 위한 지속적인 교육과 토론이 필요하다.

2) AI 윤리 교육

[그림10] AI윤리(출처 : ChatGPT GPT-4 With DALL-E / 김진희)

AI 시대의 도래와 함께 윤리적 AI 교육의 중요성은 더욱 강조되고 있다. 이는 단순히 기술적 지식의 습득을 넘어서 AI가 사회와 개인에 미치는 영향을 이해하고 책임감 있게 기술을 사용하는 방법을 배우는 모든 것을 포함한다.

윤리적 AI 교육은 AI 기술의 본질과 그 영향력을 이해하는 것으로 시작한다. 이는 AI 기술이 개인의 생활, 일자리, 사회 구조에 어떻게 영향을 미치는지 그리고 이러한 변화가 윤리적으로 어떤 의미를 갖는 가에 대한 교육이다. 또한 데이터 프라이버시, 알고리즘 편향, 인공지능의 오용과 같은 문제에 대해 학습하고 토론하는 것도 중요하다.

윤리적 AI 교육은 기술 개발자와 사용자 모두에게 필요하다. 개발자들에게는 AI를 설계하고 구현하는 과정에서 윤리적 고려 사항을 통합하는 방법을 교육해야 한다. 사용자들에게는 AI를 사용할 때의 윤리적 책임과 그 영향을 이해시키는 교육이 필요하다.

또한 윤리적 AI 교육은 학교 교육에서부터 시작해야 한다. 학생들에게 AI 기술의 기본 원리와 그 윤리적 측면을 가르치는 것은 학생들이 기술을 책임감 있게 사용하고 미래 사회의 건전한 구성원으로 성장하는 데 필수적이다. 이를 통해 학생들은 미래의 기술 변화에 대해 유연하게 대처할 수 있는 태도를 형성할 수 있다.

마지막으로, 윤리적 AI 교육은 지속적인 프로세스이다. 기술은 끊임없이 발전하고 변화하기 때문에, 윤리적 기준과 지침도 지속적으로 업데이트돼야 한다. 이를 위해 교육자, 정책 입안자, 산업계 리더들이 협력해 지속 가능하고 윤리적인 AI 사용을 위한 교육과 정책을 개발하고 실행해 할 것이다.

7. 부모와 교육자를 위한 가이드

[그림11] 생성AI와 자녀교육의 미래(출처 : ChatGPT GPT-4 With DALL-E / 김진희)

1) AI 교육의 중요성 이해

AI 교육의 중요성을 이해하는 것은 부모와 교육자에게 필수적이다. AI 기술은 빠르게 발전하고 있으며 이는 아이들의 교육과 미래의 직업 세계에 중대한 영향을 미친다. 따라서 부모와 교육자는 AI 교육의 중요성을 인식하고 아이들이 이 변화하는 세계에 적응할 수 있도록 준비시켜야 한다.

AI 교육은 단순히 프로그래밍 기술이나 기계 작동 방법을 가르치는 것 이상이다. 이는 논리적 사고, 문제 해결, 창의성과 같은 기본적인 인지 능력을 발달시키는 것을 포함한다. AI와 상호작용하며 아이들은 복잡한 문제에 대해 다각도로 생각하고 창의적인 해결책을 모색하는 법을 배운다.

부모와 교육자는 AI 교육의 중요성을 이해하고 아이들이 기술에 대해 호기심을 갖고 탐색할 수 있는 환경을 조성해야 한다. 이를 통해 아이들이 자신의 속도로 기술을 배우고 실험하며 기술에 대한 긍정적인 태도를 형성할 수 있도록 한다.

또한 AI 교육은 아이들이 미래의 직업에 있어서도 중요하다. 이는 프로그래밍, 데이터 분석, 기계 학습과 같은 기술적 기술뿐만 아니라 비판적 사고, 창의력, 협업과 같은 소프트 스킬도 포함한다. 이러한 기술은 아이들이 미래에 다가올 기술 변화에 유연하게 대응할 수 있도록 한다.

마지막으로, AI 교육은 윤리적 사고와 책임감 있는 기술 사용을 포함해야 한다. 아이들은 기술이 개인과 사회에 미치는 영향을 이해하고 이를 윤리적으로 사용하는 방법을 배워야 한다. 이를 통해 아이들은 기술 발전의 혜택을 누리면서도, 기술의 잠재적인 위험을 인식하고 대처할 수 있다.

2) 가정과 학교에서의 AI 활용 방안

[그림12] 가정과 학교에서의 AI활용(출처 : ChatGPT GPT-4 With DALL-E / 김진희)

아이들이 기술에 친숙해지고, 새로운 학습 방식을 경험할 수 있도록 AI 기술을 가정과 학교에서 효과적으로 활용하는 것은 중요하다.

가정에서의 AI 활용은 아이들이 일상생활 속에서 기술과 상호작용할 수 있게 한다. 예를 들어, 스마트 스피커나 AI 기반 학습 앱을 통해 아이들은 자연스럽게 기술을 사용하며 학습한다. 이러한 앱은 언어 학습, 수학, 과학 등 다양한 주제에 대한 개인화된 학습 자료를 제공함으로써 학생의 학습 진도와 이해도를 추적하고 맞춤형 피드백을 제공해 학습 효율을 높인다.

학교에서의 AI 활용은 더 다양한 형태로 이뤄질 수 있다. AI 기반 학습 관리 시스템을 도입함으로써 교육자는 학생들의 학습 진도를 효과적으로 추적하고 개별 학생에게 맞는 지도를 할 수 있다. 또한 AI를 활용한 상호작용적인 교육 도구와 시뮬레이션을 통해 복잡한 개념을 학생들에게 보다 쉽게 이해시킬 수 있다.

또한 AI는 교육자에게 유용한 도구가 될 수 있다. AI를 활용해 학생의 성취도를 분석하고 교육 방법을 개선할 수 있다. 예를 들어, AI가 학생의 학습 패턴을 분석해 교사에게 피드백을 제공함으로써 교사는 더 효과적인 수업 계획을 세울 수 있다.

가정과 학교에서 AI를 활용하는 또 다른 방법은 AI를 이용한 창의력과 문제 해결 능력 개발이다. 예를 들어, 학생들은 AI를 활용해 코딩을 배우고 자신만의 프로젝트를 만들 수 있다. 이는 기술적 기술뿐만 아니라 창의적 사고와 협업 능력을 발달시키는 데 도움이 된다.

마지막으로, AI 기술은 특수 교육에서 사용될 수 있다. AI는 학습 장애, 언어 장벽 그리고 다른 학습 목적을 가진 학생들에게 맞춤형 학습 자료와 지원을 제공한다. 이를 통해 모든 학생이 교육의 혜택을 공평하게 받을 수 있도록 한다.

3) 미래 지향적 자녀 교육 전략

미래 지향적 자녀 교육 전략은 끊임없이 변화하는 세계에서 자녀가 필요한 기술과 능력을 갖추도록 돕는 데 중점을 둔다.

첫째, 자녀 교육에서 다양성과 융합적 사고를 장려하는 것이 중요하다. 이는 과학, 기술, 공학, 수학(STEM) 교육뿐만 아니라 예술, 인문학과 같은 분야도 포함한다. 이러한 융합적 교육은 자녀가 다양한 분야에 대한 통찰력을 갖추고 복잡한 문제에 대해 창의적으로 접근하는 능력을 개발하는 데 도움이 된다.

둘째, 자녀들에게 기술과의 건강한 관계를 형성할 수 있도록 지도한다. 이는 기술을 단순히 사용하는 것을 넘어서 기술이 우리의 삶에 어떤 영향을 미치는지 이해하고 책임감 있는 기술 사용을 할 수 있도록 하는 것이다. 기술과의 건강한 관계는 아이들이 미래 사회의 적극적이고 윤리적인 구성원으로 성장하는 데 필수적이다.

셋째, 평생 학습의 중요성을 강조한다. 기술과 사회가 빠르게 변화함에 따라 평생 학습은 필수적인 능력이 되고 있다. 자녀가 지속적으로 새로운 지식과 기술을 배우고 자신의 역량을 개발할 수 있는 태도를 갖도록 한다.

넷째, 자녀들에게 비판적 사고와 문제 해결 능력을 길러줘야 한다. 이는 정보를 분석하고 독립적인 판단을 내리며 창의적인 해결책을 모색하는 능력을 포함하는 것을 말한다. 비판적 사고와 문제 해결 능력은 미래의 모든 직업에서 중요한 역량이 될 것이다.

마지막으로, 사회적 기술과 감성 지능의 개발이다. 자녀가 타인과 효과적으로 소통하고 협력하며 감정을 이해하고 관리할 수 있는 능력은 모든 분야에서 중요하다. 팀워크, 공감 능력 그리고 의사소통 기술을 개발하는 것은 자녀가 사회적으로 성공적인 인간으로 성장하는 데 도움이 된다.

8. 결 론

[그림13] AI와 함께 할 차세대(출처 : ChatGPT GPT-4 With DALL-E / 김진희)

1) AI와 함께 성장하는 다음 세대

AI 시대의 도래와 함께 다음 세대는 전례 없는 기술적 환경에서 성장하고 있다. 이 환경은 새로운 기회와 도전을 동시에 제공한다. AI와 함께 성장하는 이들은 기술을 일상적으로 활용하며 디지털 세계와 자연스럽게 상호작용한다. 기술에 대한 높은 적응력을 보이며 AI 기술을 활용해 학습하고 커뮤니케이션하며 문제를 해결하는 방식은 이전 세대와는 크게 다르다. 그들은 디지털 기술이 자연스럽게 통합된 세계에서 자라나게 된다.

한편, 데이터 프라이버시, 디지털 리터러시, 온라인 안전과 같은 문제는 AI 시대를 성장하는 다음 세대에게 중요한 과제이다. 이러한 문제에 대한 이해와 적절한 대처 능력은 그들이 안전하고 책임감 있는 디지털 시민으로 성장하는 데 필수적이다.

AI와 함께 성장하는 다음 세대는 지속적인 학습과 적응이 필요한 시대에 살고 있다. 이러한 환경에서 성공하기 위해서는 평생 학습의 태도, 창의적 문제 해결 능력 그리고 강한 사회적 기술이 필수적이다. 부모, 교육자 그리고 사회는 이들이 미래의 도전에 대비하고 기술 발전의 혜택을 최대한 활용할 수 있도록 지원해야 한다.

결론적으로, AI와 함께 성장하는 다음 세대는 빠르게 변화하는 세계에서 필요한 기술, 지식 그리고 태도를 갖추고 이를 통해 자신들의 미래를 형성할 준비가 돼야 한다. 이들의 성공은 단지 개인적인 성취뿐만 아니라 전체 사회의 미래와 직결돼 있다. AI와 함께 성장하는 이들을 지원하고 그들이 미래 세계의 중요한 구성원으로 성장할 수 있도록 하는 것은 우리 사회의 중요한 과제이다.

2) 지속 가능한 미래를 위한 교육의 역할

지속 가능한 미래를 위한 교육의 역할은 매우 중대하다. 교육은 단순히 지식을 전달하는 것을 넘어서 다음 세대가 빠르게 변화하는 세계에서 적응하고 이를 이끌어갈 수 있는 기술과 가치관을 형성하는 데 필수적이다. 이러한 교육은 지속 가능한 발전, 윤리적 리더십 그리고 글로벌 시민의식을 중심으로 이뤄져야 한다.

지속 가능한 발전을 위한 교육은 환경, 경제, 사회의 균형을 강조한다. 학생들이 자연환경의 보호, 자원의 지속 가능한 사용, 경제적 정의와 사회적 평등의 중요성을 이해할 수 있도록 해야할 것이다.

윤리적 리더십에 대한 교육은 학생들이 책임감 있는 결정을 내리고 다양한 관점을 존중하는 태도를 갖추는 데 중요하다. 이는 특히 AI와 기술이 사회에 미치는 영향에 대한 의사결정에서 중요하다. 학생들이 기술의 사용이 윤리적·사회적 책임과 어떻게 연결되는지를 이해하고 이를 바탕으로 행동하게끔 해야 한다.

글로벌 시민의식은 교육을 통해 강화돼야 한다. 학생들이 전 세계적인 문제에 대해 인식하고 이에 대해 능동적으로 참여하도록 한다. 교육은 학생들이 다양한 문화와 관점을 이해하고 글로벌 커뮤니티의 일원으로서 자신의 역할을 인식하게 한다.

결론적으로, 지속 가능한 미래를 위한 교육의 역할은 단순한 지식 전달을 넘어서 학생들이 복잡한 세계에서 책임감 있고 창의적이며 윤리적인 시민으로 성장할 수 있도록 하는 것이다. 이러한 교육은 다음 세대가 지속 가능한 미래를 만들어 가는 데 필수적인 기반을 제공한다.

3) 마무리 및 전망

AI 시대의 도래는 교육, 사회 그리고 우리의 일상생활에 근본적인 변화를 가져오고 있다. 이 변화는 우리에게 새로운 기회와 도전을 제공하며 미래를 위한 준비가 필수적임을 시사한다. AI 기술의 발전은 끊임없이 진행되며 이에 따른 사회적·윤리적 책임과 도전도 지속적으로 변화할 것이다.

이 단원은 AI 시대를 맞이해 부모와 교육자가 자녀를 양육하고 교육하는 데 필요한 지침을 제공한다. AI 교육의 중요성, 가정과 학교에서의 AI 활용 방안, 미래 지향적 자녀 교육 전략 등은 다음 세대가 변화하는 세계에서 잘 적응할 수 있도록 돕는 중요한 요소이다.

미래는 불확실하고 예측하기 어렵지만 AI와 기술의 발전은 멈추지 않을 것이다. 따라서 우리는 지속적인 학습과 적응을 통해 이 변화에 대비해야 한다. 부모와 교육자는 자녀가 미래의 도전에 대비하고 기술 변화의 혜택을 최대한 활용할 수 있도록 지원해야 한다.

결론적으로, AI 시대에는 지속적인 학습, 윤리적 판단력 그리고 글로벌 시민의식이 필요하다. 미래 세대가 이러한 역량을 갖추고 성장한다면 그들은 빠르게 변화하는 세계에서 안정적으로 적응하고 긍정적인 변화를 이끌어갈 수 있을 것이다. AI 시대의 교육은 이러한 역량을 개발하는 데 중요한 역할을 하며, 지속 가능하고 윤리적인 미래를 위한 기반을 마련하는 기틀이 돼야만 할 것이다.

Epilogue

우리는 AI 시대의 새로운 교육 패러다임을 향한 여정을 시작했다. '생성 AI와 자녀의 미래교육'은 변화하는 세계에서 우리 자녀들이 어떻게 성장하고 성공할 수 있는지에 대한 통찰을 제공한다. 이 단원은 AI 기술의 발전이 미래 교육에 끼칠 영향을 탐색하고 부모와 교육자가 이러한 변화에 어떻게 대응해야 하는지를 논의했다.

우리는 AI와 기술이 미래 세대의 교육, 직업 그리고 일상생활에 깊은 영향을 미칠 것임을 인식해야 한다. 이 책을 통해 우리는 AI 교육의 중요성, 가정과 학교에서의 AI 활용 방안, 미래 지향적 자녀 교육 전략에 대해 알아봤다.

하지만 우리의 학습과 탐색은 여기서 끝나지 않는다. 미래는 끊임없이 변화하며 AI와 기술의 발전도 계속될 것이다. 따라서 지속적인 학습과 적응, 윤리적 판단력은 우리 모두에게 필수적인 요소이다.

이 책이 미래 세대를 위한 교육에 대한 여러분의 생각을 새롭게 하고 자녀들이 AI 시대를 성공적으로 살아갈 수 있도록 준비하는 데 도움이 되기를 바란다. '생성 AI와 자녀 교육의 미래'는 이제 여러분의 손에 맡겨졌다. 여러분과 여러분의 자녀들이 이 새로운 시대를 향해 나아갈 때 이 책이 여러분의 길잡이가 되기를 희망한다.

9

챗GPT를 적용한
영·유아교육
현장과 전망

김 유 진

제9장
챗GPT를 적용한
영·유아교육 현장과 전망

Prologue

어린이집, 유치원, 놀이학교, 학원에서 8년간 특강 강사로 활동한 경험과 이를 바탕으로 영유아 대상 교육용 기자재 판매 사업을 10년간 운영하고 있다. 교육 현장에서 아이들을 사랑하며 교육과 보육에 힘쓰는 원장과 교사들이 수업 자료를 준비하는 시간이 부족하다는 어려움과 새로운 교육 방식 모색에 대한 고민을 많이 한다는 걸 알게 됐다.

교육 현장의 영유아 교육자들을 위해 구글폼을 이용한 설문지를 공유하고 응답을 분석해서 챗GPT를 적용한 영유아 교육 현장과 전망을 조사했다. 해당 조사 결과를 바탕으로 동영상 편집 플랫폼 Vrew에 대한 교육자들의 요구 사항을 파악했고 이에 대한 안내를 상세하게 하고자 한다.

〈참고〉
영유아 교육자의 AI 인지도 및 수요조사
설문지 링크
https://forms.gle/h5RtqN6t6t5VoaAz7
결과보기 링크
https://forms.gle/UiU6VXdhZrbXnJPc6

총 12개의 문항에 대한 결괏값을 요약하면 다음과 같다.

1. 챗GPT와 같은 AI에 대해 알고 있는 정보가 있습니까? (예 – 81.7%)

2. 관심도 등 알고 있다면 어느 정도? (매우 높음 및 높음 – 50.5%)

3. 없다면 이유는 무엇입니까? (배울 기회가 없어서–36.8%, 업무로 바빠서 – 21.1%)

4. 영유아교육과의 관련성은 어느 정도라고 생각하십니까? (매우 높음 및 높음 – 61.4%)

5. 긍정적인 기대효과는 어느 정도입니까? (매우 높음 및 높음 – 61.8%)

6. 교육의 기회가 생긴다면 참여할 의사가 있습니까? (예 – 82.5%)

7. 온 오프라인 2가지 교육 방법으로 나누어 실습과 과제가 이뤄지는 교육에 대해 바람직하다고 생각하십니까? (예 – 88.3%)

8. 이 교육이 본인의 업무효율성을 높여줄 거라고 기대하십니까? (예 – 82.4%)

9. 귀하의 성별은? (여성 – 80.8%)

10. 귀하의 연령대는 어떻게 되십니까? (50대 – 39.2%, 40대 – 26.7%)

11. 거주하시거나 근무하시는 지역 등 주로 생활하시는 지역은 어디에 해당 되시나요? (대도시 – 48.7%, 중소도시 – 37.8%)

12. 혹시 관심이 있거나, 교육받고 싶은 사이트가 있다면 자유롭게 기입해 주세요. (Vrew 등의 동영상 편집 플랫폼/원 홍보/부모 교육/교사 힐링/관찰일지/주변 원과의 차별된 특장점/ 교사 업무 효율성 증대/서류작성 꿀팁 등이 있었다.)

챗GPT에 대한 관심은 높지만 배울 기회가 없고 바쁜 원장과 선생들을 위해 Vrew에 대해 차근차근 알아보고 실제 활용할 수 있도록 안내하는 것이 본 장의 목표이다.

1. 브루(Vrew) 알아보기

1) Vrew 소개

Vrew는 동영상 편집 플랫폼으로 사용자들에게 직관적이고 간편한 편집 환경을 제공한다. 다양한 기능과 효과를 활용해 동영상을 창의적으로 편집할 수 있으므로 영유아 교육자들은 Vrew를 활용해 시각적인 자료와 흥미로운 콘텐츠를 제작할 수 있다.

2) Vrew 검색 및 설치

네이버, 구글 등 편한 곳에서 '브루(Vrew)'를 검색한다.

[그림1] 네이버에서 브루(Vrew) 검색하기

[그림2] 구글에서 브루(Vrew) 검색하기

3) 무료로 다운로드 받아서 사용

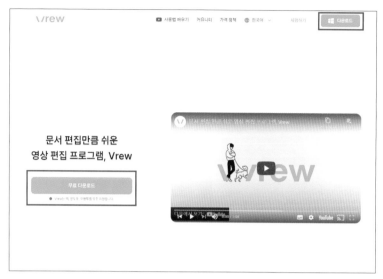

[그림3] 무료 다운로드

4) 설치하기

다운로드가 완료되면 실행 파일 창이 보인다. 실행 파일을 클릭하면 브루(Vrew) 설치가
시작되고, 완료되고 나면 바탕 화면에 브루(Vrew) 아이콘이 생성된다.

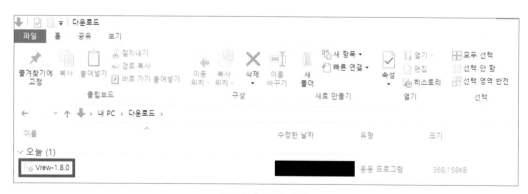

[그림4] 실행 파일

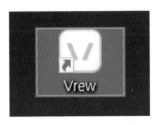

[그림5] 브루(Vrew) 아이콘

5) 회원 가입하기

체험판에서도 많은 기능을 경험할 수 있지만 가장 중요한 '내보내기' 기능이 되지 않으므로 애써 만든 창작물을 저장할 수 없는 아쉬움이 발생한다. 무료회원 가입만 해도 한 달 동안 사용할 수 있는 분량이 꽤 있기에 일단 무료로 사용해 보고 나서 필요에 의해 유료로 전환하는 것을 추천한다. 데모 영상을 보며 간단한 편집 기능을 익히는 것도 도움이 된다. 회원 가입을 하지 않은 경우 본인 아이디가 아니라 '내브루'라고 보이는 것을 확인할 수 있다.

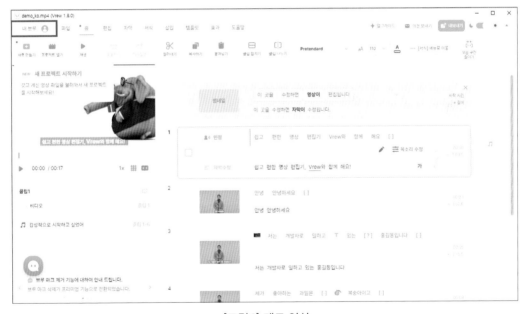

[그림6] 데모 영상

이름, 이메일, 비밀번호를 입력한 후 메일을 통해 본인 인증을 완료하면 회원 가입이 완료되고 '내브루' 였던 부분이 본인 아이디로 바뀌었다면 가입이 완료된 것이다.

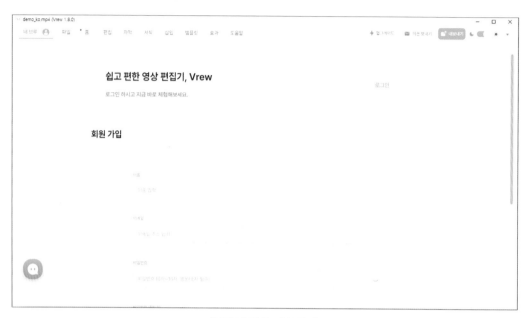

[그림7] 회원 가입하기

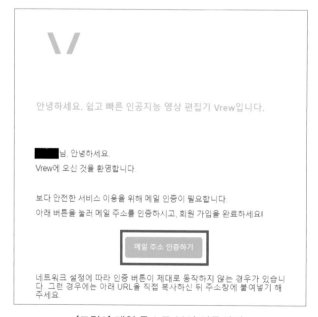

[그림8] 메일 주소로 본인 인증하기

2. 브루(Vrew)의 다양한 편집 기능 사용하기

브루(Vrew)의 개발자는 1998년 네오위즈 인턴 신분으로 웹 기반 채팅 서비스 '세이클럽'을 만들고 이후 검색회사에 창업 멤버로 합류한 뒤 네이버에 인수돼 다운로드 5억 건을 돌파한 카메라 앱 'B612'를 개발한 천재 개발자인 보이저엑스 남세동 대표다.

그런 노하우가 반영돼선지 국내에서 개발한 플랫폼이라 한국어의 인식이 쉽고 따로 번역기를 사용할 필요가 없으며 오류가 적다는 장점이 있다. 여러 종류의 동영상 편집 기능 플랫폼이 있지만 브루(Vrew)를 추천하는 이유는 전문가들이 사용하는 고가의 플랫폼 혹은 튜토리얼이 복잡한 플랫폼에 비해 직관적이고 사용하기 쉬운 인터페이스 즉 따로 사용법을 익히지 않아도 바로 시작할 수 있는 장점이 있어서다. 또한 단순한 편집 기능만 연습해도 점점 발전하는 결과물을 보며 창작자로서의 성취감을 맛볼 수 있기 때문이다.

브루(Vrew)를 한마디로 정의하자면 '워드 문서' 편집 작업하듯이 컷 편집이 가능한 동영상 제작 플랫폼이라고 할 수 있는 것이다.

1) 기본적인 기능과 세부 기능 알아보기

상단에 있는 각각의 메뉴 탭을 클릭해서 어떠한 기능이 있는지 살펴본다.

[그림9] 상단 메뉴 알아보기

각각의 상단 메뉴를 클릭하면 9가지 항목을 자세히 확인할 수 있고 세부 기능도 알 수 있다.

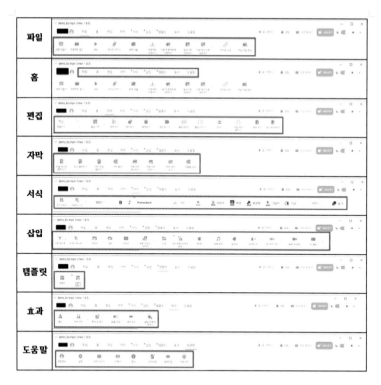

[그림10] 상단 메뉴의 9가지 항목

'파일' 메뉴의 세부 기능 중 '프로젝트 열기'는 임시로 저장해 두었던 프로젝트를 불러와서 다시 편집할 수 있는 기능으로 협업하거나 수정 및 보완이 필요할 때 사용하면 좋은 기능이다. 프로젝트로 저장하지 않고 '내보내기' 한 파일은 수정이 어렵다는 걸 기억하자.

[그림11] 파일의 프로젝트 열기와 저장하기

2) '새로 만들기'의 다양한 생성 방법

(1) 스마트폰에서 불러오기

'새로 만들기' 중 '스마트폰에서 불러오기'는 스마트폰 안에 저장된 동영상을 QR코드로 접속해서 옮기고 바로 자막 편집이 가능한 기능이다.

[그림12] 스마트폰에서 불러오기

스마트폰의 카메라 기능을 열고 화면에 비추면 링크가 열린다.

[그림13] QR코드 링크 접속하기

스마트폰 갤러리에 있는 동영상을 바로 전송할 수 있다.

[그림14] 동영상 선택

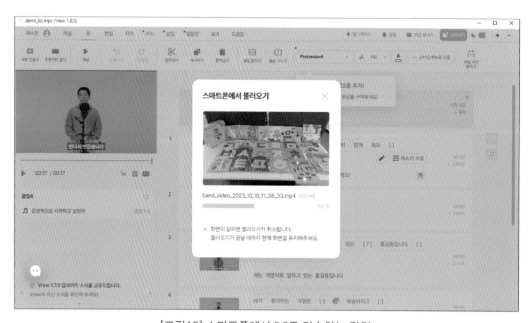

[그림15] 스마트폰에서 PC로 전송하는 장면

전송이 완료되면 PC의 폴더에 저장한다.

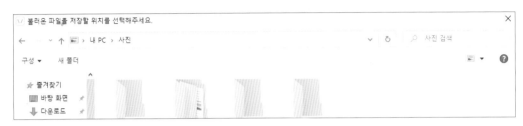

[그림16] 저장 위치 선택

저장된 파일로 음성을 분석하는데 주변의 소음이 있거나 정확하지 못한 음성일 경우 자막 편집에 더욱 신경을 써야 한다. 무료 회원인 경우 1개월간 사용하는 음성분석 시간에 제한이 있다는 걸 기억하는 것이 좋다.

[그림17] 스마트폰에서 불러온 영상의 음성을 분석하고 있다.

(2) AI 목소리로 시작하기

'AI 목소리로 시작하기'는 바쁘거나 급히 동영상을 제작할 경우 사용할 수 있다.

[그림18] AI 목소리로 시작하기

원하는 텍스트를 입력하면 AI로 음성을 분석하고 자동으로 자막이 생성된다.

[그림19] AI 음성분석

(3) 녹화 및 녹음으로 시작하기

'녹화 및 녹음으로 시작하기' 기능은 PC의 카메라와 마이크를 사용해 직접 텍스트를 제공하는데 카메라의 화질, 각도와 마이크의 성능 정도를 미리 체크해야 한다.

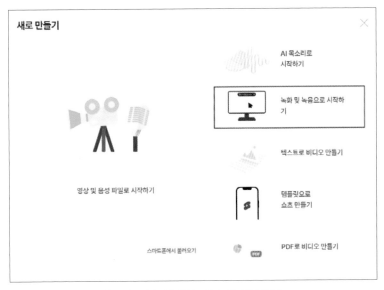

[그림20] 녹화 및 녹음으로 시작하기

[그림21] 녹화 및 녹음으로 시작하기 세부 화면

(4) 텍스트로 비디오 만들기

'텍스트로 비디오 만들기' 기능이 브루(Vrew)의 가장 핵심적인 기능이며 자주 사용하게 될 것이므로 좀 더 상세하게 안내하고자 한다.

① 텍스트로 비디오 만들기

[그림22] 텍스트로 비디오 만들기 선택

② 비율 정하기

화면 비율을 원하는 대로 정하면 된다. 유튜브용 영상 비율이 16:9로 보기에 깔끔하고 무료 이미지 사진도 쉽게 삽입하기 편해서 가장 추천하는 비율이다.

[그림23] 화면 비율 정하기

③ 스타일 정하기

비디오의 스타일을 정할 때 본인의 목적에 선택하면 되는데 각각의 스타일에 따라 음성의 톤과 화법이 다르므로 첫 번째 '스타일 없이 시작하기'를 추천한다.

④ 영상 만들기

요리를 만들려면 식재료가 필요한 것처럼 영상을 만들기 위해서는 대본이 필요하다. 대본에 필요한 텍스를 만드는 법은 다양하다. 흔히 Askup이나 뤼튼AI, 챗GPT 등을 이용해 글쓰기를 하거나 기존에 생성해 놓은 텍스트를 불러오면 된다.

[그림24] 비디오 스타일 정하기

　물론 주제만 제시해도 AI가 자동으로 글쓰기를 도와서 대본을 생성해 줄 수 있으니 글쓰기 실력이 출중하지 않아도 누구나 부담 없이 시도해 볼 수 있다. 영상을 생성한 후 음성과 자막을 수정하는 것보다 대본 형태에서 오류를 수정하는 것이 더욱 간단하다는 걸 기억하자. 한국어 맞춤법과 띄어쓰기를 비교적 오류 없이 잘 생성하는 것이 브루(Vrew)의 큰 장점이다. 'AI 목소리'와 '배경음악' 변경도 가능하고 편집할 때 한 번 더 확인할 수 있다.

[그림25] 'AI 목소리'와 '배경음악' 변경하기

필자는 새로운 곳에 이사 와서 낯선 친구들과 사귀기 힘들어 등원하기 부담스러워하는 가상의 주인공 '유진'이로 스토리 대본을 만들어 봤다. 신학기에 새로 입학하는 원아들의 지도에 고충이 많은 원장과 선생들의 요청으로 제작하게 됐는데 대본의 흥미를 위해 마더 구스의 '요일 아이' 스토리와 '그리스 로마신화' 속의 신들, 각각의 요일에 관한 짤막한 스토리를 교훈적으로 작성해 달라고 챗GPT에 요청하고 마음에 들 때까지 계속 대본을 수정해 봤다. 너무 짧은 경우 '이어쓰기' 버튼을 클릭해 분량을 늘릴 수도 있다.

[그림26] 이어쓰기

⑤ 완료하기

[그림27]을 보면 대본에 몇 글자를 생성했는지 보인다. 글자 수가 너무 많으면 자칫 동영상의 분량이 길어져 다소 지루해질 수 있는데 삽입할 사진의 수량과 띄어쓰기의 영향을 받아 다소 차이는 있겠지만 대략 2,000자로 생성하는 분량은 3분 내외가 될 것이다. '완료' 버튼을 클릭하면 동영상이 생성된다.

[그림27] 글자 수 확인 및 완료하기

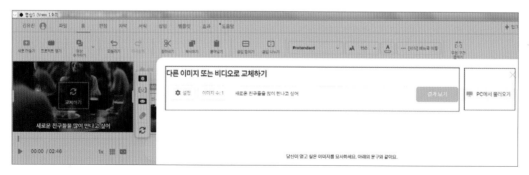

[그림28] 이미지 교체하기

아무래도 동영상 편집이 주된 목적이다 보니 동영상에 삽입되는 사진이 본인의 의도와 맞지 않거나 적합하지 않을 경우 새롭게 생성하는 방법과 PC에 저장된 사진으로 이미지를 교체하는 방법이 있다. 필자는 원하는 이미지 생성을 위해 https://playgroundai.com/(무료 이미지 생성 플랫폼)에서 https://www.deepl.com/translator(무료 번역 플랫폼)를 이용했다.

[그림29] Deepl에서 번역하고 플레이그라운드 AI에서 생성한 이미지

본인이 원하는 생각을 정확히 묘사해서 이미지를 얻는 것도 중요하다. [그림30]과 [그림31]의 차이를 살펴보자.

[그림30] 제각기 다른 프롬프트를 사용한 경우 일관성이 없다.

[그림31] 같은 화가의 화풍 스타일로 이미지를 생성한 경우

필자의 경우 새로운 스토리에 적합한 일관된 이미지를 찾기 위해 생성을 새롭게 했지만, 어린이집과 유치원, 놀이학교 등 원 홍보 동영상이나 교육용 영상을 제작하는 게 목적이라면 PC에 저장된 이미지를 불러와서 사용하기를 추천한다.

이렇게 생성된 이미지를 음성과 자막에 맞춰 교체하면 된다. 결과물은 유튜브에서 확인할 수 있다. https://youtu.be/_N2HtFFr4ug?si=SfcHWbHaqsCsGtSv 무료회원의 경우 왼쪽 상단에 Vrew 워터마크가 보인다.

[그림32] 완성된 영상과 워터마크

프로젝트로 저장하지 않고 내보낸다면 신중하게 확인 할 부분들이 많다. 이러한 부분들은 뒤에서 더 자세히 다루도록 하겠다. '내보내기'버튼을 누르면 FFmpeg 다운로드 버튼이 나온다. 디지털 음성과 영상을 스트림하고 변환하는 프로그램이다.

[그림33] FFmpeg 다운로드

(5) 템플릿으로 '쇼츠' 만들기

짧은 영상과 가독성 좋은 글에 적합하다. 화면의 가로와 세로 비율에 유의하며 이미지 선택하기를 추천한다. 가로 전용 비율의 이미지는 사이즈가 작아서 답답해 보일 수 있다.

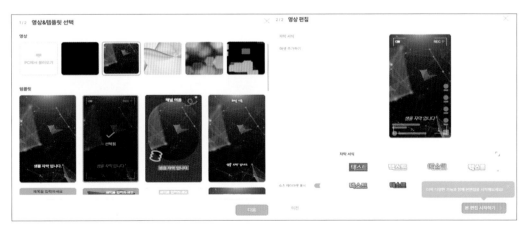

[그림34] 템플릿으로 쇼츠 만들기

(6) PDF로 비디오 만들기

PDF 안의 내용물에 글씨가 너무 많으면 다소 밋밋하고 재미없는 영상이 될 수 있으니 확인하는 것이 좋다.

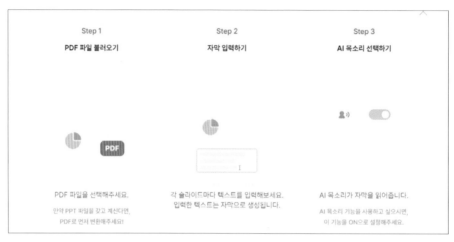

[그림35] PDF 파일 이용하기

3) 다양한 부가 기능

(1) 파일 중 영상 추가하는 기능

파일 메뉴 중에 '영상 추가하기' 기능이 있다. 이것을 클릭해 준다.

[그림36] 영상 추가하기

(2) 요약 영상 만들기

'비디오 리믹스'를 클릭하면 '요약 영상'을 만들 수 있는데 요약 영상은 긴 내용을 짧게 편집해서 예고편 및 하이라이트 영상으로 활용하기 좋다.

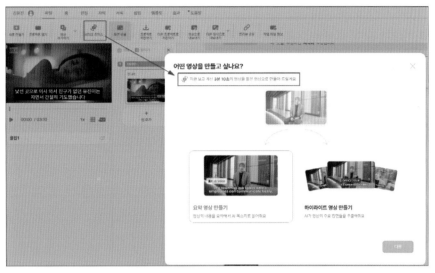

[그림37] 비디오 리믹스

(3) 영상, 자막, 클립 구간 변경하기

영상, 자막, 클립은 텍스트 상자를 클릭해서 내용을 수정할 수 있으며, 클릭 후 드래그해서 순서를 원하는 대로 배열할 수 있다.

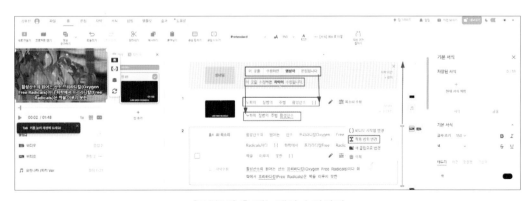

[그림38] 홈 메뉴에서 수정하기

(4) 자주 발생하는 오류 예시

① 도량형의 단위, 숫자와 외국어 표기

예시1) 자막에 체온 37℃라고 쓰여 있는 경우 음성 인식은 '삼십칠씨'라고 읽는다. '삼십칠도'가 자연스럽다.

예시2) '6-8시간'을 '육 마이너스 팔 시간'으로 읽는다. '6~8시간'은 '육십팔시간'으로 읽는다. 자막은 그대로 두고 음성 부분은 '여섯 시간에서 여덟 시간'으로 고치는 게 자연스럽다.

예시3) 자막에 'R.E.M수면'이라고 표기하면 음성에서 '알 이 엠 수면'이라고 읽는다. 이런 경우 꼭 영어로 표기하고 싶다면 자막에는 'R.E.M수면(Rapid Eye Movement Sleep)'이라고 표기하고 음성에서는 '렘수면'이라고 적용하는 게 자연스럽다.

예시4) '2Kg'이라고 자막에 표기되면 음성에서는 '이 케이지'라고 읽는다. 음성 부분을 '이 킬로그램'이라고 적용한다.

예시5) '2명'이라고 자막에 표기하면 가끔 '이 명'이라고 읽는다. 음성은 '두 명'이 자연스럽다.

② 한국어에도 예전에는 성조가 있었으나 근현대에 이르러 장음과 단음의 형태로 존재한다. 문맥상 짧은 호흡이 필요하거나 템포가 필요할 때 빈 클립을 적절히 사용할 수 있다. 초보자도 쉽게 사용할 수 있는 동영상 플랫폼 브루(Vrew)는 전달하고자 하는 메시지가 있을 때 시각적으로 강하게 어필할 수 있는 좋은 도구이다.

직접 메뉴의 버튼을 눌러 보며 동영상을 편집해 보고 창작자로서의 성취감을 느껴보길 바란다. 도움말 메뉴에 있는 튜토리얼도 자세한 내용이 주제별로 탑재돼 있으니 도움이 될 것이다.

3. 간단히 편집하기

PC로 브루(Vrew)를 사용하면 정교한 편집이 가능하지만 늘 휴대하고 다니는 스마트폰에서 간단히 편집하는 방법도 있다. 절차는 아래와 같다.

1) 앱 다운로드 및 설치

브루(Vrew) 앱을 스마트폰의 앱 스토어에서 다운로드하고 설치한다.

[그림39] 앱 설치

2) 프로젝트 생성

앱의 홈 화면에서 '새 프로젝트' 버튼을 선택한다. 프로젝트에 '제목'을 입력하고 필요에 따라 '설명'을 추가한다.

[그림40] 모바일에서의 새 프로젝트 시작

3) 음성 인식 언어 선택

'음성 인식 언어'를 선택한 후 확인을 누른다.

[그림41] 모바일에서의 음성 인식 언어 선택

4) 음성 및 자막 수정

'텍스트' 박스를 터치해 '음성' 및 '자막'을 수정할 수 있다.

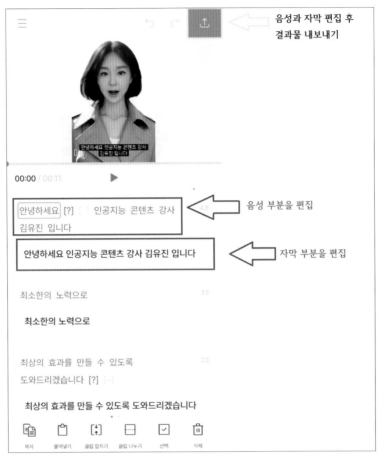

음성과 자막 편집 후 결과물 내보내기

음성 부분을 편집

자막 부분을 편집

[그림42] 모바일에서의 음성 및 자막 편집 후 내보내기

5) 완성된 결과물 확인 및 공유

'내보내기'를 터치하면 자동으로 갤러리에 저장되며 아래의 공유할 대상을 선택해 게시할 수 있다. 예시) https://youtube.com/shorts/t7tX6UwLs3o?si=kqQM5XMpq6HkcjN6

[그림43] 완성된 결과물 확인 및 공유

4. 요금제 안내

매월 1일에 무료 사용량이 다시 생성되지만 필요한 경우 유료 요금제를 고려한다면 [그림44]를 참고하기 바란다.

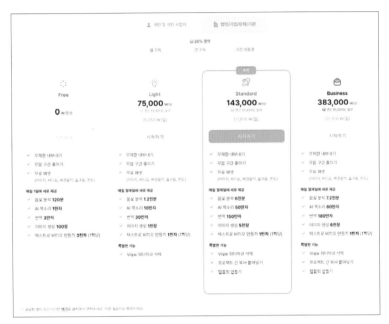

[그림44] 요금제 안내

Epilogue

업무 특성상 어린이집, 유치원 원장과 선생들을 자주 만나며 현장에서 느낀 영유아 교육 현장은 아날로그와 디지털 방식이 혼재된 곳이었다. 유보통합, 출산율 저하, 정부 시책의 잦은 변화 등 실무자들의 혼란과 업무의 과중함은 외부에서 바라보는 것보다 심각하고 막연했다.

아이들을 사랑하는 원장과 선생들에게 미약하나마 실질적인 도움을 주고 싶어서 영유아 교육 종사자를 위한 Vrew 교육을 온라인과 오프라인에서 시범적으로 강의해 본 결과 Vrew를 활용해 영유아 교육에 필요한 동영상을 제작할 수 있었다.

2시간씩 총 3회차로 실시됐으며 오프라인 교육에서 부족한 부분은 온라인 교육에서 보충하는 시간을 가졌다. 1회차에는 Vrew 플랫폼을 소개하고, 영유아 교육에서 동영상의 중요성, Vrew를 활용한 영유아 교육의 장점에 대해 알아보는 시간을 가졌다. 2회차에는 Vrew의 기본 기능, 영유아 교육 콘텐츠 제작을 위한 아이디어 도출을 의논했으며 3회차에는 영유아 교육 콘텐츠 제작 실습, 제작한 동영상 활용과 공유의 시간을 가졌다.

회차가 거듭될수록 원장과 교사들의 제안 사항 등 피드백을 토대로 교육 내용을 영유아 교육 현장의 실정에 맞게 조정해 현장에서 활용이 가능한 동영상 예시와 원 홍보 및 원아 교육에 동영상을 활용하는 방법에 대한 구체적인 방법을 제시할 수 있었다.

실습 내용을 좀 더 창의적이고 다양한 방향으로 제시한다면 영유아 교육 콘텐츠의 아이디어 도출을 위한 다양한 방법을 제시하거나, 동영상의 완성도와 창의성을 높이기 위한 구체적인 방법을 제시할 수 있을 것이라고 생각한다.

영유아 교육 종사자를 대상으로 Vrew에 대한 기초 지식과 실무 능력을 배양하는 것을 목표로 쓴 글이기에 사소한 것까지 전달하려고 노력했으나 아쉬움이 많이 남는다. 교육은 백년지대계(百年之大計)라는 말이 있다. '먼 장래까지 내다보고 세우는 큰 계획'인데 그만큼 상당한 노력과 준비로 미래의 인재 육성이 필요한 때이다.

'어린이가 처음 만나는 사회'인 어린이집과 유치원에서 교사, 아이, 부모 모두 행복하고 유기적인 관계를 맺는데 브루(Vrew)와 같은 동영상 플랫폼이 가교역할을 하기 바란다.

인공지능 시대의 독서,
청소년 교육의
새로운 지평

문 혜 정

제10장
인공지능 시대의 독서,
청소년 교육의 새로운 지평

Prologue

오늘날 우리는 인공지능의 시대에 살고 있다. 이 시대는 무한한 정보의 바다와 끊임없이 변화하는 기술 환경을 특징으로 한다. 이러한 변화 속에서도 읽기의 중요성은 여전히 변함 없이 우리 삶의 핵심적인 부분을 차지한다. 인공지능 시대에 청소년들이 읽기를 통해 어떻게 지식을 습득하고 창의적이며 비판적인 사고를 개발할 수 있는지 알아보고자 한다.

[그림1] 인공지능 시대에 공존하는 독서(출처 : ChatGPT GPT-4 With DALL-E) / 문혜정

제1장에서는 인공지능 시대의 독서 중요성을 탐구하며 어떻게 독서가 지식의 획득과 정보 처리에 기여하는지 살펴보고 인공지능 시대의 독서가 인간의 사고와 학습 방식에 미치는 영향에 대해서도 살펴본다.

제2장에서는 독서가 청소년들의 비판적 사고와 창의성을 어떻게 촉진하는지 구체적인 방법론과 독서가 창의적 문제 해결 능력을 개발하는 데 어떻게 도움이 되는지를 조명한다.

제3장은 독서가 인간의 감정과 인류애를 어떻게 함양하는 지에 대해 다룬다. 독서가 감성 지능과 사회적 상호작용 능력을 어떻게 향상시키는 지에 대해서도 알아본다.

제4장에서는 독서가 청소년들의 미래 직업 선택과 전문적 발전에 어떻게 기여할 수 있는지에 대해 알아보고 독서가 미래의 직업 시장에서 필요한 기술과 역량을 개발하는 데 어떻게 도움을 줄 수 있는지에 대해서도 논의한다.

마지막으로, 제5장에서는 인공지능 시대의 교육 전략과 독서의 역할을 다루며 어떻게 독서가 교육 전략에 통합될 수 있는지를 생각해 보고자 한다.

이 책을 통해 인공지능 시대의 독서가 가지는 깊은 의미와 가치를 이해하고 청소년 교육에 있어 독서의 중요성을 재인식하는 계기가 되기를 바란다. 인공지능과 기술이 우리 삶의 모든 측면에 깊숙이 통합되는 이 시대에 읽기의 역할과 중요성을 새롭게 조명하는 것은 필수적이다. 독서롤 성장한 청소년들이 이 인공지능 시대를 주도할 수 있도록 준비하는 데 도움이 되기를 희망한다.

[그림2] 상상력을 자극하는 독서(출처 : ChatGPT GPT-4 With DALL-E) / 문혜정

독서는 단순히 지식의 습득을 넘어서 창의력, 비판적 사고, 감성 지능 그리고 인류애와 같은 중요한 인간적 가치들을 함양하는 데 중요한 역할을 한다. 청소년들이 인공지능 시대의 도전을 이해하고 그들 자신의 잠재력을 최대한 발휘할 수 있도록 격려하고 지원하고자 한다.

1. 인공지능 시대의 독서의 중요성

정보의 홍수 속에서도 책은 우리에게 깊이 있는 사고와 세계에 대한 깊은 이해를 가능하게 한다. 인공지능과 기술의 급속한 발전은 정보의 접근성을 높이지만 진정한 지식과 지혜를 얻는 데에는 독서만큼 효과적인 방법이 없다. 독서는 단순한 정보의 습득을 넘어서 비판적 사고, 창의성 그리고 감성 지능의 발달을 촉진한다. 책을 읽는 과정에서 청소년들은 다양한 생각과 문화를 접하며 자신만의 사고와 가치관을 형성한다.

[그림3] 로봇과 공존하는 인간, 학습의 변화(출처 : ChatGPT GPT-4 With DALL-E) / 문혜정

인공지능 시대의 독서는 전통적인 읽기 방식과 다를 수 있으며 전자책, 오디오북, 인터넷 자료 등 다양한 매체를 포함한다. 이 모든 형태의 독서는 결국 지식의 확장과 인간적 성숙을 위한 여정이라는 공통점을 갖는다. 인공지능 시대에 독서의 역할은 더욱 중요해지며 청소년들이 디지털 세계를 이해하고 그 안에서 자신의 길을 찾는 데 도움을 줄 수 있다.

인공지능 시대의 독서는 정보의 다양성과 깊이를 제공하며 청소년들에게 새로운 지식의 세계를 열어준다. 단순히 정보를 전달하는 수단을 넘어서 청소년들이 복잡한 세계를 이해하고 자신의 생각을 형성하는 데 필수적인 역할을 한다. 또한 다양한 시각을 탐구하고 자신의 사고를 넓히며 미래에 대한 준비를 한다. 인공지능 시대의 독서는 인간의 사고와 학습 방법에 크게 영향을 미치고 있으며 개인화, 상호작용적 학습 경험 및 다양한 관점을 제공하는 동시에 주의 깊게 탐색해야 할 도전과제를 제시하고 있다.

[그림4] 인공지능 시대의 독서와 학습(출처 : ChatGPT GPT-4 With DALL-E) / 문혜정

디지털 환경에서 독서는 단순한 텍스트 해석을 넘어서는 경험이 된다. 멀티미디어 자료, 인터랙티브 콘텐츠 그리고 온라인 디스커션 포럼과 같은 요소들이 독서 경험을 풍부하게 하며 청소년들에게 다차원적 사고를 자극한다. 이러한 다양한 형태의 독서 경험은 청소년들이 정보를 비판적으로 분석하고 창의적으로 해석하는 데 기여한다. 단순히 지식을 얻는 것 이상으로 세계와의 상호작용을 통해 자신의 이해를 넓히고 새로운 관점을 개발하는 과정이 된다. 또한 청소년들의 삶에 가져다주는 긍정적인 변화와 가능성을 탐색하며 그들이 인공지능 시대의 능동적인 참여자가 되도록 격려한다.

2. 비판적 사고와 창의성

독서는 청소년들이 비판적 사고와 창의성을 개발하는 데 중요한 역할을 한다. 이 장에서는 독서가 어떻게 청소년들의 사고방식에 영향을 미치며 그들의 창의적 잠재력을 어떻게 키울 수 있는지 탐구한다. 독서는 다양한 관점과 아이디어에 노출되게 하며 이를 통해 청소년들은 자신만의 독창적인 생각을 형성한다.

비판적 사고는 정보를 분석하고 문제를 해결하는 데 필수적인 기술이다. 독서를 통해 청소년들은 다양한 주제와 아이디어를 탐색하며 이러한 정보를 비판적으로 평가하고 자신의 견해를 형성한다. 이 과정은 그들의 사고를 더 깊고 복잡하게 만들며 다양한 상황에서 의미 있는 결정을 내리는 데 도움을 준다.

창의성은 새로운 해결책을 발견하고 기존의 문제에 대해 독창적인 접근을 하는 능력이다. 독서는 청소년들에게 다양한 이야기와 개념을 소개하며 이를 통해 그들의 상상력과 창의적 사고를 자극한다. 책 속의 복잡한 캐릭터와 상황은 청소년들이 다양한 시나리오를 상상하고 자신만의 해결책을 생각해 내는 데 영감을 준다.

다양한 문학 작품과 비문학적 자료를 통해 청소년들은 사회적·문화적·과학적 문제에 대해 심도 있게 생각하고 이에 대한 자신만의 견해를 개발한다. 독서는 그들에게 세상을 다양한 관점에서 바라보는 능력을 제공하며 이는 비판적 사고와 창의력을 키우는 데 필수적이다.

독서 경험은 청소년들이 복잡한 아이디어와 개념을 이해하고 이를 자신의 지식 체계에 통합하는 데 도움을 준다. 책을 통해 다양한 시대, 문화, 환경에서의 사고방식과 가치관을 접하며 이는 그들의 사고를 다양화하고 세계에 대한 이해를 심화시킨다. 또한 독서는 청소년들이 자신의 생각을 표현하고 자신감을 갖고 자신의 아이디어를 발전시키는 데 중요한 역할을 한다.

청소년들은 독서를 통해 복잡한 문제에 대해 다 각도로 생각하고 이를 바탕으로 창의적인 아이디어와 솔루션을 생성한다. 책은 그들에게 세상을 보는 새로운 렌즈를 제공하고 다양한 상황에서 창의적으로 사고하고 행동하는 방법을 가르친다.

챗GPT를 활용해 독서 후 비판적 사고와 창의성을 평가하는 데 다음과 같은 방법으로도 활용 할 수 있다.

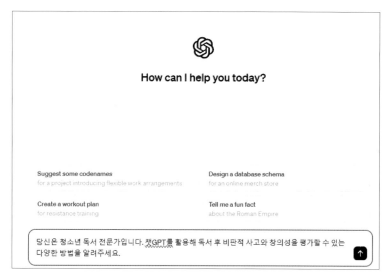

[그림5] ChatGPT GPT-4 프롬프트 입력창

챗GPT가 제시한 다양한 방법은 다음과 같다.

1) 토론 및 해석

챗GPT는 읽은 자료에 대한 토론에 참여할 수 있으며 주제를 해석하거나 캐릭터를 분석하거나 특정 사건의 함의를 탐구하는 데 사용할 수 있다. 이는 자료에 대한 이해와 그에 대해 비판적으로 생각하는 능력을 평가하는 데 도움이 된다.

2) 질문 및 답변 세션

챗GPT를 사용해 텍스트에 대한 특정 질문에 답할 수 있다. 이는 내용 이해 질문과 '저자의 목적은 무엇이라고 생각하나요?' 또는 '이 작품이 현대 문제와 어떻게 관련이 있나요?'와 같이 비판적 사고가 필요한 더 복잡한 질문을 포함할 수 있다.

3) 창의적 반응

챗GPT에게 읽은 내용과 관련된 창의적 반응을 생성하도록 요청할 수 있다. 이야기의 연속을 쓰거나, 텍스트의 주제를 기반으로 하는 시를 작성하거나, 캐릭터 간의 대화를 만드는 것을 포함할 수 있다. 이러한 연습은 창의성과 자료에 대한 이해를 나타낼 수 있다.

4) 비교 분석

챗GPT는 읽은 자료를 다른 작품, 문학적, 역사적 또는 대중 미디어와 비교하고 대조하는 데 사용될 수 있다. 이러한 분석은 다양한 정보 출처에 대해 연결을 맺고 비판적으로 생각하는 능력을 나타낼 수 있다.

5) 반성 및 개인적 반응

챗GPT는 읽은 자료에 대해 반성하고 개인적인 반응을 제공하도록 요청될 수 있다. 텍스트에 대한 의견, 개인적인 경험과의 관련성, 오늘날 세계에서의 적절성을 포함할 수 있다.

6) 토론 및 다양한 관점 주장

챗GPT는 텍스트에서 제시된 문제에 대한 견해를 주장하거나 입장을 취하는 데 사용될 수 있다. AI와 토론을 벌이거나 다양한 관점에서 논쟁을 제시하도록 해 비판적 사고 기술을 나타낼 수 있다.

챗GPT가 독서 후 활동에 유용한 도구가 될 수 있지만 비판적 사고와 창의성과 같은 미묘한 영역에서 인간 평가의 대체물은 아니라는 점을 기억하는 것이 중요하다. 챗GPT는 학습과 평가를 지원하는 보조 도구로 사용될 때 가장 효과적이다.

[그림6] 인공지능시대 로봇과 공존하는 인간의 모습(출처 : ChatGPT GPT-4 With DALL-E) / 문혜정

3. 감성과 인류애 함양하기

인공지능 시대에 독서는 인간의 감성과 인류애를 함양하는 데 중요한 역할을 한다. 독서를 통해 청소년들은 다양한 감정을 경험하고 이를 통해 자신과 타인에 대한 이해를 깊게 한다.

독서는 이야기 속에서 다양한 인물들의 경험을 통해 공감 능력을 키울 수 있는 기회를 제공한다. 청소년들은 책 속 캐릭터들의 기쁨, 슬픔, 도전과 같은 감정을 공유하며 이를 통해 자신의 감정을 탐색하고 이해하는 법을 배운다. 이 과정에서 그들은 더 깊은 인간적 연결과 공감을 경험한다.

책을 통해 청소년들은 다른 문화, 역사, 사회적 상황에 노출되며 이는 그들의 세계관을 넓히고 타인에 대한 이해와 연민을 증진케 한다. 독서는 다양한 인생 경험을 간접적으로 경험하게 하고 이는 타인에 대한 이해와 공감을 높이는 데 도움을 준다. 또한 청소년들이 감정을 표현하고 관리하는 데 필요한 기술을 개발하는 데 도움을 준다.

이야기 속의 갈등과 해결 과정을 통해 그들은 감정적 대응과 대처 전략을 배우며 이는 실제 생활에서의 감정 관리에도 적용된다. 이러한 감정적 교육은 청소년들이 더 성숙하고 감성적으로 지능적인 개인으로 성장하는 데 기여한다.

독서는 청소년들이 인간의 다양한 감정을 이해하고 그것들을 자신의 삶에 어떻게 적용할 수 있는지 배우는 데 중요한 역할을 한다. 책 속의 이야기와 인물들은 그들에게 삶의 다양한 측면과 감정적 복잡성을 보여준다. 이를 통해 청소년들은 인간관계에서 공감과 이해의 중요성을 배우며 감정적 지능을 개발한다.

1) 추천 도서

청소년의 정서 발달과 공감에 초점을 맞춘 책으로 저자가 개인적 취향으로 추천하는 도서는 다음과 같다.

(1) 히가시노 게이고의 '나미야 잡화점의 기적'

원래는 일본 소설이지만, 이 책은 한국에서도 매우 인기 높다. 삶의 주제, 후회, 결정이 미치는 영향을 탐구해 어린 독자들의 공감과 이해를 키워준다.

(2) 신경숙(신경숙)의 '엄마를 부탁해'

이 소설은 가족 관계 특히 어머니와 자녀 사이의 관계를 다루며 가족 내의 정서적 깊이와 복잡성을 강조한다.

(3) 한강의 '소년이 온다'

 광주항쟁의 비극적인 사건을 주제로 한 책으로 어린 독자들이 역사적 트라우마와 그것이 사람들에게 미치는 영향을 이해하고 공감하도록 돕는다.

(4) 이문열의 '우리들의 일그러진 영웅'

 학교 생활과 학생들 사이의 계층적 역학에 초점을 맞춘 소설로 청소년들이 직면한 또래 관계, 괴롭힘, 도덕적 딜레마에 대한 통찰력을 제공한다.

(5) 에린 엔트라다 켈리의 '안녕 우주'

 각기 다른 삶을 살고 있는 네 명의 아이들이 운명의 끌어당기는 힘을 통해 큰 우주로 나아가는 모습 속에서 서로의 방식에 대한 생각을 해본다.

(6) 김해원의 '열일곱살의 털'

 자신의 신념을 지키고 단단해지는 주인공의 이야기를 통해 눈앞의 이익을 좇는 요령 있는 삶 아닌 자신의 신념대로 단단한 삶을 살아가는 공감을 이끌어낸다.

(7) 박종인의 '우리는 천사의 눈물을 보았다'

단순히 가난과 굶주림으로 죽어가는 아이들의 이야기가 아

닌 우리가 사는 이곳에서 각자 무엇을 할 수 있는지 그들의 삶
에 얼마만큼 공감할 수 있는지 묻는 이야기이다.

2) 감성 지능과 공감 능력을 향상케 하는 수업안

이를 챗GPT를 사용한 대화형 읽기 및 토론 활동을 통해 학생들의 감성 지능과 공감 능력
을 향상케 하는 수업안을 구상한다면 다음과 같이 제시할 수 있다.

(1) 도입부 (15분)

문학의 정서 발달과 공감에 관한 책을 소개하고 챗GPT를 사용해 문학의 감정적 주제를
탐구하도록 한다.

(2) 진행 1 : 챗GPT를 사용한 대화형 읽기(30분)

① 읽기 과제

학생들은 복잡한 감정적 주제를 다루는 단편 소설이나 책의 장(예: '나미야 잡화점의 기적'의
장)을 읽는다.

② 가이드 토론

챗GPT를 사용해 읽기 내용에 대해 토론한다. 캐릭터의 감정, 도덕적 딜레마, 문화적 맥
락에 대한 질문으로 챗GPT를 프롬프트한다. 학생들은 이해를 심화하기 위해 챗GPT 질문
을 할 수도 있다.

[그림7] 챗GPT에 질문하기(출처 : ChatGPT GPT-4 With DALL-E) / 문혜정

(3) 진행 2 : 공감력 키우기 운동(30분)

① 역할극 활동

챗GPT를 사용해 읽은 내용을 바탕으로 역할극 시나리오를 만든다. 학생들에게 다양한 캐릭터의 역할을 할당하고 챗GPT를 사용해 스토리의 대화나 상황을 시뮬레이션한다. 캐릭터의 감정을 이해하고 표현하는 데 중점을 둔다.

② 성찰

학생들이 등장인물의 감정과 동기에 대해 무엇을 배웠는지 토론하고 자신의 경험과 연관시키도록 유도한다.

(4) 진행 3 : 챗GPT를 사용한 창의적인 표현(30분)

① 창의적인 글쓰기 프롬프트

학생들은 챗GPT를 사용해 읽기에 등장하는 인물의 관점에서 작성된 단편 소설이나 일기 항목에 대한 아이디어를 생성하는 데 도움을 준다.

② 협동 글쓰기

학생들은 챗GPT를 사용해 아이디어를 제안, 편집 또는 확장해 작품을 작성한다.

③ 공유 세션

학생들은 자신이 탐구한 정서적 관점에 대해 토론하면서 자신의 글을 학급과 공유한다.

[그림8] 책을 통한 다양한 토론(출처 : ChatGPT GPT-4 With DALL-E) / 문혜정

(5) 마무리 : 정리 (15분)

① 그룹 토론

챗GPT 활동이 다양한 정서적 경험을 이해하고 관련시키는 데 어떻게 도움이 됐는지 묻는다.

② 피드백 및 질문

학생들이 세션에 대한 피드백을 공유하고 남은 질문을 할 수 있도록 허용한다.

③ 숙제

독서가 다른 사람의 정서 발달과 이해에 어떻게 기여할 수 있는지에 대한 성찰 에세이를 제시한다.

위와 같이 학교 수업 중에서 챗GPT를 활용해 다양한 활동을 할 수 있다.

4. 인공지능 시대의 진로 선택

인공지능 시대에 독서는 청소년들이 자신의 미래 직업을 선택하고 전문적인 발전을 이루는 데 중요한 역할을 한다. 독서는 다양한 직업과 역할에 대한 지식을 제공하며 자신의 관심과 능력을 탐색하는 데 도움을 준다. 책을 통해 다양한 직업의 세계를 경험하고 자신에게 맞는 진로를 찾을 수 있는 통찰력을 얻는다. 또한 새로운 직업 영역에 대한 호기심과 지식을 제공한다.

독서가 청소년들이 미래의 직업 시장에서 필요로 하는 핵심 기술 예를 들어 비관적 사고, 창의력, 문제 해결 능력을 개발하는 데 어떻게 도움을 줄까? 책 속의 다양한 상황과 문제는 그들에게 복잡한 문제를 해결하는 방법을 가르치고 이는 직업 생활에서 중요한 역량으로 전환된다.

독서를 통해 청소년들은 직업 세계에서 요구되는 다양한 기술과 태도를 배우고 발전시킨다. 또한 청소년들에게 미래 직업 세계의 동향과 변화에 대한 이해를 제공한다. 인공지능, 로봇공학, 지속 가능한 개발과 같은 주제에 대한 책들은 그들에게 미래의 직업 시장에서 중요한 역량과 지식에 대한 인식을 강화한다. 이러한 주제를 통해 변화하는 직업 환경에 적응하고 그 안에서 자신의 역할을 찾는 데 도움을 줄 수 있다.

[그림9] 인공지능 시대의 진로 설계(출처 : ChatGPT GPT-4 With DALL-E) / 문혜정

독서를 통해 충분한 진로 선택에 대한 고민을 했다면 좀 더 구체화 된 탐색은 인공시대에 걸맞게 챗GPT를 활용해 볼 수 있다. 진로 선택에 챗GPT를 사용하는 것은 특히 미래의 진로를 탐색하는 청소년에게 매우 효과적인 접근 방식이 될 수 있다. 다음은 챗GPT를 활용해 진로를 탐색하는 예시이다.

1) 직업 탐색 대화

챗GPT는 다양한 직업에 대한 토론을 시뮬레이션할 수 있다. 사용자는 다양한 직업의 성격, 필요한 기술, 일반적인 일상 업무에 대해 질문할 수 있다. 이를 통해 궁금해하는 직업에 대한 통찰력을 얻을 수 있다.

2) 기술 격차 분석

챗GPT는 사용자가 특정 직업에 필요한 기술을 식별하고 이를 현재 기술 세트와 비교할 수 있도록 지원한다. 성장이나 추가 교육이 필요한 영역을 식별하는 데 도움이 될 수 있다.

3) 이력서 작성 지침

챗GPT는 이력서 작성에 대한 팁과 조언을 제공할 수 있다. 포함할 정보 종류, 이력서 형식 지정 방법, 특정 직무 지원에 맞게 조정하는 방법을 제안할 수 있다.

4) 인터뷰 준비

챗GPT는 취업 면접을 시뮬레이션해 사용자가 일반적인 인터뷰 질문에 대답하는 것을 연습할 수 있다. 이를 통해 자신감을 키우고 인터뷰 기술을 향상케 하는 데 도움이 될 수 있다.

[그림10] 챗GPT를 활용한 인터뷰 연습(출처 : ChatGPT GPT-4 With DALL-E) / 문혜정

5) 교육 진로 조언

특정 직업에 필요한 교육 자격에 대해 챗GPT와 논의할 수 있다. 관련 학위, 과정, 자격증에 대한 정보를 제공할 수 있다.

6) 산업 동향 통찰력

챗GPT는 다양한 산업의 최신 동향에 대한 정보를 제공해 사용자가 진화하는 취업 시장과 이것이 직업 선택에 어떤 영향을 미칠 수 있는지 이해하도록 돕는다.

7) 네트워킹 및 멘토십

챗GPT는 네트워킹 및 멘토링 기회 찾기를 위한 전략을 제안할 수 있다. 해당 분야의 전문가와 연결하는 방법과 이러한 관계를 육성하는 방법에 대한 팁을 제공할 수 있다.

8) 진로 시나리오

사용자는 챗GPT를 사용해 다양한 진로 시나리오를 탐색하고 각 시나리오의 장단점을 논의할 수 있다. 특정 직업 선택의 장기적인 영향을 이해하는 데 도움이 될 수 있다.

9) 취업 시장 조사

챗GPT는 취업 가능성, 성장 전망, 급여 범위 및 지리적 고려 사항을 포함해 취업 시장 조사에 도움을 줄 수 있다.

10) 일과 삶의 균형에 대한 토론

챗GPT는 경력의 중요한 측면인 다양한 직업에서 일과 삶의 균형을 관리하는 데 대한 통찰력을 제공할 수 있다.

5. 미래 교육 전략과 독서

인공지능 시대의 교육 전략에서 독서의 역할은 매우 중요하다. 미래 교육에서 독서가 어떻게 통합되고 활용될 수 있는지 이러한 통합이 학습자들에게 어떤 긍정적인 영향을 미치는지 알아보자.

독서는 인공지능 시대의 학습자들에게 필수적인 비판적 사고, 창의력 그리고 감성 지능과 같은 기술을 개발하는 데 도움을 준다. 이러한 기술들은 미래 사회와 직업 세계에서 점점 더 중요해지고 있다. 독서를 통해 학습자들은 다양한 관점을 접하고 복잡한 문제를 해결하는 데 필요한 독창적인 사고를 배운다.

독서가 디지털 학습 환경과 어떻게 효과적으로 통합될 수 있을까? 전자책, 오디오북, 온라인 독서 클럽과 같은 다양한 형태를 포함할 수 있다. 독서의 디지털화는 학습자들에게 더 넓은 접근성과 편리함을 제공하며 이는 독서 활동을 더 매력적으로 만든다.

미래 교육에서는 인공지능 기술과 독서의 결합을 통해 학습 경험을 강화할 수 있다. 예를 들어, 앞서 언급한 챗GPT와 같은 도구를 사용해 독서 후 토론을 진행하거나, 학습자가 읽은 내용에 대한 깊이 있는 분석을 제공할 수 있다. 인공지능의 활용은 독서를 통한 학습을 더욱 풍부하고 상호작용적으로 만든다. 다양한 미디어 형식을 통해 학습자들은 독서 경험을 다 각도로 확장하고 다른 형태의 학습 자료와 연결 지을 수 있다.

독서 통합 전략으로는 프로젝트 기반 학습, 주제 중심 교육과 같은 방식이 포함될 수 있다. 예를 들어, 학생들이 특정 주제에 대해 깊이 있게 탐구하면서 관련된 도서를 읽고 이를 바탕으로 프로젝트를 수행할 수 있다. 이러한 방식은 학습자들이 실제 세계와 연결된 문제를 해결하면서 독서를 통해 얻은 지식을 적용하도록 한다.

또한 학교 커리큘럼에 독서를 통합하는 또 다른 방법으로는 팀 기반 학습 활동을 들 수 있다. 학생들이 소그룹으로 나뉘어 서로 다른 책을 읽고 그 내용을 바탕으로 토론하고 협력해 프레젠테이션을 준비하는 활동이 이에 해당한다. 이러한 활동은 학생들이 다양한 관점을 경험하고 팀워크와 의사소통 능력을 발달시키는 데 도움을 준다.

교육 프로그램에서의 독서 통합에는 교차 교과목 학습도 포함될 수 있다. 예를 들어, 문학 작품을 통해 역사나 사회학적 주제를 탐구하거나, 과학과 기술 관련 도서를 통해 최신 과학 발전을 이해하는 것 등이다. 이러한 접근 방식은 학생들이 다양한 학문 분야에서 독서의 중요성을 이해하고 지식을 통합적으로 습득하는 데 도움을 준다.

[그림11] 미래의 교육 전략에서의 디지털 미디어 활용(출처 : ChatGPT GPT-4 With DALL-E) / 문혜정

학습자 평가 방식에서도 독서는 중요한 역할을 할 수 있다. 전통적인 시험이나 과제 대신 학생들이 읽은 책에 대한 비평, 반응 논문 또는 창의적 작업을 제출하게 하는 것이다. 이는 학생들이 독서를 통해 습득한 지식과 사고를 심층적으로 표현할 기회를 제공한다. 미래의 교육 전략에서 디지털 미디어와의 결합을 통해 독서 활동은 더욱 풍부해질 수 있다.

우리가 살아가는 이 디지털과 인공지능의 시대에 독서의 가치와 중요성은 변함없이 우리의 삶에 깊이 자리 잡고 있다. 독서는 단순한 정보의 습득을 넘어서 비판적 사고, 창의력, 감성 발달 그리고 미래 직업 세계에 대한 준비에 이르기까지 우리가 필요로 하는 다양한 영역에 걸쳐 깊은 영향을 미친다.

독서는 인공지능 시대에도 변하지 않는 학습의 핵심이다. 디지털 도구와 인공지능이 제공하는 무한한 정보의 바다에서 독서는 우리에게 깊이 있는 사고와 세계에 대한 포괄적인 이해를 가능하게 한다. 독서를 통해 복잡한 문제를 해결하고, 창의적인 아이디어를 개발하며, 다른 사람들의 감정과 경험에 공감할 수 있다.

진로 선택과 전문적인 발전의 맥락에서도 독서는 청소년들이 미래 사회의 다양한 직업에 대해 탐색하고 준비하는 데 필수적인 역할을 한다. 책을 통해 그들은 미래의 직업 시장에서 필요한 기술과 지식을 습득하고 자신의 진로에 대한 명확한 비전을 가질 수 있다.

미래 교육 전략에서 독서의 통합은 학습자들에게 더욱 풍부하고 다양한 학습 경험을 제공한다. 디지털 기술과 인공지능의 결합을 통해 독서는 새로운 차원의 학습 도구로 변모하고 있다. 이러한 변화 속에서도, 독서의 본질적인 가치는 변하지 않는다. 오히려 이는 우리가 새로운 시대에 맞춰 독서의 방식과 접근을 발전시키고 혁신해야 함을 의미한다.

독서는 시대를 초월한 지혜와 지식의 원천이다. 이 책이 여러분에게 독서의 중요성을 다시금 일깨우는 계기가 되기를 바라며 인공지능 시대에도 독서가 우리 삶에 계속 깊이 자리를 차지하길 희망한다. 우리가 직면한 도전과 기회 속에서 독서는 우리에게 필요한 통찰력과 지혜를 제공한다. 디지털 환경이 제공하는 편리함과 인공지능의 놀라운 발전과 더불어 독서는 인간의 정신과 감성을 풍부하게 하는 불가결한 요소로 남을 것이다.

[그림12] 시대가 변화해도 독서는 삶의 중요한 부분(출처 : ChatGPT GPT-4 With DALL-E) / 문혜정

시대가 변하더라도 독서는 여전히 필수적인 학습 활동이며 삶의 중요한 부분이라는 사실이다. 인공지능 시대에 적응하고 공존하기 위해서는 독서를 통한 지속적인 학습과 성장이 필요하다. 우리는 독서를 통해 끊임없이 변화하는 세계를 이해하고, 그 안에서 자신의 역할을 찾으며, 미래를 향한 자신만의 길을 개척할 수 있다.

이 책을 통해 독서를 통한 학습과 성장의 가치를 재발견하고 인공지능 시대에 필요한 능력을 개발하는 데 도움을 받을 수 있기를 바란다. 미래의 교육과 직업 그리고 인간성의 발달에 있어 독서의 역할을 다시 한번 강조하며 변화하는 시대에도 독서의 중요성이 지속되길 바란다.

11

챗GPT와 하브루타의 만남-학습의 시작, 질문의 마법

최 일 수

제11장
챗GPT와 하브루타의 만남
– 학습의 시작, 질문의 마법

세상에는 문이 많다. 어떤 문은 물리적으로 눈앞에 있고, 어떤 문은 우리 마음속에 숨겨져 있다. 그러나 모든 문을 열기 위해서는 열쇠가 필요하다. '챗GPT와 하브루타'의 문을 여는 열쇠는 '질문'이다. '왜, 어떻게, 무엇 때문에' 이러한 질문들은 우리의 관심을 끌어당기는 힘이 있다.

그것은 우리의 호기심을 자극하고 알려지지 않은 세상의 문을 열어줄 것이다. 우리의 역사와 문화, 심지어는 인간의 본질까지 그 중심에는 항상 질문이 있었다. 질문은 우리의 호기심을 자극하고 미지의 세계로 우리를 인도하는 나침반과 같다. 질문은 우리가 세상을 이해하는 방식, 지식을 탐구하는 방식, 심지어는 자신을 이해하는 방식 또한 질문을 통해 형성된다. 질문은 지식의 깊이를 측정하는 도구이자 알려지지 않은 영역을 탐험하는 나침반이다. 질문의 힘은 고대 유대인의 지혜와 현대의 기술이 만나는 지점으로 여러분의 생각을 이끌어 줄 것이다.

'하브루타'는 3천 년 동안 유대인이 '토라와 탈무드'를 배우고 연구하는 전통적인 학습 방법이다. 두 사람이 짝을 지어 자신의 생각을 바탕으로 질문과 대화를 이어가며 '토라와 탈무드'의 깊이 있는 내용을 공부하고 탐구하는 학습 방법이다. 이 방법은 지식의 표면적 내용을 다루는 것이 아니라, 그 깊숙한 곳까지 파고들며 그 과정에서 새로운 통찰력과 이해를 얻어낸다.

반면, 챗GPT는 인공지능의 경계를 넘어가며 질문에 대한 답을 찾는 데 있어 인간의 능력을 확장 시킨다. 질문에 대한 답을 제공하는 데 있어 전례 없는 가능성을 보여주고 있다. 이와 같이 챗GPT와 하브루타는 질문을 에너지원으로 삼고 있다. 이들에게 질문이 없다면 아무런 변화도 일어나지 않을 것이다.

이 두 세계가 만나면서 우리는 질문의 힘과 그것을 통한 심화 학습의 중요성을 재조명하게 될 것이다. 질문은 단순히 답을 얻기 위한 도구가 아니라 우리의 사고를 확장하고 다른 사람이 가진 정보를 공유함으로써 지식의 경계를 넓혀가며 더 깊은 이해를 향한 여정의 시작점이다.

이 책은 질문의 본질적 가치와 그것이 우리에게 가져다주는 무한한 가능성에 대해 호기심을 던진다. 그러나 인공지능의 다양한 도구들을 능숙하게 활용하는 방법을 소개하기보다, 챗GPT의 무한한 가능성을 하브루타 학습에 활용함을 보여준다. 이로써 다양한 교육 현장에서 하브루타 학습을 보다 효율적으로 할 수 있는 방법을 소개하는 데 관심을 두고 있다.

하브루타의 전통적인 학습 방법과 인공지능의 혁신적인 접근법 사이에서 우리는 질문의 진정한 힘을 발견할 것이다. 그 힘은 지식의 깊이를 탐구하고 새로운 지평을 개척하는 데 있어 무한한 가능성을 제공할 것이다.

1. 질문의 중요성

질문은 '학습과 인지'의 핵심이다. 첫째, 질문은 우리의 호기심을 자극하며 알려진 정보와 알려지지 않은 정보 사이의 간극을 인식하게 한다. 이 간극을 메우기 위해 우리는 탐구하고, 연구하며, 학습을 이어간다. 둘째, 질문은 우리의 생각을 조직화하고 깊이 있게 만든다. 어떤 주제에 대해 질문을 할 때 우리는 그 주제를 다양한 각도에서 바라보게 되며 복잡한 문제를 분석하고 이해하는 데 도움을 받게 된다. 셋째, 질문은 대화와 토론의 시작점이며 다른 사람들과의 지식 공유와 협력의 기반이 된다. 따라서 질문은 지식의 확장과 깊이 있는 이해를 위한 필수적인 도구이기도 하다.

1) 질문의 역사적 배경 : 인류의 발전과 질문의 관계

질문은 인류의 역사와 깊이 연결돼 있다. 원시 시대부터 현대에 이르기까지 인간은 끊임없이 주변 환경과 자신에 대해 질문하며 세상과 현실을 이해하려고 노력해 왔다. 원시 시대의 사람들은 자연 현상, 생존 방법 그리고 인간관계에 대한 기본적인 질문으로 생활을 유지할 수 있었다. 이러한 질문은 그들에게 필요한 도구를 만들거나 먹이를 찾는 방법 그리고 부족 내에서의 위계질서를 정립하는 데 중요한 역할을 했다.

고대 문명의 출현과 함께 인간은 철학, 과학, 예술 등 다양한 분야에서 복잡한 질문을 제기하기 시작했다. 고대 그리스의 철학자들은 존재와 인간의 본질, 도덕성에 대한 근본적인 질문을 던졌으며 이러한 질문과 탐구로 서양 철학의 기초가 형성됐다.

19세기 산업혁명 시대에는 기술과 과학의 발전을 주도하는 질문들이 중심을 차지했다. 어떻게 더 효율적으로 생산할 것인가? 어떻게 생산 공정을 개선할 것인가? 어떻게 하면 더 많이 생산할 수 있을 까? 이러한 질문들은 현대사회의 기초를 다지는 데 결정적인 역할을 하게 됐다.

현대에 이르러 우리는 기술, 환경, 사회, 정치, 문화, 의학 등 다양한 분야에서 복잡한 질문을 던지며 세상을 이해하고 변화시키려고 노력하고 있다.

우리가 직업생활을 통해 하는 일의 대부분은 다양한 상황 속에서 문제(질문)를 해결하는 것들이다. 스티브 잡스는 "길을 찾기 어렵거든 길을 만들고, 미래에 대응하기 어렵거든 미래를 만들어라"라고 했다. 그는 '질문경영'이라는 경영의 새로운 흐름을 만들었다. 그가 던진 질문 중 '이 일을 왜 하는가?', '이 일을 통해서 얻고 싶은 것은 무엇인가?', '이 사업의 궁극적인 목표와 지향점은 무엇인가?', '지금까지 했던 일 중에 제일 잘한 것은? 무엇인가와 같은 사명형 질문과 '여러분이 죽을 때 어떤 사람으로 남고 싶은가?, '어떻게 세상을 바꾸려는가?', '무엇이 당신을 움직이게 하는가?' '가슴 떨리는 삶을 살아라'와 같은 유산형 질문에 많은 사람이 답변을 준비하느라 바쁘다.

결론적으로 질문은 인류의 발전을 주도해 온 핵심 요소이다. 질문을 통해 인간은 미지의 영역을 탐험하고 새로운 지식을 창출하며 문제를 해결해 왔다. 이는 질문의 역사적 배경이 인류의 발전과 어떻게 깊이 연결돼 있는지를 보여주는 것이다.

2) 질문이 뇌 활동에 미치는 영향 : 학습과 창의성 촉진

질문은 우리 '뇌 활동'에 깊은 영향을 미친다. 특히 '학습과 창의성 촉진' 측면에서 그 영향력은 무시할 수 없다. 먼저 학습의 관점에서 보면 질문은 뇌에 새로운 정보나 개념을 탐색하도록 자극한다. 질문을 할 때 우리의 뇌는 이미 알고 있는 정보와 새로운 정보 사이의 연결을 찾으려고 노력한다. 이러한 과정은 신경 회로망을 활성화시키며, 기억과 학습을 강화시킨다. 따라서 질문을 통해 학습하는 것은 단순히 정보를 수용하는 것보다 훨씬 더 효과적이다.

창의성의 관점에서는 질문은 뇌를 다양한 가능성과 시나리오를 상상하도록 만든다. 질문은 기존의 생각 패턴에 도전하고 새로운 관점과 해석을 탐색하게 한다. 이러한 과정은 뇌의 다양한 영역을 활성화시키며 창의적인 아이디어와 해결책을 찾는 데 필요한 방법을 찾게 해준다.

또한 질문은 뇌의 호기심을 자극한다. 호기심은 학습과 창의성의 주요 동기부여 요소로 작용하며 이를 통해 뇌는 새로운 정보와 경험을 탐색하고자 하는 욕구를 느끼게 된다. 결론적으로 질문은 우리 뇌의 학습 능력과 창의성을 촉진시키는 중요한 도구로써의 역할을 수행한다. 질문을 통해 우리는 더 깊고 폭넓게 학습하며 새로운 아이디어와 해결책을 창출할 수 있게 된다.

<생각은 어디에서 오는가?>

[그림1] 호기심, 의문, 질문(출처 : 123RF AI생성 도구)

세상의 모든 아이가 말을 배울 때 문화, 언어, 나라가 달라도 공통 적으로 하는 말과 아들이 할 수 있는 가장 아름다운 질문은 '왜(Why?)'이다. 아이들이 호기심 어린 눈으로 '왜?'라고 질문할 때, 어떻게 해야 할까? 네 생각은 어떠니? 왜냐하면'이라고 말하며 상황이나 사물을 설명해 줘야 한다. 아이들의 호기심은 세상을 알아가기 위한 인간의 본성이기 때문이다.

3) 자녀 교육 관점에서 본 질문의 중요성

자녀 교육에서 질문의 중요성은 더욱 강조된다. 교사와 학부모의 관점에서 볼 때 질문은 학습의 방향성을 제시하고 자녀의 생각과 감정을 이해하는 데 중요한 도구로 작용한다.

교사의 관점에서 질문은 학생들의 학습 수준과 이해도를 파악하는 데 도움을 준다. 교사는 질문을 통해 학생들이 어떤 부분을 잘 이해하고 있으며 어떤 부분에서 어려움을 겪고 있는지를 알 수 있다. 이를 통해 교사는 학습 내용과 방법을 조절하며 학생들에게 더 효과적인 지도를 제공할 수 있다. 또한 교사는 질문을 통해 학생들의 창의적 사고와 비판적 사고 능력을 촉진케 할 수 있다.

학부모의 관점에서 질문은 자녀와의 '소통 창구'로 작용한다. 학부모는 질문을 통해 자녀의 학교생활, 친구 관계 그리고 개인적인 고민 등 다양한 주제에 관한 생각과 감정을 파악할 수 있다. 이를 통해 학부모는 자녀의 내면을 더 잘 이해하게 되며 적절한 조언과 지지를 제공할 수 있다. 또한 학부모는 자녀에게 질문을 권장함으로써 그들의 호기심과 탐구 욕구를 촉진시킬 수 있다. 이는 자녀가 스스로 학습의 주체가 되도록 도와주며 평생 학습자로 성장하는 데 기반을 마련해준다.

유대인 부모는 학교에서 돌아온 자녀를 만났을 때 던지는 말이 '오늘 선생님께 질문했니?'라는 말 이라고 한다. 이 질문을 통해 아이가 학교에서 선생님과 어떤 관계였는가를 파악할 수 있고, 학교생활에 관한 관심을 보여준다. 따라서 교사와 학부모 모두 질문을 통해 자녀의 학습과 성장을 지원하며 그들과의 소통과 연결을 강화할 수 있다.

[그림2] 가정에서 부모 하브루타(출처 : DALL·E3)

4) 질문을 통한 자기 주도 학습의 가치

질문을 통한 자기 주도 학습은 교육의 핵심 가치 중 하나로 중요시된다. 이러한 학습 방식은 학습자가 스스로 학습의 주체가 되게 하며 깊은 이해와 지속적인 성장을 촉진한다. 자기 주도 학습에서 질문의 역할은 중요하다. 학습자는 자신의 호기심과 관심을 바탕으로 질문을 제기하게 되며 이를 통해 학습의 방향성과 목표를 스스로 설정한다. 이러한 과정은 학습자에게 학습의 책임감과 동기부여를 하게 된다. 질문을 통해 학습자는 자신의 약점과 강점을 인식하게 되며 이를 바탕으로 효과적인 학습 전략을 세울 수 있다.

또한 질문을 통한 학습은 학습자의 창의적 사고와 비판적 사고 역량을 향상케 한다. 학습자는 다양한 정보와 지식을 탐색하며 이를 통해 새로운 관점에서 생각하게 된다. 이러한 과정은 학습자가 복잡한 문제와 도전에 대응하는 능력을 갖추게 해준다.

자기주도 학습은 또한 학습자의 평생 학습 능력을 기르는 데 중요한 역할을 한다. 질문을 통해 학습자는 지속적으로 새로운 지식과 기술을 탐구하게 되며 이는 평생에 걸쳐 변화하는 세상에 유연하게 대응하며 더 나은 세상을 만들기 위해 필요한 기반을 마련해준다.

따라서 질문을 통한 자기 주도 학습은 학습자에게 깊은 이해와 지속적인 성장의 기회를 제공한다. 이러한 학습 방식은 학습자가 스스로 학습의 주체가 되게 하며 평생 학습자로서의 기반을 다지는 데 중요한 가치를 지니게 된다.

챗GPT는 질문을 통한 자기주도 학습에 활용할 수 있는 강력한 인공지능 도구이다. 챗GPT는 자기 주도 학습에서 질문 상대자의 역할을 충실히 수행하게 될 것이다. 또한 챗GPT는 개별 학습에서 충실한 하브루타 짝이 될 수 있다. 친구가 멀리 있거나, 부모와 하브루타를 할 수 없는 환경에서 챗GPT는 하브루타 짝으로 다양한 질문을 주고받으며 궁금한 사항을 스스로 해결할 수 있는 좋은 파트너가 될 수 있다.

[그림3] 질문 중심의 자기 주도 학습(출처 : DALL·E3)

2. '하브루타' 러닝의 원리

'하브루타'는 히브리어 '하베르'(동반자, 친구)에서 나온 말로 '친구'라는 의미를 갖고 있다. 하브루타는 일반적으로 학습하는 짝, 학습하는 파트너, 혹은 짝을 지어 공부하는 학습 자체를 의미하기도 한다. 하브루타 러닝은 '하브루타 방법으로 진행되는 학습 방법'이라고 정의할 수 있지만 우리나라 교육 현장에서는 하브루타와 하브루타 러닝을 동일(유사)한 개념으로 간주하고 이를 혼용하는 경우도 있다. 유대인 교육에서 하브루타 러닝은 탈무드나 토라를 연구하거나 유대교 교리를 배우고 익히는 학습 방식으로 텍스트를 단순히 읽는 것이 아니다. 그 내용을 질문하고, 대화하며, 다양한 관점에서 서로의 의견을 제시하고 토론하고 논쟁하며 해석하는 것을 학습 방법이라고 정의한다.

하브루타 러닝에서 질문은 대화로 이어지는 출발점이다. 질문은 학습 과정에서 새로운 관점을 제시하거나, 미처 생각하지 못한 부분을 도출하게 만든다. 또한 질문을 통해 학습자는 자신의 이해도를 점검하고 짝과 함께 더 깊은 이해를 추구할 수 있다. 이러한 과정 속에서 질문은 학습의 방향을 제시하고 토론의 깊이를 더하며 지식의 확장을 촉진하는 중요한 역할을 한다. 따라서 하브루타 러닝에서 질문은 학습과 인식의 핵심 요소로 작용하고 있다.

[그림4] Havruta 방법으로 공부하는 모습(출처 : EBS 최고의 공부방법 하브루타)

'하브루타 러닝'의 기본적인 모습은 두 사람이 짝을 지어 생각(Think)을 바탕으로 '질문(質問)→대화(對話)→토론(討論)→논쟁(論爭)→협상(協商)→정리(定理)→발표(發表)'를 통해 진리(眞理)에 다가가는 완전학습(完全學習) 방법이다.

-출처: 유대인의 하브루타러닝(2021)-

1) 하브루타 러닝의 기본 개념과 원칙

하브루타 러닝의 기본 개념은 '생각을 바탕으로 질문하고 대화하며 토론하고 논쟁'을 통해 진리에 다가가는 완전 학습 방법이다. 하브루타 러닝의 전개 과정에서 중시되는 주요 원칙을 보면 다음과 같이 제시할 수 있다.

(1) 대화와 토론

하브루타 러닝은 주로 두 사람이나 소규모 그룹이 함께 텍스트나 주제를 공부하면서 서로의 생각을 바탕으로 질문하고, 대답하고, 토론하는 학습 방법이다. 이러한 과정을 통해 학습자는 친구의 의견과 텍스트의 다양한 의미를 탐색하게 된다.

(2) 상호작용

하브루타 러닝은 단순히 텍스트를 읽는 것이 아니다. 학습자는 서로의 의견과 해석을 공유하며 역지사지(易地思之)의 입장에서 문제나 주제를 바라보게 된다. 이로 인해 학습자는 자신의 생각과 이해를 확장하고 깊이 있게 만들 수 있을 뿐 아니라 다른 사람의 의견을 수용하는 자세를 갖게 되기도 한다.

[그림5] 예시바 대학 하브루타 학습(출처 : EBS, 유대인의 하브루타 영상)

(3) 질문의 중요성

하브루타 러닝에서 질문은 핵심적인 역할을 한다. 질문은 학습 과정을 깊게 들어가게 하며 학습자가 텍스트나 주제에 대한 깊은 이해와 통찰력을 얻게 도와준다.

(4) 학습자 중심의 학습

하브루타 러닝은 학습자가 스스로 학습의 주체가 된다. 학습자는 자신의 호기심과 관심을 바탕으로 학습 내용과 방향을 선택하게 되며 이를 통해 학습의 동기부여와 효과성이 증진된다.

(5) 공동체 학습

하브루타 러닝은 개인의 학습뿐만 아니라 공동체 내에서의 학습을 강조한다. 공동체 학습(=팀 학습, 프로젝트 학습)을 통해 서로의 지식과 경험을 공유하며 함께 성장하게 된다.

따라서 하브루타 러닝은 '생각을 바탕으로 질문하고, 대화하며, 토론하고 논쟁하며, 협상하고 정리해' 발표하는 과정으로 이뤄지는 학습 방식이다. 이 방식은 학습자가 스스로 학습의 주체가 되게 하며, 다양한 관점과 해석을 통해 주제나 텍스트에 대한 깊은 이해를 얻게 도와주며, 궁극적으로 학습의 메타인지 상태에 도달하게 하는 것을 추구한다.

2) 하브루타 러닝의 적용 방법

하브루타 러닝은 교사와 학부모가 학생들의 학습 방식을 향상케 하기 위해 적용할 수 있는 효과적인 방법이다. 이 방식을 실제로 적용하기 위한 몇 가지 방법은 다음과 같다.

(1) 학습 파트너 설정

학생들을 두 명씩 짝을 지어 학습 파트너를 만든다. 이렇게 설정된 파트너는 서로의 학습을 도와주며 함께 토론하고 상대에게 질문을 던질 수 있다.

(2) 주제나 텍스트 제공

학생들에게 특정 주제나 텍스트를 제공한다. 이 텍스트는 토론의 기반이 될 것이므로 학생들의 관심을 끌 수 있고 다양한 해석이 가능한 내용이 좋다.

(3) 질문 유도

교사나 학부모는 학생들에게 텍스트나 주제에 관한 질문을 유도한다. 이때 단순한 사실 확인 질문보다는 개방적인 질문을 통해 학생들의 생각과 해석을 촉진케 하는 것이 중요하다.

(4) 토론 시간 제공

학생들에게 충분한 시간을 제공해 서로의 의견과 해석을 공유하게 한다. 교사나 학부모는 이 토론을 중재하며 필요한 경우 추가적인 질문이나 정보를 제공해 토론을 더 깊게 이끌 수 있다.

(5) 피드백과 반성

토론이 끝난 후, 학생들은 자신들의 의견과 해석 그리고 토론 과정에 대해 반성하게 된다. 교사나 학부모는 이 반성의 시간을 통해 학생들의 학습을 도와주며 필요한 피드백을 제공한다.

(6) 학습 환경 조성

하브루타 러닝을 위해서는 안정적이고 존중받는 학습 환경이 필요하다. 학생들이 자신의 의견을 자유롭게 표현할 수 있도록 하는 것이 중요하다.

[그림6] 가족 하브루타, 하브루타 피드백(출처 : 최고의 공부방법 하브루타)

하브루타 러닝은 교사와 학부모가 학생들의 학습을 깊게 이끌어낼 수 있는 효과적인 방법이다. 이 방식을 적용함으로써 학생들은 서로의 지식과 경험을 공유하며 함께 성장하게 된다. 챗GPT를 활용하면 교사나 학부모의 역할을 챗GPT가 대신 할 수 있다. 이때 챗GPT는 나의 짝이 돼 하브루타 러닝을 할 수 있게 될 것이다. 교사나 학부모가 챗GPT를 활용해 아이들과 학습할 내용을 미리 탐색하고 대화의 소재를 확보하는 것은 아이들의 학습 지도에 많은 도움이 된다.

3) 질문의 역할과 중요성

하브루타 러닝은 개인의 생각을 바탕으로 대화와 토론을 중심으로 깊이 있는 학습을 추구한다. 이러한 학습 방식에서 질문은 핵심적인 역할을 하며 그 중요성은 아래와 같이 제시할 수 있다.

(1) 학습의 깊이 증진

하브루타 러닝에서 질문은 단순히 정보를 얻기 위한 수단이 아니다. 질문을 통해 학습자는 텍스트나 주제에 대한 깊은 이해와 통찰력을 추구하게 된다. 이때 질문은 학습자가 텍스트의 다양한 해석과 의미를 탐색하도록 유도한다.

(2) 창의적 사고 촉진

질문은 학습자에게 주어진 정보나 지식을 수용하는 것을 넘어 새로운 관점과 해석을 도출하게 한다. 이러한 과정은 학습자의 창의적 사고와 비판적 사고 능력을 향상케 한다.

(3) 학습 동기부여

질문은 학습자의 호기심과 탐구 욕구를 자극한다. 학습자는 자신의 질문에 대한 답을 찾기 위해 더욱 열심히 학습하게 되며 이는 학습의 동기부여와 효과성을 증진케 한다.

(4) 상호작용과 소통 강화

하브루타 러닝에서 학습자들은 서로의 질문과 의견을 공유하게 된다. 이러한 상호작용은 학습자들 사이의 소통과 연결을 강화하며 공동체 내에서의 학습을 촉진한다.

(5) 자기성찰과 성장

질문을 통해 학습자는 자신의 생각과 이해를 성찰하게 된다. 이러한 성찰의 과정은 학습자가 자신의 약점을 인식하고, 이를 바탕으로 더 나은 학습 전략을 세울 수 있게 도와준다. 질문을 통해 학습자는 깊은 이해와 통찰력을 얻을 수 있으며 창의적 사고와 지속적인 성장을 추구하게 된다.

4) 하브루타 러닝의 장점과 한계

하브루타 러닝은 유대교 전통의 학습 방식으로 생각과 질문, 대화와 토론을 중심으로 깊이 있는 학습을 추구하는 학습 방법이다. 이 방식은 여러 장점을 갖고 있지만 동시에 몇몇 한계점도 함께 갖고 있다.

(1) 하브루타 러닝의 장점

① 깊이 있는 학습

하브루타 러닝은 학습자가 텍스트나 주제에 대한 깊은 이해와 통찰력을 얻을 수 있도록 한다. 질문과 토론을 통해 다양한 해석과 관점을 탐색하게 되며 다른 사람의 의견을 존중하고, 공유하며 생각의 폭과 깊이를 확장할 수 있다.

② 창의적 사고 촉진

학습자는 주어진 정보나 지식을 넘어서 새로운 관점과 해석을 도출하게 된다. 이는 유대인의 티쿤 올람 사상과 후츠파 정신으로 이어지는 창의적 사고와 비판적 사고 능력의 향상을 도와준다.

③ 상호작용과 소통

학습자들은 서로의 의견과 해석을 공유하며 이를 통해 소통과 연결이 강화되며 건설적이고 논리적인 비판적 사고력을 향상케 된다. 이러한 과정은 학습자들 사이의 협력과 공동체 의식을 촉진하게 된다.

④ 자기 주도 학습

학습자는 자신의 호기심과 질문을 바탕으로 학습의 방향성과 목표를 스스로 설정하게 된다. 이는 학습의 동기부여와 책임감을 강화한다.

(2) 하브루타 러닝의 한계
① 시간 소모

깊은 토론과 질문을 위해서는 상당한 시간이 필요하다. 정해진 학습 진도를 중요시하는 정규교육 방식에서는 학습 효율성이 떨어질 수도 있다는 비판도 받고 있다.

② 구성원의 차이

모든 학습자가 동일한 수준의 지식과 경험을 갖고 있지 않을 수 있다. 이로 인해 토론의 깊이나 방향성에 차이가 생길 수 있다.

③ 지도의 필요성

하브루타 러닝은 때로는 지도나 중재가 필요할 수 있다. 학습자들 사이의 오해나 갈등이 발생할 경우 적절한 지도 없이는 학습의 효과가 떨어질 수 있다.

이와 같이 하브루타 러닝은 깊이 있는 학습과 창의적 사고, 상호작용과 소통의 장점을 갖고 있지만 시간 소모, 구성원의 차이, 지도의 필요성 등의 한계점도 고려해 적용하는데 유연성을 가질 필요가 있다.

이러한 한계점에도 불구하고 챗GPT를 활용하면 선생님과 학부모들의 노력을 절반 이하고 줄일 수 있다. 특히 텍스트를 중심으로 진행되는 학습 과정에서 챗GPT를 활용하는 것은 교사나 학습자 모두에게 큰 도움을 준다, 아이들과 같이 질문을 만들어 보고, 이 질문의 의도나 텍스트가 제시하는 교훈을 챗GPT를 활용해 도움을 받을 수 있다. 이렇게 함으로써 하브루타 러닝이 가진 한계점을 극복 할 수 있을 것이다.

5) 질문하는 방법도 배워야 한다.

우리의 학습 방법은 선생님이 던지는 질문에 답하는 방법에 익숙해 있다. 내가 스스로 질문을 던져 보는 학습은 좀처럼 하지 못했다. 왜 그럴까? 수업 시간에 질문하는 것은 여러 가지 제약이 따른다. 혼자 공부할 때는 질문 해 볼 상대가 없다. 또한 우리는 종종 주어진 상황이나 정보를 비판 없이 받아들이는 데 별다른 저항이 없다. 그러나 진정한 이해와 통찰은 좋은 질문에서 시작된다. 그렇다면 어떻게 '좋은 질문'을 할 수 있을까?

첫 번째, 호기심을 갖는 것이 중요하다. 어린아이처럼 세상에 대한 깊은 호기심을 가지면 더 근본적이고 본질적인 질문을 던질 수 있다. '이것이 왜 중요한가?', '이것의 근본적인 원인은 무엇인가?'와 같은 질문은 우리를 더 깊은 관심 영역으로 이끈다.

두 번째, 주어진 정보나 상황에 대해 비판적으로 생각하는 것이다. 모든 정보나 상황에는 다양한 해석이 가능하다. '이것이 유일한 해답일까?', '다른 방법은 없는가?', '다른 관점에서 볼 때 이 상황은 어떻게 해석될까?'와 같은 질문을 통해 다양한 시각을 얻을 수 있다.

세 번째, 타인의 의견이나 생각을 존중하고 수용하는 것이다. 다른 사람의 생각을 듣고 그것에 대해 질문하면 우리는 새로운 관점과 아이디어를 얻을 수 있다.

좋은 질문은 단순히 답을 얻기 위한 수단이 아니다. 그것은 우리의 사고를 확장하게 하고 세상을 더 깊게 이해하는 데 도움을 준다. 따라서 좋은 질문을 하기 위해서는 질문하는 방법 자체를 배워야 한다. 챗GPT도 프롬프트에 주어지는 질문에 따라 그가 제공하는 내용이 달라진다. 챗GPT를 활용해 자신이 원하는 자료를 얻기 위해서도 좋은 질문 만드는 방법을 배우는 것이 무엇보다 중요하다.

유대인 부모들이 학교에서 돌아온 아이들에게 '오늘 학교에서 잘한 일'과 '잘하지 못한 일'을 물어본다. 또 왜 그렇게 생각하는지 다시 물어본다. 이러한 과정을 통해 아이들은 어떻게 대답해야 하는지를 깨닫게 된다. 특히 잘하지 못한 일에 대해서는 '무엇을 어떻게' 잘하지 못했는지를 성찰(省察)하는 질문을 한다. 실수를 통해 깨달은 지식은 장기기억 속에 남아 잘 잊혀 지지 않기 때문이다.

3. 챗GPT와 하브루타 러닝

챗GPT와 하브루타 러닝은 각각 질문이 중요한 활동 요인으로 작용한다. 챗GPT는 사용자로부터의 질문에 대해 광범위한 데이터를 기반으로 응답한다. 이러한 응답은 과거의 데이터와 패턴을 학습해 생성되며 사용자의 질문에 대한 가장 적절하고 가치 있는 정보를 제공하려고 노력하고 있다.

하브루타 러닝의 핵심은 깊이 있는 생각을 바탕으로 대화와 토론, 질문과 논쟁을 통한 학습이다. 챗GPT를 이러한 학습 방식에 접목시키면 학습자는 챗GPT에게 다양한 질문을 제시하며 그에 대한 해답을 받을 수 있다. 이러한 과정에서 학습자는 자신의 생각과 이해를 지속적으로 점검하고 챗GPT가 제공하는 자료를 통해 새로운 지식이나 관점을 얻을 수 있다.

또한 챗GPT는 학습자가 미처 생각하지 못한 새로운 질문이나 관점을 제시하는 데도 도움을 줄 수 있다. 이를 통해 학습자는 주제에 대한 더 깊고 폭넓은 이해를 얻을 수 있게 될 것이다.

결론적으로 챗GPT는 하브루타 러닝의 파트너로서 학습자에게 다양한 정보와 관점을 제공하며 질문과 토론을 통한 깊이 있는 학습을 촉진할 수 있다. 이러한 조합은 학습자가 주제에 대한 더욱 깊은 이해와 통찰력을 얻는 데 큰 도움을 줄 수 있다.

1) 챗GPT의 기본 원리와 작동 방식의 이해

챗GPT를 하브루타 학습에 활용하려면, 먼저 'GPT(Generative Pre-trained Transformer)'의 기본 원리와 작동 방식을 이해하는 것이 중요하다. GPT의 주요 개념과 작동 방식을 간략하게 설명하면 다음과 같다.

(1) Transformer 구조

GPT는 Transformer라는 딥 '러닝 모델 구조'를 기반으로 한다. Transformer는 주로 자연어 처리 분야에서 사용되며 특히 'Attention Mechanism'이라는 기술을 사용해 문장 내의 단어들 사이의 관계를 파악한다.

(2) Pre-training

GPT는 두 단계의 학습 과정을 거친다. 첫 번째 단계는 'Pre-training'이다. 이 단계에서는 대량의 텍스트 데이터를 사용해 모델을 학습시킨다. 모델은 문장의 일부를 가리고, 가려진 부분을 예측하는 작업을 수행하며 학습된다. 일종의 빈칸 채우기 학습인 셈이다.

(3) Fine-tuning

Pre-training 후 모델은 특정 작업에 맞게 추가 학습을 받을 수 있다. 이를 'Fine-tuning'이라 한다. 예를 들어, 특정 주제나 분야에 관한 질문에 답하는 능력을 향상하기 위해 해당 주제의 데이터로 추가 학습을 시킬 수 있다.

(4) Generative Model

GPT는 '생성 모델'이다. 주어진 입력에 대해 연속적인 텍스트를 생성할 수 있다. 이러한 특성 때문에 다양한 자연어 처리 작업, 예를 들어 문장 완성, 질문 응답, 텍스트 생성 등에 활용될 수 있다.

(5) Tokenization

GPT는 텍스트를 처리하기 전에 '토큰 화 과정'을 거친다. 토큰 화는 텍스트를 작은 단위, 예를 들어 단어나 부분 단어로 나누는 과정이다.

2) 챗GPT를 학습에 활용할 때의 주요 고려 사항
(1) 관련된 다양한 데이터 제공

챗GPT를 특정 주제나 분야에 맞게 학습시키려면 해당 주제의 대표적이고 다양한 데이터가 필요하다. 즉, 챗GPT를 이용해 특정 주제나 분야에 관련된 가치 있는 정보를 얻기 위해서는 그 주제나 분야에 관한 정보를 챗GPT에게 많이 알려줘야 한다.

이것을 이해하기 쉽게 설명하면 AI는 생성형 인공 지능으로써 나의 충실한 비서라고 간주하고, 비서에게 어떤 일을 하도록 지시 할 때 구체적으로 지시해야 비서는 실수 없이 지시 사항을 잘 이해할 것이다.

당신이 선생님으로서 학생들에게 특정 주제에 대해 가르치려고 한다면 학생들에게 주제와 관련된 책이나 자료를 많이 읽게 하거나 사전에 학습하도록 할 것이다. 즉, 학생들에게 한국의 역사를 가르치려면 한국 역사에 관한 책이나 자료를 충분히 제공하거나 사전에 학습하도록 할 것이다.

챗GPT도 마찬가지다. 특정 주제에 대해 더 잘 알게 하려면 그 주제에 관한 데이터를 많이 제공해야 한다. 이렇게 주제에 맞는 데이터로 챗GPT를 학습시키면 그 주제에 대해 더 정확하고 전문적인 답변을 할 수 있게 된다.

(2) 계산 자원

챗GPT와 같은 큰 모델을 학습시키려면 상당한 계산 자원이 필요하다. GPU나 TPU와 같은 고성능 하드웨어가 필요할 수 있다. 즉, 챗GPT와 같은 프로그램을 '학습'시키는 것은 큰 책을 읽고 그 내용을 완벽하게 기억하는 것과 비교할 수 있다. 이렇게 큰 책을 빠르게 읽고 기억하려면 매우 똑똑하고 빠른 두뇌가 필요할 것이다.

컴퓨터의 경우, 이 '똑똑하고 빠른 두뇌' 역할을 하는 것이 GPU나 TPU와 같은 특별한 장치다. 이 장치들은 많은 정보를 빠르게 처리하고 기억하는 데 특화돼 있다.

그런데 이런 장치 없이 일반 컴퓨터로만 챗GPT를 학습시키려고 하면 그것은 마치 우리가 아주 두꺼운 책을 읽으려고 할 때 한 페이지씩 천천히 읽는 것과 같다. 너무 오래 걸리고 효율적이지 않은 것이다. 따라서 챗GPT와 같은 큰 프로그램을 빠르게 학습시키려면 특별한 장치가 필요한 것이다.

(3) 모델 크기

챗GPT는 다양한 크기의 모델로 제공된다. 작은 모델은 빠르게 학습되고 실행되지만 큰 모델은 더 정확한 결과를 제공할 수 있다. 다시 말해 작은 모델은 '얇은 책'과 같다. 얇은 책은 빠르게 읽을 수 있고 그만큼 정보가 적을 수 있지만, 큰 모델은 '두꺼운 책'과 같아서 책을 읽는 데 시간이 오래 걸린다. 그러나 많은 정보와 세부 내용을 담고 있어서 더 정확한 정보를 얻을 수 있다.

따라서 빠르게 결과를 원한다면 '얇은 책'인 작은 모델을 사용하면 되고 더 정확한 결과를 원한다면 '두꺼운 책'인 큰 모델을 사용하면 되는 원리와 같다고 할 수 있다. 챗GPT와 같은 모델을 학습에 활용하려면 해당 모델의 작동 원리와 특성을 잘 이해하는 것이 중요하다. 이를 바탕으로 효과적인 학습 전략을 세울 수 있기 때문이다.

3) 챗GPT가 교사와 학부모에게 제공하는 교육적 가치

챗GPT가 교사와 학부모에게 제공하는 교육적 가치는 다양하다. 챗GPT는 학습 과정의 전 영역에서 교사와 학부모에게 충실한 조력자로서 역할을 충실히 수행할 것이다. 그중에서 중요하다고 생각되는 몇 가지를 제시하면 다음과 같다.

첫째, 교사는 챗GPT를 활용해 학생들의 질문에 실시간으로 답변을 제공할 수 있다. 복잡한 주제나 개념을 설명하는 데 어려움을 겪는 학생들에게 챗GPT는 쉽게 이해할 수 있는 설명과 예시를 제공해 학습의 효율성을 높일 수 있다.

둘째, 학부모는 자녀의 학습을 지원하기 위해 챗GPT를 활용할 수 있다. 학부모가 모든 주제에 대한 전문가는 아니기 때문에 챗GPT는 학부모에게 학습 자료나 정보를 제공해 자녀의 학습을 돕는 데 큰 도움을 줄 수 있다.

셋째, 챗GPT는 개별화된 학습을 지원한다. 각 학생의 학습 속도와 스타일은 다르기에 챗GPT는 학생의 개별적인 질문에 맞춘 답변을 제공해 학생 개개인의 학습 요구를 충족시킬 수 있다.

마지막으로, 챗GPT는 교육자와 학부모가 최신 교육 트렌드나 정보를 파악하는 데에도 활용될 수 있다. 교육과 관련된 다양한 주제에 대한 정보와 자료를 제공함으로써 교육자와 학부모는 학습 방법이나 교육 전략을 지속적으로 업데이트할 수 있다. 이처럼 챗GPT는 교육의 효과성을 높이고 학습자와 교육자 모두에게 다양한 혜택을 제공하는 강력한 도구로 활용될 수 있다.

4) 챗GPT를 통한 질문 기반 학습의 장점

챗GPT를 통한 질문 기반 학습은 여러 가지 장점을 갖고 있다.

첫째, '즉각적인 피드백'으로 학습자는 궁금한 점이나 이해하지 못한 부분에 대해 즉시 답변을 받을 수 있다. 이는 학습의 중단 없이 연속적으로 학습을 진행할 수 있게 해주며 학습의 흐름을 유지하는 데 큰 도움이 된다.

둘째, '맞춤형 학습'으로 모든 학습자는 그들만의 학습 속도와 스타일을 갖고 있다. 챗GPT를 활용하면 학습자 개개인의 질문에 맞춘 답변을 얻을 수 있어 맞춤형 학습 경험을 제공한다.

셋째, '다양한 주제 탐색'으로 챗GPT는 광범위한 주제에 대한 정보를 제공할 수 있다. 학습자는 자신의 관심사나 필요에 따라 다양한 주제를 탐색하며 폭넓은 지식을 습득할 수 있다.

넷째, '학습의 깊이 증진'으로 질문 기반 학습은 학습자가 주도적으로 학습 내용을 탐구하게 만든다. 이는 학습 내용에 대한 깊은 이해를 촉진하며 장기적인 기억에도 도움을 준다.

다섯째, '학습의 유연성'으로 챗GPT는 언제 어디서든 접근이 가능하다. 이는 학습자가 자신의 생활 패턴이나 환경에 구애받지 않고 원하는 시간과 장소에서 학습을 진행할 수 있게 해준다.

여섯째, '안정된 학습 환경'으로 일부 학습자는 질문을 주저하거나 틀린 질문을 하는 것에 대한 두려움을 가질 수 있다. 챗GPT는 중립적이며 비판하지 않는 환경에서 질문을 할 수 있게 해줘 학습자의 자신감을 키울 수 있다.

이처럼 챗GPT를 통한 질문 기반 학습은 학습의 효율성과 깊이를 높이는 데 큰 도움을 제공하며 학습자에게 맞춤형 학습 경험을 제공한다. 특히 다양한 SNS 활동으로 친구들과 함께하는 시간이 부족한 환경에서 챗GPT는 또 한 명의 충실한 하브루타 짝(친구)으로서 나의 학습 파트너가 되고 동행하는 친구가 될 수 있을 것이다.

4. 챗GPT와 하브루타 학습 사례

챗GPT와 질문을 통한 하브루타 학습은 디지털 환경에서 다양한 소통 학습을 구현할 수 있다. 아래는 챗GPT와의 하브루타 학습의 사례 4가지를 소개한다.

1) 윤리적 질문에 대한 하브루타 학습 : 토론

〈학습자〉 기술의 발전이 항상 좋은 것인가?

〈챗GPT〉 기술의 발전은 많은 긍정적인 효과를 가져올 수 있지만, 동시에 부정적인 영향도 초래할 수 있다. 예를 들어, 기술은 생활의 편리성을 증진시키지만 개인 정보 침해나 환경 파괴와 같은 문제도 동반될 수 있다. 이에 대한 답은 주관적이며 여러 관점에서의 토론이 필요하다.

〈학습자〉 그렇다면 기술 발전의 한계는 어디에 있을까?

〈챗GPT〉 기술 발전의 한계는 사회적·윤리적·환경적 요인에 의해 결정될 수 있다.

〈학습자〉 기술 발전이 사회적·윤리적·환경적 요인에 의해 제한될 수 있는 사례는 어떤 것이 있나?

〈챗GPT〉 ① 사회적 요인 : 기술이 사회의 구조나 문화와 충돌할 때 그 발전은 제한될 수 있다. 예를 들어, 일부 지역에서는 인터넷 접근이 제한돼 있어 정보의 자유로운 흐름이 어렵다. 이는 정치적인 이유로 인터넷 사용을 통제하려는 정부의 의도 때문일 수 있다.
② 윤리적 요인 : 윤리적 문제는 특히 생명과학과 관련된 기술 발전에서 중요한 역할을 한다. 예를 들어, 유전자 편집 기술인 CRISPR-Cas9는 유전병을 치료할 잠재력을 갖고 있지만 이를 이용해 '디자이너 베이비'를 만드는 것과 같은 윤리적으로 논란이 되는 사용 방법도 있다.
③ 환경적 요인 : 기술 발전이 환경에 미치는 영향도 고려해야 한다. 예를 들어, 화석 연료를 사용하는 자동차와 발전소는 기술 발전을 통해 효율성이 향상됐지만 이로 인한 온실가스 배출은 기후 변화를 가속화하고 있다. 따라서 환경에 미치는 영향을 최소화하는 지속가능한

기술 전환의 필요성이 대두되고 있다. 이러한 요인들은 기술 발전을 제한할 뿐만 아니라 때로는 기술이 사회에 미치는 영향을 고려해 책임감 있게 기술을 발전시킬 필요성을 제기하기도 한다.

2) 문학 작품에 대한 하브루타 학습 : 작품 해석
「프란츠 카프카의 '변신' 작품으로 하브루타 사례」

[그림7] 작품해석 하브루타 소재(출처 : DALL·E3)

〈학습자〉 프란츠 카프카의 '변신'에서 그레고르는 왜 곤충으로 변했을까?

〈챗GPT〉 '변신'은 다양한 해석이 가능한 작품이다. 그레고르의 변화는 사회의 소외감, 가족 내의 역할, 인간의 본질 등 다양한 주제를 탐구하게 한다.

〈학습자〉 '그렇다면 그의 가족은 그의 변화에 어떻게 반응했을까?

〈챗GPT〉 그의 가족은 처음에는 충격과 혼란을 느끼지만, 시간이 지나면서 그레고르를 멀리하게 된다.

〈학습자〉 이 대화에서 그의 가족으로부터 외면당한 그레고르는 어떤 행동을 했을까?

〈챗GPT〉 그레고르는 가족으로부터 외면당하면서 점점 더 고립되고 소외된 존재가 되어간다. 그는 자신의 방에 갇혀 있어야 하며 가족 구성원들과 소통을 하려고 노력한다. 그레고르는 자신이 처해 있는 입장을 받아들이려고 노력한다. 하지만 가족이 너무 많아서 고통을 겪게 됐다.

3) 과학적 원리의 탐구 : 과학학습

〈학습자〉 양자역학에서 슈뢰딩거의 고양이는 무엇을 의미하나?

〈챗GPT〉 슈뢰딩거의 고양이는 양자역학의 초현실적인 특성을 설명하기 위한 생각 실험이다. 양자 상태의 중첩에 대한 논의를 통해.

〈학습자〉 그렇다면 중첩 상태란 어떤 의미인가?

〈챗GPT〉 중첩 상태는 양자 시스템이 두 개 이상의 상태에 동시에 존재할 수 있다는 원리를 의미한다.

4) 학습 도우미로서의 챗GPT 활용 방안

챗GPT를 다양한 학습 도우미로 활용할 수 있다. 아래에 그 사례 중 몇 가지를 소개한다.

(1) 챗GPT를 활용해 새로운 언어학습 사례

첫째, 학습자가 영어 회화를 연습하고 싶을 때 챗GPT와 가상 여행에 관한 대화를 나누면서 여행지에서 사용할 수 있는 표현과 문화에 대한 정보를 습득한다.

둘째, 챗GPT와 역할 놀이를 통해 취업 면접 시뮬레이션을 하면서 자기소개부터 면접질문에 대한 답변 연습까지 다양한 취업 관련 정보와 표현 방법 등을 배운다.

셋째, 일상생활 속 상황을 설정하고 아이들이 챗GPT와의 대화를 통해 식당에서 주문하는 방법이나 마트에서 물건을 구입할 때 필요한 대화법을 익힌다.

(2) 챗GPT를 활용한 대학생 학습 지원 사례

첫째, 과제 및 논문 작성 지원으로 대학생들은 다양한 과제와 논문을 작성해야 한다. 챗GPT는 주제에 대한 정보 제공, 문장 구성의 제안 또는 문법과 맞춤법 검사에 도움을 줄 수 있다. 또한 복잡한 주제나 개념에 대한 설명을 요청해 더 깊은 이해를 도모할 수 있다.

둘째, 시험 준비로 시험 기간에는 복습이 필수적이다. 챗GPT에게 주요 개념에 관한 질문을 해 정확한 답변과 함께 추가적인 정보나 자료를 얻을 수 있다. 이를 통해 효율적인 복습이 가능해진다.

셋째, 외국어 학습으로 챗GPT는 다양한 언어를 지원하므로 외국어 학습에 활용할 수 있다. 대화 형식으로 언어 실력을 향상케 하거나 문장의 번역과 발음, 문법 교정 등의 도움을 받을 수 있다.

넷째, 최신 연구 동향 파악으로 대학생들은 자신의 전공 분야에서의 최신 연구 동향을 파악하는 것이 중요하다. 챗GPT는 다양한 주제에 대한 최신 정보와 연구 결과를 제공해 학생들이 전공 분야의 최신 동향을 쉽게 파악할 수 있게 도와준다.

다섯째, 시간 관리 및 스터디 플랜 제안으로 챗GPT는 학습 계획을 세우는 데 도움을 줄 수 있다. 대학생의 학습 목표와 시간표를 고려해 효율적인 학습 계획과 스터디 플랜을 제안해 줄 수 있다.

이처럼 챗GPT는 대학생의 학습을 지원하고, 학업 성취도를 높이는 데 다양한 방면에서 큰 도움을 줄 수 있다.

(3) 챗GPT를 이용한 과제 수행 지원의 사례

첫째, 학습자가 역사 과제를 준비할 때, 챗GPT에게 특정 역사적 사건의 배경과 영향에 대해 질문하고 이를 바탕으로 보고서의 개요를 작성한다.

둘째, 과학 프로젝트를 위해 특정 생물학적 개념에 대한 설명을 요청하며 챗GPT가 제공하는 정보를 통해 실험 계획서를 구체화한다.

셋째, 논리적 글쓰기 능력을 향상하기 위해 챗GPT와 함께 주장과 논증 구조를 짜면서 설득력 있는 에세이 작성 연습을 한다.

(4) 챗GPT를 활용한 복잡한 개념 이해 및 문제 해결 사례

첫째, 학습자가 수학 문제를 풀 때 챗GPT에게 문제해결 방법을 단계별로 설명해 달라고 요청해 문제해결 과정을 이해하고 스스로 풀 수 있도록 한다.

둘째, 프로그래밍을 배울 때 챗GPT에게 특정 코드의 작동 원리를 설명해 달라고 해 프로그래밍 개념을 심화한다.

셋째, 물리학의 복잡한 이론을 공부할 때 챗GPT로부터 해당 이론의 실생활 응용 예를 듣고 이를 바탕으로 자신만의 이해를 구축한다.

5. 챗GPT와 질문의 힘

챗GPT를 배우고 프롬프트에 무슨 질문을 할 것인가에 대해 고민해보지 않은 학습자가 없을 것이다. 생성형 AI에서 프롬프트에 질문을 준비하는 것은 사람을 처음 만나 말문을 트기 위해 무슨 말부터 꺼내야 할지 고민하는 것과 같다. 챗GPT는 좋은 질문에는 좋은 해답을 제시한다. 그것이 정답인지는 학습자가 선택하고 결정해야 한다.

이와 같이 질문은 학습 과정에서 중요한 역할을 한다. 질문을 통해 학습자는 자신의 지식과 이해도를 점검하며 자신이 알고 있는 것과 모르는 것 사이의 차이를 발견할 수 있다. 이러한 차이를 인식하게 되면 학습자는 그 간극을 메우기 위해 더 깊은 탐구와 연구를 시작하게 된다.

또한 질문은 복잡한 주제나 개념을 분해하고 그것을 다양한 관점에서 바라보게 한다. 이를 통해 학습자는 주제에 대한 더 깊고 폭넓은 이해를 얻을 수 있다. 질문은 또한 학습자가 자신의 생각과 의견을 명확히 표현하고 다른 사람과의 토론에서 새로운 관점과 아이디어를 얻는 데 도움을 준다.

이러한 질문을 통한 깊이 있는 학습의 이점은 다양하다.

첫째, 학습자는 주제에 대한 더 깊은 이해와 통찰력을 얻을 수 있다. 이를 통해 학습자는 문제해결 능력을 향상시키고 새로운 상황에서도 유연하게 대처할 수 있게 된다.

둘째, 질문을 통한 학습은 학습자의 호기심과 창의력을 촉진한다. 이는 학습자가 새로운 아이디어와 해결책을 발견하는 데 도움을 준다.

셋째, 질문을 통한 학습은 학습자가 지식을 실제 상황에 적용하는 능력을 향상시킨다. 이는 학습자가 실제 세계에서의 문제와 도전에 더 효과적으로 대응할 수 있게 한다.

1) 질문과 의문은 어떻게 다른가?

질문과 의문은 똑같은 의문부호(?)를 갖고 있지만 그 개념에는 차이가 있다. 의문은 개인의 내면에서 발생하는 불확실성이나 궁금증을 나타내는 정서적·지적 반응이다. 이는 특정 상황이나 정보에 대한 개인의 내부적인 반응으로 스스로는 외부로 표현되지 않는다.

예를 들어, 어떤 사실을 처음 들었을 때 그것이 정말로 사실인지 의심하는 내면적인 느낌이나 궁금증이 의문이다. 의문을 해소하기 위해서는 반드시 질문을 해야 한다. 질문을 하지 않으면 의문은 계속되는 의문부호(?)를 안고 머릿속은 점점 혼돈 상태로 남게 된다.

[그림8] 질문과 의문(출처 :The Power of Question)

반면, 질문은 의문점을 구체적인 언어나 형태로 표현하는 것이다. 질문은 의문을 해소하기 위해 다른 사람에게 물어보거나 정보를 얻기 위해 사용되는 '말 또는 행동'의 도구다. 질문은 의사소통의 수단으로 의문(궁금증)을 명확하게 하고, 답을 찾기 위해 사용된다. 질문은 의문(?) 상태를 해소하기 위해 내면적 궁금증을 밖으로 표출하는 것으로 그 결과는 느낌표(!)로 나타나게 된다.

다시 말해, 의문은 내부적인 궁금증이나 불확실성을 나타내는 물음표(?)의 반복적 상태라고 할 수 있으며, 질문은 그러한 의문을 해소하기 위해 물음표(?)를 말이나 행동을 구체적으로 표현하고 정보나 해답을 얻기 위한 외부적인 행위로써 그 결과는 물음표(?)에서 느낌표(!)로 변해 나타난다.

질문을 멈춘 사람은 '내 인생 어쩌다 이렇게 되었지?'라는 의문만 계속 머릿속에 맴돌며 남는 것은 후회뿐이다. 챗GPT를 배워야 한다는 강한 호기심이 있어 도전했다. 그때 도전하지 않았다면 나의 머릿속에는 지금도 후회만 남아있을 것이다.

2) 챗GPT를 활용한 좋은 질문 만들기

챗GPT를 활용해 좋은 질문 만들기는 학습, 연구, 콘텐츠 제작 등 다양한 분야에서 유용하게 활용될 수 있다. 챗GPT를 활용해 좋은 질문을 만드는 방법과 전략에 대해 자세히 알아보자.

첫째, 목적 정의하기이다.
질문의 목적을 명확히 해야 한다. 정보 수집, 주제의 깊은 이해, 논의 활성화 등 다양한 목적에 따라 질문의 형태와 내용이 달라질 수 있다. 프롬프트에 질문을 남길 때는 자신이 기대하는 해답이 제시될 때까지 질문의 형태와 내용을 명확히 제시해야 한다.

둘째, 주제 선정하기이다.
질문을 만들 주제를 선정하고 주제는 구체적이고 명확히 할수록 좋다. 질문 주제를 선정한다는 것은 질문의 내용과 형태를 상징적으로 표현할 수 있는 간결한 문장으로 표현하는 것이 좋다.

셋째, 챗GPT에 정보 제공하기이다.

챗GPT에게 주제에 대한 기본적인 정보나 배경(상황)을 제공한다. 이를 통해 챗GPT는 더 구체적이고 관련성 있는 질문을 도출할 수 있다. 챗GPT에 내가 얻고자 하는 정보와 관련된 다양한 데이터나 유사한 자료를 많이 제공할수록 더 챗GPT는 더 좋은 답변으로 되돌려 준다.

넷째, 질문형식 결정하기이다.

좋은 해답을 얻기 위해서는 질문의 형식을 결정하는 것도 중요하다. 일예로 객관식, 단답형, 서술형, 사례 기반 질문 등 다양한 형식이 있다. 챗GPT에게 질문을 할 때는 이러한 형식을 구체적으로 제시해야 네가 원하는 정보를 얻을 수 있다.

다섯째, 챗GPT에게 질문 생성을 요구하고 반복적으로 보완한다.

챗GPT에게 주제와 질문형식에 따른 질문 생성을 요구한다. 챗GPT가 생성한 질문을 검토하고 필요한 경우 수정하거나 보완한다. 필요에 따라 챗GPT에게 꼬리에 꼬리를 무는 반복적으로 질문하거나, 추가적인 정보를 제공하여 다른 방식의 질문을 요구할 수도 있다.

여섯 번째, 다양한 관점 활용하기이다.

하나의 주제에 대해 다양한 관점에서 질문을 생성하도록 챗GPT에 요구할 수 있다. 이를 통해 주제에 대한 폭넓은 이해와 다양한 논의를 유도할 수 있다.

챗GPT를 활용한 질문 만들기는 효과적인 학습 도구로 활용될 수 있다. 특히 교육자나 연구자는 챗 GPT를 활용해 다양한 주제와 관점에 관한 질문을 빠르게 생성하고 이를 바탕으로 학습자나 참여자의 토론과 논의를 활성화할 수 있다.

3) 챗GPT로 만든 질문으로 메타인지 하브루타 학습

'메타인지(Meta Cognition)'는 자신의 인지 과정에 대한 인식과 이해 그리고 그것을 조절하는 능력을 말한다. 즉, 자신의 생각, 학습, 기억, 이해 등의 인지적 활동을 모니터링하고 조절하는 과정으로 자신이 알고 있는 것과 알지 못하는 것을 정확히 인지하는 능력이라고 할 수 있다. 메타인지와 하브루타 학습의 두 개념을 결합하면 학습 전략, 사고 과정, 문제해결 방식 등에 대한 깊은 토론을 통해 개인의 메타인지 능력을 향상하는 방법이 될 수 있다.

다음은 챗GPT로 만든 질문을 활용한 메타인지 하브루타 학습 방법의 예시이다.

첫째, 학습 전략에 관한 질문이다.

〈챗GPT에게 질문〉 어떤 학습 전략을 사용했을 때 가장 효과적이었나? 그 이유는 무엇인가?

〈챗GPT 답변〉 학생들이 학습할 때 효과적인 전략은 다양하지만 몇 가지 일반적으로 알려진 전략들이 있다. 첫째, 활동적인 학습, 질문 기반 학습, 둘째, 개념 구조화 및 시각화, 반복 및 복습, 문제해결 및 실전연습이 효과적이다. 중요한 점은 각자의 성격과 선호도에 맞는 방법을 찾아보는 것이다. 실험하면서 어떤 전략이 자신에게 가장 잘 맞는지 파악하는 것이 좋다. 학습자는 챗GPT가 제시하는 질문으로 자신의 학습 전략과 그 효과에 대해 깊이 있게 토론하고 다른 학습자의 전략과 비교해 자신의 전략을 개선할 수 있다.

둘째, 사고 과정에 관한 질문이다.

〈챗GPT에게 질문〉 특정 문제를 해결할 때 사용한 사고 과정은 무엇이었나? 다른 방법을 사용했다면 결과가 어떻게 달라졌을까?

〈챗GPT 답변〉 학습자는 이 질문을 통해 자신의 사고 과정을 되돌아보고 다양한 사고방식과 접근 법에 관해 토론할 수 있다. 일반적으로 문제해결에는 다양한 접근 방식과 사고 과정이 사용된다. 일부의 경우 문제를 분석하고 조건을 이해하는 단계가 선행되며 그런 다음 가능한 해결책을 도출하기 위해 창의적인 사고와 논리적 추론이 사용될 수 있다. 추가 적으로 실험, 시도와 오류, 정보 수집 및 분석 등의 단계가 포함될 수 있다.

다른 방법을 사용했을 때 결과가 어떻게 달라질지는 상황과 문제의 복잡성에 따라 다를 것이다. 다른 접근 방식은 새로운 관점과 아이디어를 제시하거나 기존 접근법에서 놓친 요소를 발견할 수 있다. 더 나은 결과를 도출하기 위해 새로운 방법을 시도하는 것은 유효한 전략일 수 있으며 실패하는 경우라도 그것은 새로운 학습과 성장의 기회가 될 수 있다.

따라서 특정 문제와 상황에 따라 어떤 사고 과정과 접근 방식이 가장 효과적인지 판단하기 위해서는 해당 문제의 성격과 요구사항을 이해하고 탐색적으로 여러 가지 방법을 시도하며 결과와 피드백을 활용해 지속적으로 개선하는 것이 중요하다.

셋째, 문제해결 방식에 관한 질문이다.

〈챗GPT에게 질문〉 어려운 문제를 마주쳤을 때, 어떻게 그 문제를 해결하려고 노력했나? 그 방식이 효과적이었나?

〈챗GPT답변〉 학습자는 이 질문을 바탕으로 자신의 문제해결 방식에 대해 깊이 있게 토론하고 다른 학습자의 방식과 비교해 더 효과적인 방법을 찾아볼 수 있다.

이러한 방식으로 챗GPT로 만든 질문을 활용하면 학습자는 자신의 메타인지 능력을 깊이 있게 토론한다. 또한 챗GPT와 함께 텍스트 하브루타 방법으로 다양한 관점과 전략을 탐구하며 자신의 학습 능력을 향상시킬 수 있을 것이다.

4) 챗GPT와 하브루타 기반 학습 적용 사례

챗GPT와 하브루타 기반 학습을 결합하면 디지털 환경에서도 깊은 토론과 반성을 통한 학습이 가능하다. 다음은 이러한 접근법을 활용한 학습 적용 사례 다섯 가지를 제시한 것이다.

첫째, 챗GPT를 활용한 문학 작품의 해석
학습자가 챗GPT에게 특정 문학 작품의 주제나 캐릭터에 관한 질문을 제시하고, 챗GPT의 답변을 바탕으로 더 깊은 토론을 이어 나갈 수 있다. 예를 들어, '햄릿의 결정 부족은 어떤 원인에서 비롯되었나?'와 같은 질문을 통해 작품에 대한 깊은 이해를 도모할 수 있다. 이때 제시된 질문을 대상으로 하브루타 학습 방법으로 각자의 생각을 서로 나누며 토론으로 이어 가면 메타인지 상태에 도달하게 된다.

둘째, 챗GPT를 활용한 과학적 원리와 실험

학습자가 특정 과학적 원리나 실험에 대한 설명을 요구하고 그 설명을 바탕으로 추가적인 질문을 제시해 원리나 실험에 대한 깊은 이해를 추구한다. 예를 들어, '뉴턴의 제3 법칙은 어떻게 일상생활에서 나타나?'와 같은 질문이다.

셋째, 챗GPT를 활용한 역사적 사건의 깊은 탐구

특정 역사적 사건에 대한 기본 정보를 챗GPT에게 요구한 후, 그 사건의 원인, 결과, 중요성 등에 대한 추가적인 질문을 통해 역사적 사건에 대한 깊은 토론을 이어나갈 수 있다.

넷째, 챗GPT를 활용한 철학적 논의와 탐구

챗GPT에게 철학적 주제나 개념에 대한 설명을 요청하고 그 설명을 바탕으로 철학적 논의를 깊게 이어 나갈 수 있다. 예를 들어, '자유 의지는 무엇이며, 우리는 정말로 자유 의지를 갖고 있는가?'와 같은 질문을 통해 철학적 탐구를 진행할 수 있다. 이때 주어진 주제에 대해 자신의 경험을 바탕으로 하는 사례 중심으로 토론하면 하브루타 과정 전체가 흥미롭게 진행될 수 있다.

다섯째, 챗GPT를 활용한 예술 작품의 분석

특정 예술 작품(예 : 시, 그림, 조각, 음악)에 대한 설명과 분석을 챗GPT에게 요구하고 그 분석을 바탕으로 작품의 의미, 기법, 배경 등에 대한 깊은 토론을 이어 나갈 수 있다.

이러한 방식으로 챗GPT를 활용해 좋은 질문을 만들고 이 질문을 하브루타 학습 방법을 활용해 학생들의 사고력을 향상시킬 수 있는 학습으로 이어갈 수 있다. 챗GPT를 활용한 좋은 질문과 하브루타 기반 학습을 결합하면 학습자는 다양한 주제와 관점에 대한 깊은 토론을 통해 학습 내용에 대한 깊은 이해와 통찰을 얻을 수 있어 학습 효율을 높일 수 있을 것이다.

챗GPT는 교육 및 학습 분야에서 다양한 방식으로 활용되고 있다.

[그림9] 챗GPT 활용한 다양한 학습 사례(출처 : DALL·E3)

1) 개별 학습 지원

챗GPT를 개별 학습 지원에 활용하는 것은 매우 유용할 수 있다. 여기에 몇 가지 학습 방법과 단계를 제시하고자 한다.

(1) 학습 목표 설정

먼저 학습하고자 하는 주제나 스킬을 명확히 정의한다. 예를 들어, 수학, 과학, 언어학습 등의 주제를 선택할 수 있다.

(2) 질문 및 대화 생성

학습자가 주제에 대해 알고 싶은 질문을 챗GPT에게 제출한다. 챗GPT는 해당 질문에 대한 답변을 제공하며 이를 통해 학습자는 주제에 대한 이해를 높일 수 있다.

(3) 피드백 시스템 활용

학습자는 챗GPT의 답변에 대한 피드백을 제공할 수 있다. 이 피드백은 챗GPT가 더 나은 답변을 제공하는 데 도움을 줄 수 있다.

(4) 학습 자료 제공

학습자는 챗GPT에게 특정 학습 자료나 문서를 제공해 그 내용에 관한 질문을 할 수 있다. 챗GPT는 제공된 자료를 바탕으로 질문에 답변을 제공한다.

(5) 퀴즈 및 테스트

학습자는 챗GPT에게 특정 주제에 대한 퀴즈나 테스트를 요청할 수 있다. 챗GPT는 학습자의 지식수준을 테스트하는 질문을 생성하고 답변을 평가해 피드백을 제공한다.

(6) 주기적인 복습

학습자는 챗GPT에게 이전에 학습한 내용에 대한 복습 질문을 할 수 있다. 이를 통해 학습자는 지식을 상기시키고 장기기억에 저장할 수 있다.

(7) 다양한 언어 지원

챗GPT는 여러 언어를 지원하므로 학습자는 자신의 모국어 또는 다른 언어로 학습을 진행할 수 있다.

이러한 방법을 통해 챗GPT는 개별 학습 지원 도구로써 매우 유용하게 활용될 수 있다. 학습자는 자신의 속도와 방식으로 학습을 진행하며 챗GPT는 그 과정에서 지속적인 지원과 피드백을 제공하게 된다.

2) 언어학습 도우미

챗GPT는 다양한 언어로 대화를 지원하므로 언어 학습자들은 대화를 통해 실제 대화 능력을 향상시킬 수 있다. 챗GPT를 활용해 언어학습을 지원하는 방법은 다양하다. 여기에 몇 가지 구체적인 방법을 제시하고자 한다.

(1) 기본 문법 및 어휘 연습

학습자는 챗GPT에게 기본적인 문장 구조나 특정 어휘의 사용법에 관한 질문을 할 수 있다.

예 : How do I use the word 'benevolent' in a sentence?" 또는 "Can you explain the difference between 'affect' and 'effect'?

(2) 대화 연습

학습자는 챗GPT와 일상적인 대화를 시도해 회화 능력을 향상시킬 수 있다.

예 : 학습자가 'How was your day?'와 같은 질문을 시작으로 대화를 시작하고, 챗GPT의 답변에 따라 대화를 계속 이어 나갈 수 있다.

(3) 발음 연습

챗GPT 자체는 발음 기능을 제공하지 않지만 챗GPT의 텍스트 응답을 음성 변환 도구나 앱을 통해 듣고 따라 할 수 있다.

(4) 문화 및 관용구 학습

챗GPT에게 특정 언어의 문화나 관용구에 관한 질문을 해 언어 이외의 중요한 요소도 학습할 수 있다.

(5) 롤 플레이

학습자는 특정 상황이나 역할을 가정하고 챗GPT와 롤 플레이를 할 수 있다. 이를 통해 여행, 비즈니스 미팅, 의료 상담 등 다양한 상황에서 언어 사용 능력을 향상시킬 수 있다.

(6) 작문 연습

학습자는 챗GPT에게 작성한 문장이나 글을 제출하고 그에 대한 피드백을 받을 수 있다. 챗GPT는 문법, 어휘 선택, 문장 구조 등에 대한 조언을 제공할 수 있다. 자기소개서, 학업계획서, 사업계획서 등의 초안을 작성하거나 자신이 작성한 내용을 챗GPT에게 피드백 받을 수 있다.

(7) 퀴즈 및 테스트

학습자는 챗GPT에게 언어 관련 퀴즈나 테스트를 요청할 수 있다. 챗GPT는 학습자의 언어 능력을 테스트하고 그 결과에 대한 피드백을 제공한다.

(8) 다양한 언어 모드

학습자는 챗GPT에게 다른 언어로 응답하도록 요청해 여러 언어 간의 전환 능력을 향상시킬 수 있다. 이러한 방법을 통해 챗GPT는 언어 학습자들에게 매우 유용한 학습 도구로 활용될 수 있다. 챗GPT와의 지속적인 대화를 통해 학습자는 실제 대화 능력뿐만 아니라 언어에 대한 전반적인 이해도를 향상시킬 수 있다.

3) 프로젝트 기반 학습지원

학생들이 프로젝트나 연구를 진행할 때 정보 검색이나 아이디어 제안 등의 지원을 받기 위해 챗GPT를 활용할 수 있다. 챗GPT는 학생들이 프로젝트나 연구를 진행할 때 다양한 방법으로 도움을 줄 수 있다. 다음은 GPT를 활용하는 몇 가지 방법에 대한 설명이다.

(1) 정보 검색

학생들은 특정 주제나 개념에 대한 정보를 챗GPT에게 질문할 수 있다. 챗GPT는 그 주제에 대한 기본적인 정보, 정의, 배경지식 등을 제공한다.

(2) 아이디어 제안

프로젝트나 연구 주제를 선정하는 데 어려움을 겪을 때, 챗GPT에게 아이디어나 제안을 요청할 수 있고 챗GPT는 다양한 관점에서 아이디어를 제시해 준다.

(3) 자료 검토

학생들이 작성한 보고서나 논문 초안을 챗GPT에게 제시하면 챗GPT는 내용의 일관성, 문법 오류, 논리적 구조 등을 검토하고 피드백을 제공한다.

(4) 데이터 분석 지원

통계나 데이터 분석과 관련된 질문을 챗GPT에게 할 수 있다. 챗GPT는 기본적인 통계적 방법론이나 데이터 분석 전략에 대한 조언을 제공한다.

(5) 기술적 문제해결

프로젝트나 연구 중에 기술적인 문제나 오류에 직면했을 때 챗GPT에게 문제 상황을 설명하고 해결 방법을 질문할 수 있다.

(6) 참고 자료 추천

챗GPT는 특정 주제에 대한 추가적인 참고 자료나 논문, 웹 사이트 등을 추천해 줄 수 있다.

(7) 토론 및 논의

학생들은 챗GPT와 주제에 관한 토론을 진행해 다양한 관점을 탐색하거나 깊은 이해를 얻을 수 있다. 이때 하브루타 러닝 방법으로 진행하면 학습효과를 더 높일 수 있을 것이다.

(8) 시뮬레이션 및 실험 설계

실험 설계나 시뮬레이션에 관한 조언을 챗GPT에게 요청할 수 있다. 챗GPT는 기본적인 설계 원칙이나 주의 사항 등을 제시해 줄 수 있다. 이러한 방법들을 통해 챗GPT는 학생들의 프로젝트나 연구 활동을 지원하고 그 과정에서 발생하는 다양한 문제나 질문에 대한 해결책을 제시해 줄 수 있다.

4) 튜터링 및 멘토링 활동 지원

챗GPT는 학생들의 학습 진도나 이해도에 따라 맞춤형 피드백과 지원을 제공할 수 있다.

(1) 개별 진도 파악

학생은 챗GPT에게 현재까지 학습한 내용, 이해한 부분, 아직 이해하지 못한 부분에 관해 설명할 수 있다. 챗GPT는 이러한 정보를 바탕으로 학생의 학습 진도와 이해도를 파악한다.

(2) 맞춤형 피드백 제공

챗GPT는 학생의 학습 진도와 이해도에 따라 특정 주제나 개념에 대한 추가 설명, 예제, 연습 문제 등을 제공할 수 있다.

(3) 학습 자료 추천

학생의 학습 수준과 필요에 따라 챗PT는 추가적인 학습 자료, 동영상, 웹 사이트, 논문 등을 추천해 줄 수 있다.

(4) 진도에 맞는 퀴즈 및 테스트

챗GPT는 학생의 학습 진도에 맞는 퀴즈나 테스트를 생성해 제공할 수 있다. 이를 통해 학생은 자신의 이해도를 점검하고 필요한 부분을 추가 학습할 수 있다.

(5) 학습 전략 제안

챗GPT는 학생의 학습 습관, 시간 관리, 학습 방법 등에 관한 조언을 제공할 수 있다. 이를 통해 학생은 더 효과적인 학습 전략을 세울 수 있다.

(6) 주기적인 복습 및 학습 상태 체크

챗GPT는 학생에게 주기적으로 복습을 권장하고 학습한 내용에 관한 질문을 통해 학습 상태를 체크할 수 있다.

(7) 모티베이션 유지

학습 도중에 의욕이 떨어질 경우 챗GPT는 학생을 격려하거나 학습의 중요성, 목표 달성의 가치 등에 관해 이야기해 학생의 모티베이션을 유지하는 데 도움을 줄 수 있다.

이러한 방법들을 통해 챗GPT는 학생들의 학습 진도와 이해도에 따라 개별적이고 맞춤형의 피드백 및 지원을 제공해 학습 효과를 극대화하는 데 도움을 줄 수 있다. 챗GPT의 활용은 교육 및 학습의 효율성과 효과성을 높이는 데 큰 도움을 제공한다. 그러나 도구로서의 활용에만 의존하지 않고 실제 교육자와의 상호작용과 결합해 사용할 때 최대의 효과를 발휘할 수 있다.

5) 국내외 학교에서의 하브루타 러닝 적용 사례

하브루타 러닝(Havruta Learning)은 전통적인 유대 교육 방식에서 비롯된 학습 방법으로 두 학생이나 소그룹이 특정 텍스트나 주제에 대해 깊이 있게 토론하며 학습하는 방식이다. 이 방식은 전 세계 여러 학교와 교육 기관에서 다양한 형태로 적용되고 있다.

첫째, 유대계 학교에서의 토라 학습이다.

전 세계의 많은 유대계 학교와 예시바(Yeshiva) 대학에서는 하브루타 방식을 통해 토라나 탈무드를 학습한다. 학생들은 파트너와 함께 텍스트를 읽고, 그 의미와 해석에 관해 토론하며, 깊은 이해와 통찰을 얻는다. 토론은 질문과 대화를 기본으로 진행된다. 자신이 이해한 내용을 하브루타 짝에게 설명해 텍스트가 제시하는 내용의 의미를 확인시키는 과정을 반복적으로 이행한다.

이때 하브루타 짝은 교사와 학생의 입장을 바꿔 가며 역할을 수행 한다. 한번은 학생이 되고, 한번은 선생님이 돼 친구 가르치기 학습방법으로 하브루타 러닝이 진행 된다.

둘째, 국내 대학의 토론 수업이다.

국내 몇몇 대학에서는 하브루타 러닝 방식을 차용해 토론 수업을 운영하기도 한다. 학생들은 주어진 주제나 텍스트에 대해 파트너와 토론하며 다양한 관점과 해석을 공유한다. 이를 통해 학생들은 주제에 대한 깊은 이해뿐만 아니라 비판적 사고 능력도 향상시킬 수 있다.

셋째, 미국 초등학교의 독서 교육이다.

미국의 일부 초등학교에서는 하브루타 러닝 방식을 독서 교육에 적용하고 있다. 학생들은 파트너와 함께 책을 읽고 그 내용과 주제에 관해 토론한다. 이를 통해 학생들은 독서 능력뿐만 아니라 독서에 대한 흥미와 동기도 향상시킬 수 있다.

넷째, 드리미 스쿨(기독교 대안학교)의 하브루타 러닝 사례이다.

충남 천안시에 있는 드리미 스쿨(기독교 대안학교)에서는 2023년도 제2학기에 하브루타 러닝 학습을 교양선택 과목으로 지정해 교육과정을 운영하고 있다.

텍스트는 'The Little Prince'로 선택했다. 이 책의 저자는 프랑스 작가 '앙투안 드 생텍쥐 페리'이다. 이 책의 주된 이야기는 우정, 사랑, 인간관계의 본질과 같은 주제를 탐구하는 철 학적 이야기로 구성돼 있다.

어린 왕자가 7개의 행성을 여행하며 다양한 행성 거주자를 만나면서 느끼는 성인(成人)들 의 어리석음이나 잘못된 우선순위의 다양한 측면을 묘사하며 어린 왕자의 다양한 행성 여 행이라는 맥락에서 스토리가 구성돼 있다.

※하브루타 학습 사례
〈어린 왕자가 첫 번째 별에서 왕을 만난 스토리 '요약'〉
어린 왕자는 첫 번째 별을 방문할 때 작은 왕을 만난다.
이 왕은 자신의 별에서 유일한 주민이며 그의 별은 아주 작아서 왕의 왕좌가 거의 전체를 차지하고 있다. 왕은 어린 왕자에게 자신이 별의 모든것을 다스리고 있다고 자랑한다. 그는 자신이 명령하는 것이 반드시 이행되도록 조심스럽게 명령을 내린다.

예를 들어, 일출을 명령하려면 그가 명령을 내릴 때 일출이 가능한 시간대가 되도록 조절 한다는 것이다. 어린 왕자는 이 왕의 주관적이고 상대적인 권력에 의문을 품기 시작한다. 왕은 자신의 권력이 절대적이라고 주장하지만 실제로는 그의 별에 관한 권력이 상대적이며 조건부라는 것을 깨닫는다. 이 왕과의 만남을 통해 어린 왕자는 권력의 상대성, 무의미한 권위와 명령에 대한 교훈을 얻었다. 그 후 어린 왕자는 다른 별들을 차례로 방문하며 다양 한 인물들과의 만남을 통해 사람들의 허영, 외로움, 사랑, 친구 등에 대한 깊은 깨달음을 얻 게 된다.

〈하브루타 학습 진행 프로세스〉

Q1. 어린 왕자가 방문한 첫 번째 별에서 만난 왕과 어린 왕자 사이에 있었던 이야기의 줄 거리를 읽고 각자가 질문 10개씩 만든다.

Q2. 각자가 만든 질문 10개를 친구(짝)과 비교해 그중에서 좋은 질문 5개를 선택한다. 이 때 각자가 만든 질문이 좋은 질문으로 선정되기 위해 자신의 질문 내용을 충실히 설

명해 짝을 설득하고 동의를 받도록 경쟁하듯이 최선을 다한다.

Q3. 각 팀에서 선택된 질문(5개)를 다른 팀과 비교해 위 Q2와 같은 방법으로 설명해 다른 팀을 설득하고 동의를 받도록 최선을 다해 각각 좋은 질문 2개를 선택한다. 이때 질문의 내용을 수정해 질문을 새롭게 재구성할 수도 있다.

Q4. 첫 번째 별에서 만난 왕과 어린 왕자 사이에 있었던 이야기가 독자에게 주는 교훈은 무엇인지 각 팀(조)으로 나눠 보고 그 내용을 간략히 기술해 정리한다.

학생들이 질문을 만들 때 선생님은 챗GPT를 활용해 좋은 질문 10개를 스스로 만들어 보고, 그 질문에 대한 의미를 찾아보며, 아이들과 종합 토론할 때 선생님의 전문성 있는 의견을 제시 할 수 있도록 준비한다.

〈챗GPT가 만든 10가지 질문예시〉

① 어린 왕자가 첫 번째 별의 왕과의 만남에서 깨닫게 된 교훈은 무엇인가?
② 왜 왕은 자신의 명령을 반드시 이행되도록 조절하려 했을까?
③ 왕의 왕좌가 그의 별의 거의 전체를 차지한다는 것은 어떤 의미를 가질까?
④ 왜 왕은 자신의 권력을 절대적이라고 주장했을까?
⑤ 어린 왕자는 왕의 권력이 상대적이며 조건부라는 것을 어떻게 깨달았나?
⑥ 어린 왕자는 다른 별들을 방문하면서 어떤 다양한 인물들을 만났나?
⑦ 사람들의 허영, 외로움, 사랑, 친구에 대한 어린 왕자의 깨달음은 무엇인가?
⑧ 왜 어린 왕자는 다양한 별들을 방문했을까?
⑨ 어린 왕자가 왕에게 던진 질문들은 왕의 어떤 부분을 도전했나?
⑩ 어린 왕자의 이야기를 통해 우리가 얻을 수 있는 주요 교훈은 무엇인가?

☞ 이 질문들은 스토리에 대한 이해와 해석을 도와주며, 더 깊은 토론과 논의를 유도할 수 있다.

〈첫 번째 별에서 만난 왕과 어린 왕자 사이에 있었던 이야기가 독자에게 주는 교훈〉

① 권력의 상대성

외견상 절대적인 권력을 가진 것처럼 보이는 사람들의 권력도 상황이나 조건에 따라 상대적일 수 있으며, 무조건적인 권력 추구의 무의미함을 인식할 수 있다.

② 명령과 권위의 무의미함

단순 명령과 권위 행사에는 진정한 의미나 가치가 없다. 중요한 것은 그것이 얼마나 실질적이며 의미 있는 결과를 가져오는가이다.

③ 인간의 본질적인 감정과 욕구

허영, 외로움, 사랑, 친구 등의 감정은 모든 인간에게 공통적이다. 이 감정들을 깊이 이해하고 진실된 관계와 소통을 추구하는 것이 중요하다.

④ 진정한 가치의 탐구

외부의 표면만을 보고 판단하는 것이 아니라, 본질적인 가치나 의미를 찾기 위한 깊은 성찰과 탐구가 필요하다.

6) 챗GPT를 활용한 학부모와 자녀 간의 질문 기반 대화의 효과

챗GPT를 활용한 학부모와 자녀 간의 질문 기반 대화는 그 관계를 더욱 강화하고 서로의 이해와 소통 능력을 향상케 하는 데 큰 도움이 된다. 먼저, 질문은 대화의 시작점이다. 챗GPT를 활용하면 학부모는 자녀의 관심사나 생각, 감정에 대한 다양한 질문을 생성할 수 있다.

이러한 질문은 자녀에게 그들의 생각과 감정을 표현할 기회를 제공하며 학부모는 자녀의 내면을 더 깊이 이해할 수 있게 된다. 또한 질문으로 시작된 대화는 자녀의 사고력과 표현 능력을 향상케 하는 데도 도움이 된다. 챗GPT의 도움으로 학부모는 자녀에게 복잡하거나 다양한 관점을 요구하는 질문을 제시할 수 있다. 이를 통해 자녀는 자신의 생각을 구조화하고 논리적으로 표현하는 능력을 기르게 된다.

더불어, 이러한 질문 기반의 대화는 학부모와 자녀 간의 관계를 더욱 강화한다. 서로의 생각과 감정을 공유하며 서로에 대한 이해와 존중이 깊어지게 된다. 이는 학부모와 자녀 간의 신뢰와 유대감을 높이는 데 큰 역할을 한다.

결론적으로, 챗GPT를 활용한 학부모와 자녀 간의 질문 기반 대화는 서로의 이해를 깊게 하고 자녀의 사고력과 표현 능력을 향상케 하며 그 관계를 더욱 견고하게 만드는 효과가 있다.

일례로 사춘기에 접어든 자녀와 부모 간의 대화는 종종 감정의 충돌이나 오해로 인해 어려워질 수 있다. 이러한 상황에서 챗GPT는 중립적인 도구로써 대화의 다리 역할을 할 수 있다.

아래는 챗GPT를 활용해 사춘기 자녀와의 대화를 이어 나갈 수 있는 방법을 제시한다.

첫째, 질문 생성 도움 요청이다.
부모는 챗GPT에게 자녀와의 대화를 시작할 수 있는 질문을 요청할 수 있다. 예를 들어 '오늘 학교에서 가장 기억에 남는 일은 무엇이었나?'와 같은 질문은 자녀의 일상에 관심을 갖는다는 것을 보여줄 수 있다. 이때 아이가 하는 대답으로부터 부모와 아이 사이에 학습 내용이 중심이 된 하브루타가 진행된다.

둘째, 감정 이해 도움 요청이다.
부모는 자녀의 행동이나 말에서 느껴지는 감정에 대해 챗GPT에게 조언을 구할 수 있다. 이를 통해 부모는 자녀의 감정을 더 잘 이해하고 적절한 대응 방법을 찾을 수 있다.

셋째, 중립적인 정보 제공이다.
감정이 격해진 상황에서는 챗GPT를 중립적인 정보 제공자로 활용할 수 있다. 예를 들어, 부모와 자녀 간의 논쟁 주제에 대한 객관적인 정보나 다양한 관점을 제시해 대화의 질을 높일 수 있다.

넷째, 대화 스킬 향상이다.

부모는 챗GPT에게 효과적인 대화 기법이나 스킬에 대한 조언을 구할 수 있다. 이를 통해 부모는 자녀와의 대화에서 더욱 효과적인 소통 방법을 배울 수 있다.

다섯째, 대화 주제 추천

챗GPT에게 자녀와의 대화 주제를 추천받을 수 있다. 이를 통해 부모와 자녀는 새로운 관심사나 활동을 함께 탐구하며 관계를 강화할 수 있다.

챗GPT를 활용하면 부모는 자녀와의 대화를 더욱 풍부하고 의미 있게 이어 나갈 수 있다. 단계마다 아이와 말문을 트게 되면 그때부터 아이와 하브루타 방법으로 더 많은 주제를 활용해 대화를 이어갈 수 있다. 그러면 아이의 토론 능력도 좋아지고 학습 능력도 향상될 수 있다. 중요한 것은 챗GPT는 도구로 활용하되 진심으로 자녀를 이해하고 존중하는 마음을 잊지 않는 것이 중요하다.

Epilogue

우리가 지닌 가장 강력한 도구는 '질문'이다. 질문은 우리의 호기심을 불태우고 알려지지 않은 지식의 문을 열어준다. 유대인의 하브루타 학습 방법은 질문을 통해 깊이 있는 지식을 탐구하는 전통을 보여준다. 현대의 인공 지능 기술AI는 그 질문에 대한 답을 찾는 데 있어 새로운 차원의 가능성을 제시한다. 이 두 세계의 만남은 우리에게 질문의 중요성과 그것을 통한 학습의 가치를 강조한다.

이와 같이 하브루타 러닝과 챗GPT는 각각 질문을 에너지원으로 삼고 있다. 좋은 질문을 해야만 좋은 해답을 얻을 수 있다. 그동안 우리나라 교육은 학습자가 질문하기 어려운 구조로 돼 있었다. 이제는 질문 받는 공부가 아니라 질문하는 공부 방법으로 바꿔야 한다.

챗GPT는 프롬프트에 입력된 질문으로부터 활동을 시작된다. 애매한 질문을 입력하면 애매한 내용의 결과물을 생성한다. 반면에 좋은 질문을 입력하면 좋은 내용의 결과물을 보여준다. 생성형 AI시대 '질문을 던지는 역량이 부족한 사람이 가장 취약 할 것이다.' 끈질기게 생각하고, 꼬리에 꼬리를 무는 질문으로 내가 원하는 문제를 해결하는 좋은 학습도구가 될 것이다.

'챗GPT와 하브루타'가 함께 하면 상상하지 못한 학습 시너지가 난다. 프랑스 계몽주의 작가 볼테르는 "끈질기게 생각해서 해결되지 않는 문제는 없다"라고 말했다.

지식의 깊이를 탐구하고 새로운 지평을 개척하는 여정에서 질문은 항상 우리의 나침반이다. 이 책을 통해 우리는 질문의 본질적 가치와 그것이 우리에게 가져다주는 무한한 가능성을 다시 한번 깨닫게 된다. 질문은 단순히 답을 찾는 도구가 아니라 지식의 경계를 확장하고, 사고의 깊이를 더욱 깊게 하는 시작점이다. 그렇기에 질문의 힘을 깨닫고 그것을 통해 우리의 학습과 지식을 끊임없이 확장해 나아가야 할 것이다.

'No Question, No Learning'
질문이 없는 삶은 죽은 삶이나 다름없다.
묻지 않으면 대답할 것도 없다.
질문은 내가 얻고자 하는 대답을 포획하는 그물이다.
질문이 죽으면 호기심이 죽고,
호기심이 죽으면 상상의 날개가 꺾이고
상상의 날개가 꺾이면 창의력은 싹조차 틔우지 않는다.
공부란 세상을 향해 질문의 그물망을 던지는 것이며
이때 질문의 크기는 내 삶의 크기를 결정한다.
질문 하는 사람은 5분 동안 바보가 되지만
질문하지 않는 사람은 영원히 바보로 살아간다.

12

미래를 향한 여정: AI와 함께하는 평생교육의 새로운 지평

김 금 란

제12장
미래를 향한 여정:
AI와 함께하는 평생교육의 새로운 지평

삶은 끊임없는 변화와 도전의 연속이다. 특히 이제는 우리의 일상에 깊숙이 파고든 인공지능(AI) 시대에서 우리는 어떻게 더 나은 미래를 향해 나아갈 수 있을까?

이 책은 AI와 평생교육이 만나는 지점에서 우리의 성장과 배움에 대한 이야기를 풀어낸다. 우리가 여행하는 삶의 길에서 학습은 우리의 가장 믿음직한 동반자이다. 가끔은 힘들고 지치게 만드는 도전이지만, 그럼에도 불구하고 우리는 항상 새로운 것을 배우며 성장하는 방향으로 나아간다. 다양한 연령대의 여러분들이 공감하고 도움 받을 수 있는 내용을 담아냈다.

이 책에서는 인간과 기계의 상호작용이 어떻게 우리의 일상을 바꾸고 있는지, 또한 평생교육이 왜 더 중요해졌는지에 대한 이야기를 나눠 보겠다. AI가 가져다주는 미래의 기회와 함께 우리가 가져야 할 역량과 지혜를 함께 탐구해 나갈 것이다. 우리는 서로에게 영감을 주고 받으며 성장할 것이다. 끊임없는 학습과 변화의 즐거움을 함께 나눠 더 나은 미래를 향해 나아가기를 기대한다. 인공지능(AI)은 우리의 학습 동반자로 우리의 성장을 돕는 데 더욱 효과적인 도구가 될 수 있다는 것이 이 책을 통해 여러분이 얻을 수 있는 가장 중요한 메시지이다.

이 책에서는 AI가 평생교육 분야에서 어떻게 활용될 수 있는지, 새로운 학습 경험을 어떻게 만들어 낼 수 있는지, 직업교육에 어떤 영향을 미치고 있는지 그리고 미래의 평생교육 시스템이 어떻게 바뀔 수 있는지에 대해 이야기하고자 한다. AI는 우리의 학습 경험을 개인화하고, 우리가 학습하는 방식을 혁신하며, 더욱 깊고 풍부한 학습 경험을 제공할 수 있다. AI는 우리 모두에게 맞춤형 교육 경로를 제공하며 학습 리소스의 추천 및 검색, 학습 결과의 인증 및 포트폴리오 관리 그리고 학습자 간의 네트워킹 및 협업을 돕는다.

하지만, 이 모든 것이 가능하려면 우리 스스로도 변화에 대한 준비와 수용을 해야 한다. 우리는 기술에 대한 신뢰와 이해를 키워야 하며, 새로운 학습 방식에 적응해야 한다. 또한 AI가 제공하는 모든 장점을 활용하려면 기술에 대한 지속적인 교육과 업데이트가 필요하다.

AI는 단지 도구일 뿐이다. 그것이 우리의 학습을 어떻게 변화시키는지는 우리 스스로가 결정하는 것이다. AI가 우리의 학습 동반자가 돼 우리 모두에게 더 나은 미래를 제공할 수 있기를 바란다. 더 나은 내일을 향해 함께 걸어가기 위한 초석으로 이 책이 여러분에게 도움이 되길 기대한다. 여러분에게 의미 있는 출발점이 되길 바라며, 계속해서 새로운 것을 배우고 탐구하는 데 도전하는 모든 분들을 응원한다. AI와 함께하는 학습의 새로운 시대가 여러분을 기다리고 있다.

1. 인공지능의 시대와 우리의 삶

1) 인공지능의 변화와 현실

인공지능(AI)은 우리의 삶을 뒤흔들었다. 그 역사는 수십 년 전부터 시작돼 최근 생성형 AI 발달로 우리의 일상에서 빼놓을 수 없는 존재로 자리매김하고 있다. 우리가 자각하지 못하는 부분부터 AI의 발전은 산업부터 생활에 이르기까지 다양한 분야에서 혁신을 가져왔다.

(1) AI로 제작되는 광고

[그림1] 챗GPT가 만들어 준 시나리오로 찍은 '아임닭' 광고(출처 : 아임닭 유튜브 공식채널)

(2) AI 기술로 복원하고 녹음한 노래

[그림2] AI기술을 활용해 미완성곡을 복원하고 앨범을 발표한 비틀즈(출처 : 엠빅뉴스 유튜브 공식채널)

이외에도 의료, 금융, 제도, 쇼핑 분야에서도 우리는 AI를 만날 수 있다. 이커머스 챗봇 서비스는 고객과의 상호작용을 향상하며 개인적인 구매 프로세스를 간소화하고 편리하게 해주는 서비스다. 이제 더 이상 인공지능(AI)은 우리의 삶에서 더 이상 생소한 개념이 아니다. 스마트폰, 자동차, 의료 서비스 등 우리가 사용하는 많은 기기와 시스템에 AI를 활용하고 있다. AI는 우리의 삶을 편리하게 만들고 많은 문제를 해결하는 데 도움을 주고 있다.

2) 기계와 인간의 공존(상호작용에서 협력까지)

인간과 AI는 이제 더 밀접하게 상호작용하고 공존하고 있다. 우리는 기계와 함께 일하며 인공지능이 우리의 일상생활에 녹아들어 가는 것을 경험하고 있다. 이는 새로운 협력과 이해관계를 형성하며 미래를 준비하는 과정이며 AI의 발전은 기계와 인간의 관계를 재정의하고 있다. AI는 더 이상 단순한 도구가 아니라 우리의 일상생활과 업무, 학습에 깊숙이 관여하는 존재가 되고 기계와 인간이 공존하면서 서로를 보완하고 협력하는 새로운 패러다임을 제시하고 있다.

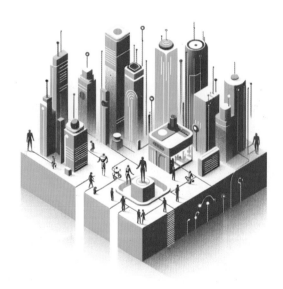

[그림3] 챗GPT4를 활용해 기계와 인간의 공존에 관한 이미지 생성(출처 : 챗GPT4 김금란)

(1) 인간과 AI의 상호작용(기술과 인류의 공진화)

기계와 인간의 공존은 인류의 역사에서 새로운 장을 열고 있다. 인공지능(AI)의 발전은 단순히 기술적 진보를 넘어서 인간의 삶의 방식, 일하는 방식, 심지어 사고하는 방식에까지 영향을 미친다. 인간과 AI의 상호작용은 공진화의 관점에서 이해할 수 있다. 서로 밀접한 관계를 갖는 인간과 인공지능기술은 서로 영향을 주며 진화하는 공진화는 AI가 인간의 필요와 행동을 학습하고 인간이 AI의 능력과 한계를 이해하며 적응하는 과정을 포함한다.

(2) 기계학습과 인간의 미래(협력의 새로운 패러다임)

AI와 기계학습은 단순히 자동화와 효율성을 넘어서 인간의 창의성과 잠재력을 확장하는 도구로 자리 잡고 있다. 기계가 인간의 작업을 보조하고 때로는 인간이 간과할 수 있는 패턴이나 데이터를 발견하면서 인간과 기계는 상호 보완적인 관계를 형성한다. 이러한 협력은 인간의 업무를 단순화하고 창의적인 해결책을 찾는 데 기여한다.

의료 영상 분석에서 AI는 방대한 양의 데이터를 빠르게 처리하고, 패턴을 인식해 질병의 징후를 발견하는 데 사용하고 있다. 예를 들어, AI는 유방암 스크리닝에서 미세한 종양이나 이상을 감지하는 데 도움을 주고 있다. 이런 AI의 지원은 의사가 더 정확하고 신속한 진단을 내리는 데 도움을 주며, 최종적인 진단과 치료 계획 결정에는 인간 의사의 전문 지식과 경험이 중요하게 작용하는 중이다.

예술이나 디자인 분야에서 AI는 새로운 아이디어와 형태를 제안하는 데 사용될 수 있다. 예를 들어, 음악 작곡에서 AI는 다양한 멜로디와 조화를 생성해 내어 작곡가에게 영감을 주고 작곡가는 이러한 AI의 제안을 바탕으로 자신만의 독창적인 작품을 완성한다.

제조업에서는 로봇이 반복적이고 위험한 작업을 수행함으로써 인간 노동자를 보호하고 효율성을 높일 수 있다. 예를 들어, 자동차 조립라인에서 로봇은 중량이 무거운 부품을 조립하는 반면, 인간 노동자는 더 세밀하고 복잡한 조정을 담당한다. 이러한 협력은 안전성을 높이고 인간 노동자의 기술을 더 가치 있는 작업에 집중할 수 있게 한다.

이러한 예시들은 AI와 기계학습이 인간의 창의성과 잠재력을 확장하고 상호 보완적인 관계를 형성하는 방식을 보여주고 있다. 기계와 인간의 이러한 협력은 업무를 단순화하고 더 창의적이고 혁신적인 해결책을 찾는 데 기여한다.

(3) AI의 미래 전망과 기회(새로운 직업과 산업의 출현)

AI의 발전은 새로운 직업과 산업의 출현을 촉진한다. 데이터 과학자, AI 윤리 전문가, AI 통합 전략가와 같은 직업은 이전 세대에서는 상상조차 할 수 없었던 것들이다. 이러한 새로운 직업들은 기술과 인간의 상호작용을 극대화하고 AI의 발전을 인류의 발전으로 연결하는 중요한 역할을 한다.

데이터 과학자들은 대량의 데이터를 분석해 유용한 통찰력을 제공한다. AI 시대에서는 이들의 역할이 중요해지며 특히 빅 데이터, 기계학습, 딥 러닝 등을 활용해 새로운 발견을 이끌어 낼 수 있다. 예를 들어, 의료 분야에서 데이터 과학자들은 환자 데이터를 분석해 질병 예측 모델을 개발하거나, 맞춤형 치료법을 제안하는 데 기여할 수 있다.

AI 윤리 전문가는 AI 기술의 윤리적 적용을 감독하고, 기계학습 모델의 공정성과 투명성을 확보하는 역할을 한다. 인공지능이 인종, 성별 또는 다른 민감한 요소에 편향되지 않도록 한다. 이들은 또한 AI의 의사결정 과정이 인간의 가치와 도덕적 기준을 반영하도록 보장하는 중요한 역할을 할 수 있다.

마지막으로 AI 통합 전략가의 경우 기업이나 조직에서 AI 기술을 효과적으로 통합하고 활용하는 전략을 수립한다. 예를 들어, 소매업에서 AI 통합 전략가는 고객 데이터를 분석해 개인화된 쇼핑 경험을 제공하거나 재고 관리를 최적화하는 데 AI를 활용한다. 창출하는 새로운 산업은 스마트 헬스케어나 로봇 공학과 자동화 또는 자율주행 자동차 산업처럼 다양한 산업에 걸쳐 혁신적인 변화를 가져오며, 이는 인류에게 새로운 기회를 만들어 준다. AI 기술의 발전은 단순히 기존의 작업을 자동화하는 것을 넘어서 새로운 방식의 작업 수행, 새로운 서비스의 제공 그리고 새로운 산업의 창출로 이어지고 있다.

(4) 평생교육의 필요성(변화에 대응하기 위한 지식과 기술 습득)

AI와 기계학습의 급속한 발전은 평생교육의 중요성을 강조한다. 기술의 발전 속도에 맞춰 교육도 지속적으로 진화해야 한다. 이는 단순히 새로운 기술을 배우는 것을 넘어서 기술적 사고, 문제 해결 그리고 윤리적 판단과 같은 능력을 포함한다. 이러한 지식과 기술의 습득은 미래에 대한 준비뿐만 아니라 현재의 직업 시장에서도 중요하다. 기술이 빠르게 변화함에 따라 직업 시장에서 경쟁력을 유지하기 위해서는 지속적인 학습과 적응이 필요하며 마케팅 전문가들은 AI 기반의 분석 도구를 사용해 시장 동향을 파악하고 전략을 수립해야 한다.

기술 변화에 따른 교육의 진화로 우리는 AI 시대에 새로운 기술을 학습하는 것을 넘어서 그 기술이 어떻게 사회와 산업에 적용될 수 있는지를 이해하는 것을 포함해 말한다. 프로그래밍, 데이터 분석, AI 알고리즘 등의 기술은 현재 매우 중요하며 이러한 기술을 익힘으로써 사람들은 자신의 직업적 능력을 향상시킨다. 반면 단순한 정보 습득을 넘어서서 기술적 사고와 문제 해결 능력이 중요하다는 것을 말한다. 또한 AI와 기술의 발전은 윤리적 문제들을 제기할 수 있다. 이에 따라 평생교육은 기술의 윤리적 사용에 대한 이해를 포함해야 한다. 이는 AI 기술이 사회에 미치는 영향을 평가하고 이를 책임감 있게 관리하는 데 필수적이다.

현재와 미래 직업 시장에서 요구하는 것은 무엇인가?

기술이 빠르게 변화함에 따라, 직업 시장에서 경쟁력을 유지하기 위해서는 지속적인 학습과 적응이 필요하다. 예를 들어, 마케팅 전문가들은 AI 기반의 분석 도구를 사용해 시장 동향을 파악하고 전략을 수립하기 위해 결국은 평생교육이 이어져야 한다.

디지털 기술의 발달로 온라인 학습 플랫폼의 발전으로 인해 평생교육은 더욱 접근하기 쉬워졌다. 크몽, 이러닝코리아 (e-Learning Korea), 이투스, 클래스101과 같은 다양한 온라인 학습 플랫폼들은 대한민국 누구나 언제나 어디에서도 교육이 가능하도록 했다. 이들은 다양한 온라인 코스를 제공해 새로운 기술을 배우는 데 도움을 주고 있다.

AI와 기계학습의 발전은 평생교육의 중요성을 강조한다. 기술의 습득뿐만 아니라 기술적 사고, 문제 해결 능력, 윤리적 판단과 같은 능력의 개발을 필요로 하고 현재와 미래의 직업 시장에서 경쟁력을 유지하기 위해서는 지속적인 학습과 적응이 필수적이다. 평생교육은 이러한 변화에 대응하기 위한 핵심적인 도구다.

3) 평생교육의 변화 필요성

이러한 변화에 대응하기 위해서는 우리는 지속적인 학습의 중요성을 깨달아야 한다. 평생교육은 단순히 취업을 위한 수단이 아니라 삶의 변화에 발맞춰 지식과 기술을 습득하는 필수적인 수단으로 부상하고 있다. 미래를 위한 지속적인 학습은 우리에게 새로운 세상으로 이끌어 줄 것이다.

AI와 기술 발전은 우리가 학습하는 방식에도 큰 영향을 주고 있다는 것을 앞에서도 말했다. 특히 AI의 빠른 변화와 그에 따른 사회의 변화는 우리에게 평생교육의 중요성을 일깨워 주고 있다. 학습은 더 이상 학교에서만 이뤄지는 것이 아니라 일상생활과 업무, 여가 등 우리의 삶의 모든 영역에서 이뤄지고 빠르게 변화하고 있다.

더불어 디지털 기술의 발전은 학습 방식을 변화시키고 있다. 맞춤형 학습 경로, 온라인 교육 플랫폼, 가상 현실(VR)과 증강 현실(AR)을 이용한 실습은 전통적인 교육 방식을 넘어서는 새로운 경험을 제공하고 이미 우리는 사용하고 있다.

(1) 맞춤형 학습 경로

AI 기술은 학습자의 필요와 성향을 분석해 개인화된 학습 경로를 제공한다. AI 알고리즘은 학습자의 이해도와 선호도에 따라 적절한 교육 콘텐츠를 추천하고 학습자는 자신만의 맞춤 학습을 선택할 수 있다. 이를 통해 학습자는 자신에게 가장 적합한 속도와 스타일로 학습하며, 이는 전통적인 '일괄적' 학습 방식과는 대비된다.

(2) 온라인 교육 플랫폼의 확산

크몽, 이러닝코리아(e-Learning Korea), 이투스, 클래스101과 같은 온라인 교육 플랫폼은 언제 어디서나 다양한 강좌에 접근할 수 있는 기회를 제공한다. 이러한 플랫폼들은 전문 강사의 강의는 물론 토론 포럼, 피어 리뷰, 인터랙티브 프로젝트 등을 통해 전통적인 교실 환경을 온라인으로 옮겼고 시간의 구애도 받지 않기 때문에 학습자의 환경에 따라 접근하는 편리함을 제공한다.

(3) VR과 AR을 활용한 실습

가상 현실(VR)과 증강 현실(AR) 기술은 실제와 유사한 환경의 실습을 가능하게 한다. 예를 들어, 의학 학생들은 VR을 사용해 실제 수술과 유사한 환경에서 연습할 수 있다. 'Osso VR', 'Surgical Theater'와 같은 플랫폼은 사용자가 가상 환경에서 실제와 유사한 수술 도구를 사용해 수술 절차를 연습할 수 있도록 한다. 이는 특히 복잡한 또는 드문 수술 절차에 대한 경험을 쌓는다.

[그림4] 'Osso VR', 'Arch virtual'을 이용한 수술을 연습하는 모습
(출처 : Osso VR, Arch virtual 공식 유튜브 채널)

(4) VR 기술의 이점

① 위험 감소

VR을 사용하면 실제 환자에게 위험을 초래할 수 있는 초기 학습 단계에서 실수를 줄일 수 있다. 학생들은 가상 환경에서 실수하고 그로부터 배울 수 있으며 실제 환경에서는 더 높은 수준의 준비 상태를 가질 수 있다.

② 재현성과 접근성

VR 기술은 다양한 수술 시나리오를 재현할 수 있으며 언제 어디서나 학습자가 접근할 수 있다. 이는 교육 기회의 확장을 의미하며 특히 자원이 제한된 환경에서 유용하다. 실제 인체에 연습할 수 있는 환경이 제한적이기 때문에 VR 사용이 더욱 주목받는 이유다.

③ 실제와 유사한 경험

VR 기술은 실제 수술과 매우 유사한 경험을 제공한다. 이는 학생들이 실제 환경에서의 수술에 대한 두려움을 줄이고 자신감을 높이는 데 도움이 된다.

이러한 기술 발전은 실습의 질을 향상시키고 학습 경험을 확장하며 의학생들이 보다 효과적으로 실력을 키울 수 있게 도와준다. VR을 통한 교육은 미래의 의료 전문가들이 보다 준비된 상태로 실제 환경에 진입할 수 있도록 지원하고 있다. 모든 사람들이 끊임없이 평생교육을 실시해야 하는 이유가 된다.

2. AI와 미래의 평생교육 시스템

1) AI를 활용한 학습 분석을 통한 개인 맞춤형 교육 경로 제시

AI 알고리즘은 학습자의 과거 학습 데이터, 선호도, 성취도를 분석해 개인에게 최적화된 학습 경로를 제안한다. 언어 학습 애플리케이션 '듀오링고'는 사용자의 학습 진도와 오답 패턴을 분석해 맞춤형 연습 문제를 제공하고 학습자는 자신의 수준과 속도에 맞는 학습을 할 수 있어 더 효과적으로 지식을 습득하고 학습 동기를 유지할 수 있다.

[그림5] 듀오링고 부엉이 캐릭터 '듀오'

(1) 사용자의 학습 진도에 기반한 맞춤형 연습

'듀오링고'는 각 사용자의 학습 진도를 추적한다. 간단한 테스트를 통해 사용자(학습자)의 학습 수준을 파악해 맞춤 학습 진도를 제공한다. 학습이 이뤄지는 과정은 사용자가 특정 단어나 문법 규칙에 대한 학습 모듈을 완료했다면, 앱은 다음 단계의 학습 콘텐츠로 이동한다. 진도에 맞는 연습을 통해 사용자가 특정 단계에서 어려움을 겪는 경우 듀오링고는 해당 단계를 강화하는 추가 연습 문제를 제공한다. 이를 통해 사용자는 자신의 약점을 극복하고 학습을 계속 진행할 수 있다.

(2) 오답 패턴 분석을 통한 개선점 제시

듀오링고는 사용자가 틀린 문제를 분석해 어떤 종류의 오류(예: 어휘, 문법, 발음 등)를 가장 자주 저지르는지 파악하고 사용자가 자주 틀리는 유형의 문제에 대해 해당 영역을 집중적으로 연습할 수 있는 맞춤형 문제를 제공한다. 이는 사용자가 자신의 약점을 개선하는 데 도움을 준다.

(3) 사용자 피드백과 학습 스타일 적용

듀오링고는 사용자로부터 받는 피드백을 분석해 학습 경험을 개선한다. 예를 들어, 사용자가 특정 유형의 문제를 선호하거나 어려워한다는 피드백을 제공하면 앱은 이를 학습 콘텐츠에 반영한다. 사용자의 학습 스타일과 선호도에 맞춰 듀오링고는 다양한 형식의 연습 문제(예: 듣기, 말하기, 읽기, 쓰기 등)를 제공한다. 이는 학습자가 효과적으로 언어를 습득할 수 있도록 돕는다.

듀오링고의 이러한 맞춤형 학습 접근 방식은 사용자에게 개인화된 학습 경험을 제공하며 학습의 효과를 극대화한다. 이는 AI 기술을 활용해 개별 학습자의 필요와 성향에 맞는 교육 콘텐츠를 제공하는 미래 교육의 좋은 예다.

2) AI를 활용한 학습 리소스 추천 및 검색 기능 개발

AI는 학습자의 관심사와 학습 목표에 맞는 콘텐츠를 추천해 주면 맞춤 콘텐츠를 선택할 수 있다. 온라인 교육 플랫폼 '코세라'는 학습자의 과거 강좌 이용 내역과 평가를 바탕으로 관련 강좌를 추천해 준다. 학습자는 방대한 양의 교육 콘텐츠 중에서 자신에게 가장 유용한 자료를 쉽게 찾을 수 있으니 많은 시간을 절약할 수 있다.

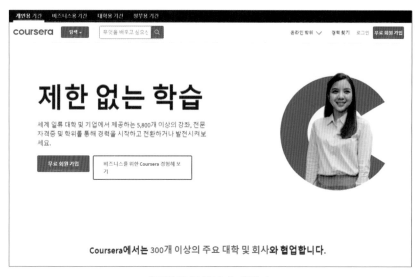

[그림6] 코세라 홈페이지

(1) 개인화된 학습 경로

AI는 학습자의 필요, 선호도, 학습 스타일을 분석해 개인화된 학습 경로를 만든다. 이는 학생들이 자신의 속도에 맞춰 학습하고 더 많은 지원이 필요한 영역에 집중할 수 있도록 도와준다.

(2) 즉각적이고 맞춤형 피드백

AI는 가상 튜터 역할을 해 학생들에게 즉각적이고 개인화된 피드백을 제공한다. 이는 학습자의 약점을 식별하고 목표 지향적인 설명을 제공하며 추가 연습을 통해 학습을 촉진한다.

(3) 인간 상호작용의 부족

AI 교육 시스템은 기술 중심 환경에서 인간 간의 상호작용을 감소시킬 수 있다. 전통적인 교실 환경은 대인관계, 협력 그리고 사회적 기술 개발을 촉진하는데 이러한 요소들은 AI 중심의 학습에서 손실될 위험이 있다.

장단점을 고려할 때 AI를 통한 학습 리소스 추천과 검색 기능은 학습자에게 큰 이점을 제공하지만 동시에 인간의 교육적 상호작용을 유지하는 것의 중요성을 강조한다. AI는 학습 경험을 개선하는 도구로서 중요하지만 그것만으로는 충분하지 않으며 인간의 감성과 사회적 상호작용의 가치도 중요하다는 것을 명심해야 할 것이다.

3) AI를 활용한 학습 결과 인증 및 포트폴리오 관리 시스템

AI를 활용한 학습 결과 인증 및 포트폴리오 관리 시스템은 학습자가 자신의 학습 성과를 공식적으로 인증받고 이를 자신의 경력 개발에 활용할 수 있게 한다. 이는 개인의 전문성을 객관적으로 보여주는 동시에 지속적인 학습과 개인적 성장을 장려하는 중요한 도구다.

(1) 학습 성과의 기록과 인증

AI 기술은 한국의 온라인 학습 플랫폼에서 사용자의 학습 진행 상황과 성취도를 추적한다. 패스트캠퍼스나 클래스101과 같은 플랫폼은 사용자의 강좌 진행 상태, 퀴즈 점수, 프로젝트 완성도 등을 기록하고 이를 분석해 학습자의 성과를 평가한다. 이러한 플랫폼들은 강좌나 특정 프로그램 완료 시 디지털 인증서나 배지를 발급하며 사용자의 학습 성과를 공식적으로 인증한다.

(2) 경력 개발에의 활용

사용자는 이러한 인증을 자신의 이력서나 프로필에 추가해 잠재적 고용주나 동료에게 전문성을 보여줄 수 있다. 데이터 분석 또는 디지털 마케팅 분야의 강좌를 이수한 후 받은 인증서를 자신의 프로필에 추가함으로써 해당 분야의 전문성을 입증할 수 있다.

(3) 포트폴리오 관리의 중요성

온라인 학습 플랫폼들은 사용자가 이수한 강좌와 프로젝트 인증서를 발급한다. 이를 포트폴리오 형태로 정리하고 관리하는 작업은 매우 중요하다. 이 포트폴리오는 사용자의 학습 경로를 명확하게 보여주며 개인의 학습 여정과 전문성 발달을 추적하는 중요한 도구로 활용된다. AI 기술을 활용한 학습 결과 인증 및 포트폴리오 관리는 온라인 학습 플랫폼에서도 사용자의 학습 성과를 공식화하고 경력 개발에 활용할 수 있는 중요한 수단으로 자리 잡고 있다.

4) AI를 활용한 학습자 간 네트워킹 및 협업 플랫폼 구축

AI를 활용한 학습자 간 네트워킹 및 협업 플랫폼은 학습자들에게 지식을 공유하고 협력적으로 학습하며 전문성을 개발할 수 있는 기회를 제공한다. 이러한 플랫폼은 학습을 단순한 지식 습득의 과정에서 사회적 상호작용과 협력의 과정으로 확장해 보다 풍부하고 다양한 학습 경험을 가능하게 한다.

(1) 학습자 연결

AI 기술을 활용하는 플랫폼은 사용자의 프로필, 학습 선호도, 전문 분야 등을 분석해 비슷한 관심사나 목표를 가진 다른 학습자들과 연결시킨다. '슬랙(Slack)'이나 '마이크로소프트 팀즈(Microsoft Teams)'와 같은 협업 도구는 사용자가 참여할 수 있는 관련 그룹이나 토론을 추천해 네트워킹을 촉진한다. 우리나라에서는 네이버 밴드나 청담러닝의 VLC플랫폼, 건우씨엔에스 플랫폼 등 온라인 학습에서 보조도구로 이용하거나 네이버를 통해 비공개 밴드를 개설해 보안을 강화해 네트워킹 및 협업 플랫폼으로 사용하기도 한다.

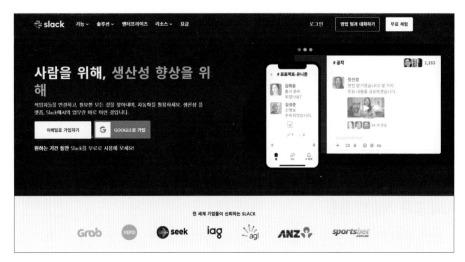

[그림7] 슬랙(slack) 웹페이지 메인화면

(2) 지식 공유 및 협업 촉진

이러한 플랫폼들은 학습자들이 프로젝트에 대한 아이디어를 공유하고 팀별 과제를 수행하며 서로의 질문에 답변하는 등의 활동을 통해 협력적 학습 환경을 조성한다. 사용자들은 포럼, 채팅방, 비디오 회의 등을 통해 상호작용하며 이는 학습 과정에서의 깊이 있는 토론과 아이디어 교환을 가능하게 한다.

(3) 전문성 개발

학습자들은 이러한 네트워킹을 통해 서로 다른 배경과 경험을 가진 사람들로부터 새로운 관점과 전문 지식을 얻을 수 있다. 프로그래밍 학습자는 전 세계의 다른 개발자들과 코드 리뷰를 공유하고 프로젝트에 대한 피드백을 받을 수 있다.

(4) 글로벌 학습 커뮤니티

AI 기반 네트워킹 플랫폼은 지리적 한계를 넘어선 글로벌 학습 커뮤니티를 형성한다. 사용자들은 다양한 문화와 언어를 가진 사람들과 연결돼 글로벌 시각을 갖춘 학습 경험을 할 수 있다.

5) AI 기반 평생학습의 발전

AI 기술은 평생학습 생태계의 지속적인 발전과 혁신에 크게 기여하고 있다. AI는 맞춤형 학습 경로를 제공하고 대화식 학습을 지원하며 협력적 학습을 촉진한다. 이를 통해 학습자들은 더욱 효과적이고 개인화된 방식으로 지식을 습득하고 자신의 전문성을 발전시킬 수 있다. AI의 이러한 활용은 평생학습의 질을 향상시키고 교육의 접근성을 높이는 데 기여하며 지식 기반 사회의 발전에 중요한 역할을 할 것이다.

(1) AI와 교육 기술의 통합

AI 기술의 발전은 새로운 교육 방법과 도구를 개발하는 데 중요한 역할을 하고 있다. AI는 학습자의 개별적인 요구를 파악하고 맞춤형 학습 경로를 제공하는 데 사용된다. 이는 과거에 중요했던 지식이 AI 시대에서는 하루가 다르게 빠르게 변화하고 있는 현실을 반영하며 학습자가 지속적으로 새로운 정보를 관리하고 이해할 수 있도록 돕는다.

(2) 대화식 학습 지원

AI 기술은 교육적 대화를 촉진하고 학습자가 개별적인 질문을 해 답을 받을 수 있는 기능을 제공한다. 자연어 처리(NLP) 기술의 발전으로 AI는 학습자가 언어적 또는 타이핑으로 질문할 때 즉시 정확하고 요약된 답변을 제공할 수 있다. 특히 2023년 4월까지의 정보를 습득한 2023년 11월의 챗GPT의 업데이트로 훨씬 넓은 영역과 깊은 영역의 답변을 제공하고 있다. 이는 점점 더 빠르게 발전하는 AI를 만나볼 수 있는 신호다.

(3) 협력적 학습의 촉진

AI는 학생들이 상호 작용하고 협력하며 학습할 수 있도록 지원한다. AI는 학습자들을 연결하고 필요에 따라 특정 주제에 집중할 수 있도록 유도해 비판적 사고 능력과 지식을 개발하는 데 도움을 준다.

(4) 지식과 기술의 검증

AI 기술은 교육 분야에서 사용자의 지식과 기술을 정밀하게 평가하는 데 중요한 역할을 한다. 이는 인공지능이 수집된 데이터와 사용자의 상호작용을 기반으로 정교한 분석을 수

행함으로써 가능하다. AI는 학습자의 반응과 학습 행태를 모니터링하고 이를 통해 개별 학습자의 이해도와 성취 수준을 평가한다.

특히 AI는 동적인 학습 경로를 제공하며 학습자가 특정 주제나 개념에서 어려움을 겪고 있을 때 적시에 대안적인 설명이나 추가 학습 자료를 제공한다. 이 과정에서 AI는 지속적인 질문과 응답을 통해 학습자의 지식을 강화하고 그들의 학습 과정을 더욱 효과적이고 개인화된 방향으로 유도하고 있다. AI의 이러한 활용은 학습 과정을 개선하고 학습자가 어떤 시간과 장소에서든 필요한 정보에 접근할 수 있도록 돕는다.

3. AI 시대의 역량 강화

1) 창의성과 문제 해결 능력

한국경제 보도에 따르면 '글로벌인재포럼 2023'에서는 AI 시대에 인간이 문제를 스스로 정의하고 해결하는 과정이 중요하다고 강조했다. 이를 위해서는 뚜렷한 목적의식이 필요하다고도 전했다. AI의 발전으로 인간만이 수행할 수 있는 업무 영역이 모호해지고 있는 상황에서 개인이 독창적인 아이디어를 제시하고 이를 수익성 있는 비즈니스로 전환하는 능력이 점점 중요해지고 있다.

AI 인재 확보가 국가 명운을 가르고 우수 인재 조건은 무엇보다 '공감 능력'이라고 했다. 또한 저출산에 따른 인구변화로 '성인교육의 시대'가 열릴 것이라고 전망했다. 더불어 '학위로 장사하는 시대는 이미 끝났고 기술을 가르치는 시대가 왔다'고 했다.

피터 다이어맨디스 엑스프라이즈재단 회장은 "인간을 뛰어넘는 초지능(super intelligence) 시대가 오면 AI는 인간에게 실존적 위험이 될 수 있다"라고 경계했다. 그는 "정부와 기업, 연구기관 등 모든 업계가 협력해 안전하고 알맞은 AI 학습용 데이터 세트를 개발해야 한다"라고 제안했다.

또한 어승수 LS홀딩스 피플랩 팀장은 "AI에 타당성을 요구하기 전에 인간이 쌓아온 평가 도구가 얼마나 타당했는지부터 반성해야 한다"라며 "AI를 학습시킬 타당한 데이터를 쌓아 가야 한다"라고 지적했다.

[그림8] 2023년11월2일 '글로벌인재포럼 2023' 모습(출처 : 한국경제신문)

2) 커뮤니케이션과 협업 스킬

퍼듀대학의 다학제적 기업가정신 프로그램은 커뮤니케이션과 협업 스킬 강화의 우수한 사례다. 이 프로그램은 학생들이 기업가적 관점에서 자신의 관심 산업에 대한 비즈니스 모델을 연구하고 다양한 전문 분야의 사람들과 협업하는 커리어 교육 과정을 제공하고 있다. 이러한 교육은 창의성을 발휘하고, 협업하는 능력을 강화하는 데 중요한 역할을 한다.

AI 시대에서는 유연한 상황 대처 능력이 특히 중요하다. 공감과 경청과 같은 비인지 능력은 문제 상황을 해석하고 효과적인 솔루션을 개발하는 데 필수적인 역량이다. 이는 협업을 통해 다양한 관점을 모으고 창의적인 해결책을 도출하는 데 기여한다. 하지만 결국 AI가 발달해도 문제 해결은 인간의 몫이라는 것. 그중에서도 창의성은 핵심 역량이라고 글로벌인 재포럼 2023에서 논의됐다.

[그림9] 2023년11월2일 '글로벌인재포럼 2023' 발표자들(출처 : 한국경제신문)

3) 윤리적 판단력과 사회 참여

오늘날 우리는 AI와 같은 기술이 빠르게 발전하는 세상에 살고 있다. 이런 세상에서는 '윤리적 판단력'이라는 게 정말 중요해지고 있다. 기술이 가져다주는 변화가 커지면서 우리 모두는 이 변화가 우리 사회에 어떤 영향을 미칠지 그리고 그것이 옳은지 그른지를 고민해야 한다.

예를 들어, AI가 사람의 일자리를 대체할 때 이것이 과연 사회적으로 바람직한 일인지 생각해 봐야 한다. 또한 AI가 사람의 개인정보를 처리할 때 우리의 프라이버시를 어떻게 보호해야 할 지도 중요한 고민이다. AI와 짝을 지어 연구해야 하는 분야가 '블록체인' 기술인 이유다.

기술, 특히 인공지능(AI)의 발전은 많은 윤리적 고민을 불러일으키고 있다. 로잔공과대학(EPFL)의 라시드 게라위 교수 등 전문가들은 AI의 활용 증가가 윤리적 부작용을 초래할 수 있다고 지적하고 있다. 이에 대한 해결책으로 '공정성의 원칙'과 '경계의 원칙'을 제시하고 있다. "공정성은 알고리즘의 개인적, 집단적 결과에 적용돼야 하며 모든 사용자에게 공정하게 적용돼야 한다. 반면, 경계의 원칙은 AI와 관련한 새로운 요구 사항에 대한 직접적인 대응을 의미하며 알고리즘 시스템을 다루는 모든 주체들이 지속 가능하고 체계적인 조사를 수행해야 한다"라고 말하고 있다.

이렇게 윤리적인 문제를 고민하는 것은 단순히 '옳고 그름'을 판단하는 것을 넘어서 우리 사회가 기술 발전을 어떻게 활용할지 그리고 그 기술이 우리 삶을 어떻게 더 나아지게 할지를 결정하는 데 도움을 준다. 우리 모두가 이런 윤리적 고민에 참여함으로써 기술이 인류에게 긍정적인 방향으로 나아갈 수 있도록 만들 수 있다. 이런 고민과 대책들은 기술 발전 속에서 윤리적 판단력을 발달시키고 사회 참여와 기여할 수 있는 의미 있는 방법을 제시할 것이다.

4. AI와 평생교육의 현실적인 적용

1) 개인 맞춤형 학습과 AI

AI 기반 교육은 학생들의 학습 데이터를 분석해 맞춤형 학습 경험을 제공한다. 이는 개인의 강점과 약점을 파악해 학습 방식을 설계하는 데 사용된다. 기존의 교육 방식은 교사와 학생 간 상호작용에 의존했지만 AI를 통해 보다 객관적인 학습 경험을 제공할 수 있게 됐다.

미국 텍사스주에 있는 공립중학교 주빌리아카데미의 한 교실. 25명 학생들이 노트북에 깔린 '매시아(MATHia)'라는 인공지능(AI) 프로그램으로 각자 수학 공부를 시작한다. 정규 수업을 마친 뒤 각자 진도율에 따라 어떤 학생은 일차방정식 문제를 풀고 어떤 학생은 연립방정식 개념을 익힌다. 진도가 가장 빠른 학생은 방정식 챕터를 마치고 기하학을 시작했다. 한 교실에서 25개의 서로 다른 수준별 수업이 열리는 것이다. 담임 교사는 1명이지만 학생마다 한 개씩, 25개의 'AI 튜터'를 둔 덕이다. 중학교 교사인 세라 스태들러 씨는 "학생들이 배우는 속도가 서로 다르기 때문에 그 차이를 AI를 통해 극복하려는 것"이라고 했다.

[그림10] 핀란드 AI수업 - 핀란드에서 학생들이 각자 노트북을 들고
인공지능(AI) 기반의 학습 소프트웨어로 공부하는 모습(출처 : 조선일보)

이어지는 팬데믹 사태로 세계 각국의 교실은 붕괴 직전이었다. 교사와 학생 모두 "가르치기 힘들고 배우기 어렵다"고 아우성이었다. 대면 교육이 가능한 곳에선 한 교실에 1명 담임 교사가 같은 문제로 수십 명 학생을 동시에 가르친다. 비대면 원격 수업도 크게 다르지 않다. 교사가 제공한 수업 내용이 똑같아 학생들은 모두 같은 화면을 볼 수밖에 없다. 성적이 뛰어나거나 뒤처지는 학생 모두가 수업에 흥미를 잃을 수밖에 없다.

그러나 이 와중에도 혁신적인 수업 방식으로 교육 공백을 뛰어넘는 학교들이 있다. 'AI 튜터'가 대표적이다. 미 싱크탱크인 브루킹스 연구소는 2019년 보고서를 통해 AI 교육은 학생마다 맞춤형 교육이 실현돼 성적이 모두 올라가는 '상향 평준화'가 가능하다고 했다.

우리나라 대학들의 프로그램들을 살펴봤다. 이미 2021년에 발표한 내용으로 지금은 훨씬 발전해 있을 것이라 예상한다.

(1) 아주대학교의 '아틀라스(ATLAS)' 프로그램

아주대학교는 학생들의 수준과 특성에 맞춘 AI 기반 맞춤형 학습 프로그램 '아틀라스(ATLAS)'를 개발했다. 이 프로그램은 빅데이터를 기반으로 학생들에게 수준별 활동과 과제를 제공하며 이를 통해 학생들의 성적 향상에 기여했다. A 학점을 받은 학생의 비율이 크게 증가한 것으로 나타났다.

(2) 한림대학교의 맞춤형 수업 모델 'HHL'

한림대학교는 AI를 활용한 맞춤형 수업 모델 'HHL'을 개발해 영어 강의에 적용했다. 이 프로그램은 다양한 디지털 학습 도구를 통합해 학생들에게 개인화된 학습 경험을 제공했고 사용한 시간이 많은 학생일수록 성적이 향상되는 경향을 보였다.

(3) 대학 교육에서의 '적응형 학습' 도입

아주대, 한동대, 한림대 등 여러 대학이 '대학 교육에서의 적응형 학습 도입과 실천' 콘퍼런스에서 AI 학습 프로그램을 활용한 사례들을 발표하며 이들 대학은 AI를 활용해 학생 개개인의 수준과 특성에 따라 학습을 지원하는 방식을 채택하고 있다.

이 사례들은 AI 기술이 개인 맞춤형 학습 경험을 제공하는 데 어떻게 활용될 수 있는지를 보여준다. 데이터와 기술을 활용해 학습자 개개인의 필요에 맞춘 교육을 제공함으로써 학습 효과를 극대화하고 학생들의 학업 성취도를 높이는 데 기여하고 있다.

AI 기반 교육의 중요성은 학생 개개인에게 맞춤형 교육을 제공하는 데 있다. 맥킨지 보고서는 교사의 물리적 시간 부족이 맞춤형 교육의 가장 큰 어려움이라고 지적했으며, AI 기반 가상 교사는 학생들에게 24시간 지원을 제공할 수 있는 장점이 있다.

교사들은 AI 기반 교육 프로그램을 활용해 더 효과적인 커리큘럼을 구축하고 있다. 이를 통해 교실에서의 일상적이고 단순한 작업을 AI에게 위임하고 더 깊이 있는 교육 활동에 몰두할 수 있게 됐다.

또한 AI 기술은 지리적·경제적으로 소외된 지역이나 사회 집단에 속한 학생들에게도 교육 기회를 확장하는 데 도움이 된다. 온라인 강의 및 e러닝 플랫폼을 통해 지리적으로 원격이거나 접근이 어려운 지역의 학생들에게도 교육을 제공할 수 있다. AI 기술은 다국어 처리 및 자동 번역을 통해 언어 장벽을 해소하고 다양한 문화와 관례를 반영한 교육 자료를 개발해 문화적 차별과 소외 현상을 완화할 수 있다.

이러한 사례들은 AI를 활용한 맞춤형 교육이 어떻게 실제 환경에서 적용되고 있는지를 보여주며 개인의 학습 경로를 효과적으로 개척하는 데 있어 중요한 역할을 하고 있음을 보여준다.

2) 산업계와의 협업을 통한 실무 경험

산업계와 협력하는 교육 프로그램은 실무 경험과 전문성 발전에 중요하다. 한국생산기술연구원의 'K-manufacturing 디지털 플랫폼'은 제조기업의 디지털 전환을 지원하며 'K-PI'를 통해 기업에 맞춤형 지원을 제공한다. 또한 아주대와 한림대는 AI 기반의 맞춤형 학습 프로그램을 도입해 학생들의 학습 경험을 향상시키고 있다. 이러한 프로그램들은 학생들이 실무 경험을 쌓고 전문성을 발전시키는 데 기여하며 지식을 실제 작업 환경에 적용할 수 있는 기회를 제공한다.

[그림11] 제조산업 협력 네트워크Day 모습(출처 : 한국생산기술연구원)

(1) 한국생산기술연구원의 'K-manufacturing 디지털 플랫폼'

한국생산기술연구원은 'K-manufacturing 디지털 플랫폼'을 구축해 제조기업들의 디지털 전환을 촉진하고 있다. 이 플랫폼은 마케팅과 생산이 가능하며 수요기업과 생산기업을 연결해 사업화를 지원한다. 플랫폼은 R&D, 시험인증 등 제품생산을 연계하고 기술 자원을 활용해 동영상 제작을 지원할 예정이다.

(2) 'K-PI(KITECH Partnership Index)'

'K-PI(KITECH Partnership Index)'는 기업의 디지털 전환 및 R&D 협업 가능성, 사업화 역량을 평가하는 도구이다. 이를 통해 각 기업의 성장 단계별로 맞춤형 지원 프로그램을 제공하고 있다.

(3) 파트너 기업과의 협력 전략

현재 3,065개 사인 생기원 파트너 기업을 3가지 유형으로 분류하고 각 기업군의 역량에 맞는 R&D 및 기술 자문, 현장 출장 등의 비 R&D 프로그램을 제공해 기업 성장을 지원한다고 밝혔다.

이 사례들은 산업계와의 협력을 통해 실무 경험을 쌓고 전문성을 발전시키는 구체적인 방법들을 보여주고 있다. 이러한 접근은 실무에서의 지식 적용을 가능하게 하며 개인과 기업 모두에게 중요한 학습 기회를 제공한다.

3) 실무에서 AI의 지식 적용 및 전문성 발전의 영향

대한민국 내 AI 기술은 세계적 수준이지만 실제 활용도는 상대적으로 낮은 것으로 나타나고 있다. AI 도입률이 최하위권으로 특히 10인 이상 기업체에서의 AI 활용 수준은 평균 2%에 불과한 수준이다. AI의 주요 활용 분야로는 모니터링 및 진단, 고객지원·관리, 개인 맞춤형 제품·서비스 개발, 품질관리, 재고관리 등이 있다. 이는 실무 환경에서 AI의 활용이 특정 분야에 한정돼 있음을 보여준다.

그러면 우리는 무엇을 준비해야 하나? 우선 AI와 성인교육 및 평생교육 프로그램의 연관성을 파악하고 활용할 수 있는 AI를 프로그램에 적용하면서 다양한 분야에서도 사용해야 한다.

대한민국 서울시교육청은 '인공지능(AI) 기반 융합 혁신 미래 교육 중장기 발전계획 (2021~2025)'을 발표했다. 이 계획은 유치원부터 고등학교까지 모든 교과에 AI의 원리와 기능, 사회적 영향, 윤리적 문제를 가르치는 데 초점을 맞추고 있으며 교사 양성 및 교육과정 개편에도 주력하고 있다.

또한 인공지능 국가전략에 따르면 초중등 교육에서 소프트웨어 및 AI 필수교육을 확대하고 교원의 양성 및 임용 과정에 AI 관련 과목 이수를 지원하는 것이 포함돼 있다. 이는 교육 분야에서 AI의 중요성을 인식하고 이에 대응하는 교육 체계를 갖추고자 하는 노력의 일환으로 보인다.

학교 교육에서 AI의 도입은 교육 현장에 큰 변화를 가져올 것으로 예측하고 있다. 학습공간의 변화, 학생 관리 및 생활지도의 자동화, 학생별 맞춤형 정보를 통한 교육 효율성 향상 등이 그 예다. 교육에서 AI의 도입은 교사의 역할 변화를 수반한다. 데이터 중심의 교육으로의 전환, 학생들에 대한 맞춤형 지도, 교수학습 방법의 변화 등이 필요한 시점이다. 이러한 변화는 평생교육 프로그램에도 영향을 미칠 것으로 보인다. 앞으로의 변화가 무척 기대된다.

[그림12] 미래 이미지(출처 : 픽사베이)

4) 미래를 위한 지속적인 발전과 도전

지속 가능한 발전은 환경, 경제, 사회의 조화로운 발전을 포함하며 이는 끊임없는 혁신과 기술적 진보를 필요로 한다. 평생교육은 개인의 역량 강화와 지속적인 학습 문화 조성에 중요하며 이는 사회 전반의 발전에 기여한다. 변화하는 세계에 적응하고 혁신을 추구하기 위해서는 다양한 전략이 필요하며 이는 지속 가능한 미래를 위한 도전과제로 작용할 것이다.

(1) 개인화된 학습 경험

AI 기술은 학습자의 선호, 능력, 진도에 맞춘 개인화된 학습 콘텐츠를 제공할 수 있다. 이를 통해 학습자는 자신의 필요와 속도에 맞춰 학습할 수 있으며 더욱 효과적인 학습 경험을 얻을 수 있다.

(2) 효율적인 교육 자원 관리

AI는 교육 기관에서 학습 자료의 관리와 분석을 자동화하는 데 도움을 줄 수 있으며 이를 통해 교육 기관은 학습자의 성취도를 모니터링하고 필요에 따라 교육 콘텐츠를 조정할 수 있다.

(3) 실시간 피드백과 평가

AI 시스템은 학습자의 진도와 성과를 실시간으로 추적하고 즉각적인 피드백을 제공할 수 있다. 이는 학습자가 자신의 강점과 약점을 인식하고 개선할 수 있는 기회를 제공한다.

(4) 가상 현실과 증강 현실의 통합

AI와 함께 가상 현실(VR) 및 증강 현실(AR) 기술을 통합함으로써 학습자는 실제와 유사한 환경에서 실습하고 경험할 수 있다. 이러한 기술은 특히 실무 기반 학습에 유용하다.

(5) 지속적인 학습 문화 조성

AI 기술을 활용해 학습자는 언제 어디서나 학습할 수 있는 환경을 조성할 수 있다. 이는 평생교육의 접근성을 향상시키고 지속적인 학습 문화를 장려한다.

(6) AI 기술 교육 및 인식 제고

AI 기술 자체에 대한 교육을 통해 학습자들은 미래 사회에서 필요한 기술적 역량을 개발할 수 있다. 또한 AI에 대한 이해를 높임으로써 학습자들이 기술에 대한 두려움을 극복하고 적극적으로 활용할 수 있도록 격려할 수 있다.

이러한 도전과 노력을 통해 평생교육은 더욱 풍부하고 다양한 방식으로 제공될 수 있으며 학습자 개개인에게 더욱 맞춤화된 학습 경험을 제공할 수 있게 된다. AI 기술의 발전은 평생교육의 가능성을 크게 확장하고 있으며 이는 개인과 사회의 지속적인 발전에 기여할 것이다.

5) 개인과 사회의 지속적인 발전을 위한 다양한 전략

개인의 정체성과 삶의 질 향상은 개인 발전의 핵심 요소다. 이는 정신적·사회적 정체성을 바탕으로 한 자기실현과 인정에서 출발한다.

(1) 정신적 정체성과 자기실현

개인 발전의 첫걸음은 자신의 정신적 정체성을 이해하는 데 있다. 이는 자신의 가치관, 신념, 열정 등을 인식하고 이를 바탕으로 목표를 설정하고 추구하는 과정이다.

자기실현은 개인이 자신의 잠재력을 최대한 발휘하고 자신만의 독특한 방식으로 삶을 살아가는 것을 의미한다. 이는 개인이 자신의 장점과 약점을 인정하고 이를 통해 성장하며 자신만의 경로를 찾아가는 과정이다.

(2) 사회적 정체성과 인정

사회적 정체성은 개인이 속한 사회와의 관계에서 형성된다. 이는 타인과의 상호작용, 사회적 역할 그리고 사회적 기대에 대한 반응을 포함한다. 인정은 개인이 사회 구성원으로서 존중과 가치를 받는 것을 의미한다. 이는 타인으로부터의 긍정적인 피드백, 사회적 지지 그리고 자신의 기여가 인정받는 경험을 통해 이뤄진다.

(3) 영성의 중요성

영성은 개인의 내면적 평화와 깊은 자기 이해를 가져다 준다. 이는 종교적 신념일 수도 있고 자연, 예술, 인간관계 등 다양한 형태로 나타날 수 있다. 영성은 자신과 세계에 대한 깊은 이해를 통해 인생의 의미를 찾고 삶의 어려움을 극복하는 데 도움을 준다.

(4) 이타주의의 역할

이타주의는 타인을 돕고 공동체의 이익을 추구하는 태도다. 이는 개인이 사회적 연결감을 느끼고 자신의 행동이 타인에게 긍정적인 영향을 미칠 수 있음을 인식하는 데 중요하다. 이타적 행동은 개인에게 만족감과 행복감을 가져다주며 사회적 유대를 강화하고 공동체의 발전에 기여할 수 있다.

(5) 과정 중심적 접근

개인 발전은 결과만큼이나 과정이 중요하다. 이는 목표를 향해 나아가는 과정에서 발생하는 학습, 도전 그리고 성장을 강조한다. 과정 중심적 접근은 실패와 성공 모두에서 교훈을 찾고 이를 통해 지속적으로 성장하며 자신을 발전시키는 데 중요하다. 학습이 아닌 평생 교육으로 이어져야 하는 이유다.

이러한 요소들은 개인이 자신의 정체성을 발견하고 삶의 질을 높이며 지속 가능한 개인적 발전을 추구하는 데 필수적이다. 개인의 발전은 단순히 개인적 성공에 국한되지 않고, 보다 풍요로운 삶과 사회적 기여로 이어질 수 있다.

(6) 개인과 사회 발전의 조화

개인과 사회 발전의 조화는 각각 독립적으로 중요하면서도 상호 의존적인 관계임을 들여다보자. 이러한 조화가 개인의 행복과 조화로운 사회 건설에 중요한 역할을 한다.

① 교육과 개인의 성장

교육은 개인의 지적, 정서적 발전을 촉진하는 동시에 사회적으로 정보화된 지식 기반의 사회를 구축하는 데 중요한 역할을 한다. 고품질의 교육은 개인에게 더 나은 직업 기회와 사회적 이동성을 제공하며 동시에 국가의 경제적 성장과 혁신을 촉진한다.

② 환경 보호와 지속 가능한 생활

개인이 환경 보호에 대한 의식을 갖고 지속 가능한 생활 방식을 채택하면 이는 지역 및 글로벌 수준에서 환경 보존에 기여한다. 재활용, 에너지 절약, 지속 가능한 자원 사용 등은 개인의 책임 있는 선택이며 이는 전체 사회와 지구의 건강에 긍정적인 영향을 미친다. 이제는 선택이 아닌 필수적 역할이다.

③ 사회적 책임과 기업 윤리

기업은 이윤 추구와 함께 사회적 책임을 갖고 윤리적인 방식으로 사업을 운영함으로써 사회 전반에 긍정적인 영향을 미칠 수 있다. 기업의 사회적 책임 실천은 고용 창출, 지역사회 개발, 환경 보호 등을 통해 사회 발전에 기여하며 이는 기업의 지속 가능성과 직결된다.

④ 공동체 참여와 민주적 가치

개인이 지역사회 활동, 정치적 참여, 자원봉사 등에 참여함으로써 민주적 가치를 실현하고 사회적 연대감을 강화할 수 있다. 이러한 활동은 개인에게 사회의 일원으로서의 만족감과 자기효능감을 제공하며 동시에 더 공정하고 포용적인 사회 구축에 기여한다.

이러한 예들은 개인의 발전과 사회의 발전이 서로를 강화하며 이러한 상호작용은 개인의 행복과 조화로운 사회 건설에 필수적임을 보여준다. 개인과 사회는 서로 의존적인 관계에 있으며 이 둘 사이의 조화로운 상호작용은 지속 가능한 발전을 이끌고 보다 나은 미래를 구축하는 데 중요한 역할을 한다. 사회가 변화함에 따라 개인도 변화에 적응해야 한다. 그러기 위해서 평생교육에 관심을 가져야 한다.

AI 기술은 평생교육의 새로운 지평을 열고 있다. 개인화된 학습 경험을 제공함으로써 학습자 개개인의 필요와 속도에 맞는 교육을 가능하게 한다. 이는 효율적인 학습, 실시간 피드백 그리고 가상 현실과 증강 현실을 통한 실습 기회 확대에 기여한다. 이러한 변화는 개인의 자기실현과 인정을 돕고 정신적·사회적 정체성을 강화하는 데 중요한 역할을 할 것이다.

또한 AI 기술의 통합은 교육의 접근성을 향상시키고 지속 가능한 학습 문화를 조성한다. 이는 학습자가 언제 어디서나 학습할 수 있게 하며 개인의 삶의 질을 높이고 지속적인 발전을 촉진한다. AI 기술 교육의 제공은 미래 사회에서 필요한 기술적 역량을 강화하고 AI에 대한 인식을 개선하는 데 중요한 역할을 한다.

사회적 측면에서 AI 기술과 평생교육의 통합은 사회 발전과 밀접하게 연결된다. 교육은 개인의 성장을 촉진하고 환경 보호, 사회적 책임, 공동체 참여와 같은 분야에서의 평생교육은 개인의 의식 개선과 사회적 변화를 촉진한다.

이러한 맥락에서 AI 기술과 평생교육의 만남은 단순히 기술적 진보를 넘어서 사회적·문화적 변화를 야기한다. 이는 개인의 지속 가능한 발전과 사회의 조화로운 진전을 위한 새로운 경로를 제시할 것이다. AI 기술의 적절한 통합과 활용은 더 효과적이고 포괄적인 평생교육 시스템을 만들어 개인과 사회 모두에게 이득이 되는 성과를 창출할 수 있다.

Epilogue

우리는 인공지능(AI)의 물결 속에서 새로운 시대의 문턱에 서 있다. 이 변화의 바람은 우리에게 끊임없는 학습과 적응을 요구하며 이에 대응하는 것이 바로 평생교육이다. 이 책을 통해 우리는 AI가 우리 삶과 학습에 미치는 영향을 탐색하고 이러한 변화 속에서 우리가 어떻게 성장하고 발전할 수 있을지에 대한 답을 찾아갔다.

우리는 AI의 힘을 이해하고 그것을 우리의 성장 동반자로 삼아야 한다. AI는 단순한 기계적 도구가 아니라 우리의 학습을 깊고 풍부하게 만들어 주는 촉매제이다. 맞춤형 학습 경로의 제시, 학습 리소스 추천, 인증 및 포트폴리오 관리 그리고 학습자 간의 네트워킹과 협업을 도와주는 AI는 우리가 더욱 효과적으로 학습하고 성장하는 데 중요한 역할을 한다.

그러나 AI의 무한한 가능성을 탐험하는 여정에서 우리는 인간의 역할과 책임을 결코 잊어서는 안된다. 창의성, 문제 해결 능력, 커뮤니케이션, 윤리적 판단력과 같은 인간만의 고유한 능력은 AI 시대에 더욱 중요하다. AI와의 조화로운 공존을 위해 우리는 이러한 인간적 역량을 지속적으로 개발하고 강화해야 한다.

또한 지속 가능한 발전을 위해 우리는 개인적 차원뿐만 아니라 사회적·환경적 차원에서도 책임감 있는 행동을 취해야 한다. 우리 각자가 사회와 환경에 대한 의식을 갖고 적극적으로 행동함으로써 지속 가능한 미래를 향한 긍정적인 변화를 만들어 갈 수 있다.

이 책을 통해 우리는 AI 시대를 살아가는 방법을 배웠다. 끊임없는 변화 속에서도 늘 새로운 것을 배우고 성장하는 것, 그것이 바로 평생교육의 진정한 가치이다. AI와 함께하는 평생교육의 여정은 이제 시작일 뿐이다. 우리 각자가 이 여정에서 주도적인 역할을 하며 서로에게 영감을 주고받는 동반자가 되길 희망한다.

우리의 학습과 성장은 멈추지 않는다. AI 시대의 평생교육은 우리 모두에게 새로운 가능성의 문을 열어주고 있다. 이 책이 여러분의 지속적인 학습과 성장의 여정에 작은 등대가 되길 바란다. 여러분의 미래는 AI와 함께하는 평생교육을 통해 더욱 밝고 풍요로워질 것이다. 새로운 도전을 향해 함께 힘을 내보자.